U0287563

普通高等教育智能制造系列教材

智能运维技术及应用

戴宏亮　丁荣军　谢小平　邵海东　程军圣　编著

科学出版社

北　京

内 容 简 介

本书清晰而深入地介绍了智能运维技术的基础及其应用。全书共 7 章：第 1 章介绍智能运维技术的基本概念和发展历程；第 2 章介绍数字信号处理的基本方法及数据处理方法；故障特征提取作为机械故障诊断和状态监测的关键，相关内容将在第 3 章介绍；第 4 章、第 5 章分别介绍基于浅层学习和基于深度学习的智能故障诊断及剩余寿命预测方法；第 6 章介绍智能维护决策工具和技术；第 7 章给出若干智能运维技术的应用案例。智能运维技术可以为工程机械、风力发电、轨道交通、石油化工等领域的机械装备智能运维提供解决方案，为机械设备的可靠性和安全性提供更加有力的保障。

本书可作为机械类、电气类、计算机类等相关专业本科生和研究生的教材，也可供相关企业工程师和科研院所的研究人员参考。

图书在版编目(CIP)数据

智能运维技术及应用 / 戴宏亮等编著. -- 北京：科学出版社, 2024. 8.
(普通高等教育智能制造系列教材). -- ISBN 978-7-03-079324-9

I. TP18

中国国家版本馆 CIP 数据核字第 2024SK7777 号

责任编辑：邓　静 / 责任校对：王　瑞
责任印制：赵　博 / 封面设计：马晓敏

科学出版社 出版
北京东黄城根北街 16 号
邮政编码：100717
http://www.sciencep.com

三河市骏杰印刷有限公司印刷

科学出版社发行　各地新华书店经销
*
2024 年 8 月第　一　版　　开本：787×1092　1/16
2024 年 12 月第二次印刷　　印张：14 3/4
字数：370 000
定价：59.00 元
(如有印装质量问题，我社负责调换)

前　言

　　2022 年 10 月，党的二十大报告指出："巩固优势产业领先地位，在关系安全发展的领域加快补齐短板，提升战略性资源供应保障能力。推动战略性新兴产业融合集群发展，构建新一代信息技术、人工智能、生物技术、新能源、新材料、高端装备、绿色环保等一批新的增长引擎。"智能运维是关系安全发展的领域，作为产品全寿命周期智能制造的一个关键环节，以状态监测与故障诊断技术为基础，运用大数据、物联网、人工智能等技术，实现设备的预测性维护，从而提高设备的运行效率和延长设备的使用寿命。因此，智能运维技术受到了越来越多的重视。同时，随着大数据、物联网、人工智能等技术的发展，智能运维的应用前景更加广阔。

　　本书遵循教育部高等学校机械类专业教学指导委员会所倡导的"新工科"理念，注重教材的基础性和应用性，具有鲜明的特色。首先，本书内容章节之间关联性强，所涉及的知识贯穿了智能运维的整个过程，从信号处理、特征提取、智能故障诊断、寿命预测到智能维护决策，脉络清晰，在理论方面对智能运维技术进行了全面的介绍。其次，本书同时注重读者的理论和实际能力培养，针对具体的特征提取、智能故障诊断、寿命预测等方法，给出了相关的验证过程，不仅可以让读者更好地理解相关方法的基础理论，而且可以提高实际应用能力。最后，将基本概念、数学方法以及工程应用三者有机协调在一起，给出了若干实际工程应用案例，可为智能运维技术实际工程的应用提供重要的理论依据和技术指导。

　　本书由戴宏亮教授和丁荣军院士担任主编，具体编写分工为：第 1、6 章由戴宏亮编写；第 2、3 章由谢小平编写；第 4、5 章由邵海东编写；第 7 章由丁荣军和程军圣编写。

　　本书编写过程中，参考了部分文献资料，在此向相关作者表示感谢，感谢各位老师团队的学生所做的文字和图片编辑工作，感谢科学出版社的支持。

　　由于作者水平有限，书中难免存在不足和疏漏之处，恳请广大读者批评指正。

作　者

2024 年 5 月

目　　录

第1章 绪 论

1.1 引 言

远在两千多年前的《庄子·外篇·天地》中，中国就有了使用机械可致"用力甚寡而见功多"的记载。甚至在遥远的石器时代，机械就已经以许多简单工具的形式出现在原始人类的生活中。岁月更迭，刀耕火种，辗转成人类文明的赞歌；工业革命，机械轰鸣，谱写成科技发展的乐章。党的十八大以来，在以习近平同志为核心的党中央坚强领导下，坚持把发展经济的着力点放在实体经济上，立足新发展阶段，贯彻新发展理念，构建新发展格局，深化供给侧结构性改革，实施制造强国战略，我国新型工业化步伐显著加快，产业整体实力、质量效益以及创新力、竞争力、抗风险能力显著增强，我国工业化发展站在新的更高起点上。工业实力空前增强，产品竞争力显著提升，部分产业达到或接近国际先进水平，我国已成为名副其实的全球制造大国。

时至今日，机械的功能和形态日新月异，始终代表着人类社会科学技术的发展方向。机械装备虽然是一种"非生命"的存在，但与人类一样也要经历"生老病死"，因此诞生了"为机器看病"这门学科，即机械故障诊断与运行维护。该学科的研究始于 20 世纪 60 年代的欧美、日本等发达国家和地区，我国从 80 年代逐步开始深入探索。多年来，机械装备运行维护先后经历了三个重要阶段：事后维护、预防维护、预知维护。其中，事后维护通常指的是在设备、系统或软件发生故障或出现问题之后进行的维护活动，这种维护方法通常是被动的，因为它是在问题出现后才采取的行动，而不是预防性地避免问题的发生。预防性地避免问题是预防维护，它是一种主动的维护方式，通过定期检查、保养和更换部件来预防问题的发生。预知维护又称为视情维护，这种维护模式利用机械装备的动态运行信息，诊断、预测机械装备的故障与退化行为，并依此确定最佳维护时间，对机械装备的故障零部件进行调整、维修或更换，从而在避免事故发生的同时，充分延长机械装备的使用寿命，达到减少维护成本、降低事故发生率、提高社会经济效益的目的。

智能运维是一种将人工智能和机器学习技术应用于运维领域的方法。随着大数据和自动化、智能化的发展，机械行业也开始大量运用智能化技术及理念。智能化技术的运用使得机械制造更加高效、精准和可靠，同时也大大提高了机械产品的质量和性能。例如，在机械制造过程中，智能化技术可以自动识别材料、调整参数、优化工艺流程等，从而大大提高了生产效率和产品质量。此外，智能化技术还可以通过大数据分析，对机械产品的性能、寿命和可靠性进行预测和优化，从而更好地满足市场需求。而在机械运维领域，传统的运维方法已经很难高效解决机械系统运行中出现的日益复杂且多样的故障。为了应对这一挑战，智能运维也已经成为机械运维行业的重要发展方向。

智能运维运用大数据、物联网、人工智能等技术，对机械设备的运行状态进行实时监测、故障诊断和预测性维护。通过智能运维，可以收集机械设备的运行数据，利用算法和模型对数据进行处理和分析，从而准确判断设备的健康状态和预测潜在故障。此外，智能运维还可以根据设备的运行状态和预测结果，自动调整设备的运行参数和维护计划，从而提高设备的运行效率和延长设备的使用寿命。

智能运维的优势在于能够实时监测设备的运行状态，快速发现和解决故障，减少设备停机时间和维修成本，提高设备的可靠性和安全性。同时，智能运维还可以为设备制造商和用户提供更加全面和精准的服务与支持。随着机械行业的发展和智能化技术的普及，智能运维已经成为机械运维领域的重要发展趋势。未来，机械行业将更加注重智能运维的研发和应用，为机械设备的可靠性和安全性提供更加有力的保障。

1.2　智能运维的基本概念

随着互联网技术的快速发展，各行各业对信息化、数字化、智能化的需求也越来越高。在传统的运维模式下，由于人工参与度高，效率较低，容易出现瓶颈和错误，且运维人员难以跟进复杂的信息技术架构和系统。而智能运维则是运用人工智能、大数据分析等技术手段，对系统进行实时监控、预测、诊断和自动化管理，从而提高运维效率，减少故障风险，降低成本，提升服务质量。

在传统的运维模式中，人工参与度高，往往需要花费大量的时间和精力来完成监控、诊断、修复等工作，而智能运维可以通过自动化手段来完成这些工作，减少了人工操作，大大提高了效率。例如，智能运维能够通过实时监控和预测，及时发现系统中的异常情况，并采取相应措施，防止故障的发生，保证系统的稳定性和可用性；另外，智能运维可以通过自动化的方式来完成一些重复性的工作，如系统备份、升级等，从而保证了服务的质量和可靠性。相较于传统的运维模式中需要大量的人工参与、人力成本很高的特点，智能运维可以通过自动化手段来完成监控、诊断、修复等工作，减少了人工操作，降低了人力成本。并且，智能运维还可以通过优化系统性能、提高资源利用率等方面，减少硬件设备的投入，从而进一步降低成本。

智能运维与传统运维之间存在显著差异，具体如表 1.1 所示。

智能运维的目的是提高运维效率，降低运维成本，以及提高系统的可用性和稳定性。以下是一些智能运维的基本概念。

(1)数据驱动：智能运维的核心是数据。通过对大量运维数据的收集、处理和分析，能够发现系统运行的规律，预测潜在的问题，并自动或半自动地采取相应的措施。

(2)机器学习：机器学习是智能运维的关键技术之一。它可以通过对历史数据的学习，自动识别出系统的异常行为，预测未来的运行状况，以及自动调整系统参数。

(3)自动化：智能运维通过自动化工具和技术，减少人工干预，提高运维效率，如自动化部署、自动化监控、自动化故障恢复等。

表 1.1 传统运维与智能运维的主要区别

序号	名称	传统运维	智能运维
1	技术手段	基于人工操作和独立系统执行运维工作	通过人工智能、机器学习、大数据等技术，实现运维工作
2	数据处理	处理能力相对较弱，数据来源受限，无法对数据进行深入挖掘	能够实时采集设备的运行数据，监测设备运行状态，预测系统隐患，通过大数据算法进行高效的数据处理
3	运维效率	效率相对较低，依赖于人工操作，且无法对运维工作进行有效监控	能够实现自动化辅助运维，提高运维效率，且通过实时监控和预测性维护，减少设备停机时间
4	运维管理	管理功能较为基础，缺乏统一的管理平台	通过设备智能运维管理平台进行统一管理，对设备和运维日志自动记录和留存
5	容量与扩展性	本地化系统容量有限，软硬件的升级成本高	云端储存，具有高存储量和高扩展性
6	监控与预测	主要依赖于 7×24 小时人力驱动以及事件驱动，难以预测潜在的系统隐患	能够实时监控设备的运行状态，发现隐患并自动预警，提前预警
7	运维人员	对运维人员的技术水平要求较高，但不同技术水平的员工可能导致运维质量参差不齐	通过自动化和智能化技术，将信息技术人员从基础运维工作中解放出来

（4）实时监控：智能运维通过实时监控系统的运行状态，及时发现潜在的问题，并采取相应的措施。这有助于减少系统故障的发生，提高系统的可用性和稳定性。

（5）预测性维护：通过对历史数据的分析和机器学习模型的训练，智能运维可以预测系统未来的运行状况，提前发现潜在的问题，并采取相应的维护措施。这有助于减少系统故障的发生，延长系统的使用寿命。

（6）智能化决策支持：智能运维通过提供智能化的决策支持，帮助运维人员更好地理解和分析系统的运行状态，制定更合理的运维策略。这有助于提高运维效率和系统的可用性。

（7）多源数据融合：智能运维需要融合来自不同数据源的数据，包括系统日志、性能指标、网络流量等。通过对这些数据的综合分析，可以更全面地了解系统的运行状态，提高故障诊断的准确性。

（8）持续学习：智能运维的模型需要不断学习和更新以适应系统的变化。通过持续学习，智能运维可以不断提高自身的准确性和效率。

1.3 智能运维技术概述

人工智能
新应用

1.3.1 信号处理技术

在实际应用中，除了使用消息和信号之外，也常用到信息这一术语。信息论中对信息的定义是：信息是消息的一种度量，特指消息中有意义的内容。因此，更严格地说，信号是运载信息的载体，也是作为通信系统中传输的主体。为有效获取和利用信息，必须对信号进行分析和处理。

通常信号用数学上的"函数"或"序列"来描述。例如，$f(r)=K\sin(et)$、$f(n)=ac(n)$ 等，既可看成一种数学上的函数或序列，也可看成用数学方法描述的信号。因此，本书常常把"信号"与连续时间的"函数 $f(\cdot)$"或离散时间的"序列 $f(n)$"等同起来。例如，在电信号中，其最常见的表现形式是随时间变化的电压或电流，可以表示为连续时间函数 $u(r)$ 和 $i(r)$ 或离散时间序列 $a(n)$ 和 $i(n)$。

现实世界中的信号有两种：一种是自然存在的物理信号，如语音、地震信号、生理信号、天文及气象中的各种信号等；另一种是人工产生的信号，如雷达信号、超声探测信号、空间卫星测控信号、无线导航信号等。不管是哪种形式的信号，它总是蕴含一定的信息。例如，图像信号含有丰富的图像信息，包括物体形状、颜色、明暗等；又如，医生通过研究患者的心电图信号，可以了解到这个患者是否患有心脏病的信息。因此，可以说信号是信息的表现形式，信息则是信号的具体内容。

人们如果想要利用信号，就要对它进行处理。例如，当电信号弱小时，需要对它进行放大；当混有噪声时，需要对它进行滤波；当频率不适应于传输时，需要进行调制以及解调；当信号遇到失真畸变时，需要对它进行均衡；当信号类型很多时，需要进行识别，等等。信号处理可以用于沟通人类之间，或人与机器之间的联系；用以探测我们周围的环境，并揭示出那些不易观察到的状态和构造细节，以及用来控制和利用能源与信息。例如，我们可能希望分开两个或多个多少有些混在一起的信号，或者想增强信号模型中的某些成分或参数。

信号处理的目的是削弱信号中的多余内容；滤除混杂的噪声和干扰；或者将信号变换成容易处理、传输、分析与识别的形式，以便后续的其他处理，如图 1.1 所示。

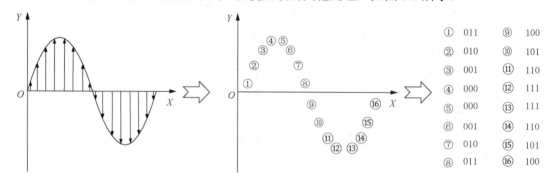

图 1.1　信号处理

人们最早处理的信号局限于模拟信号，所使用的处理方法也是模拟信号处理方法。当用模拟加工方法进行处理时，对"信号处理"技术没有太深刻的认识。这是因为在过去，信号处理和信息抽取是一个整体，所以从物理制约角度看，满足信息抽取的模拟处理受到了很大的限制。

伴随着数字计算机的迅猛进步，信号处理的理论与方法也获得了迅速发展。这使得我们迎来了一个全新的时代，其中，纯数学的加工方式，即算法，摆脱了物理限制，从而稳固了信号处理领域的地位。现在，对于信号的处理，人们通常是先把模拟信号变成数字信号，然后利用高效的数字信号处理器或计算机对其进行数字信号处理。

信号处理最基本的内容有变换、滤波、调制、解调、检测以及谱分析和估计等。变换诸如类型的傅里叶变换、正弦变换、余弦变换、沃尔什变换等；滤波包括高通滤波、低通滤波、带通滤波、维纳滤波、卡尔曼滤波、线性滤波、非线性滤波以及自适应滤波等；谱分析方面包括确知信号的分析和随机信号的分析，通常研究最普遍的是随机信号的分析，也称统计信号分析或估计，它通常又分为线性谱估计与非线性谱估计；谱估计有周期图估计、最大熵谱估计等；随着信号类型的复杂化，在要求分析的信号不能满足高斯分布、非最小相位等条件时，又有高阶谱分析的方法。

高阶谱分析可以提供信号的相位信息、非高斯类信息以及非线性信息；自适应滤波与均衡也是应用研究的一大领域。自适应滤波包括横向自适应滤波、格形自适应滤波、自适应对消滤波，以及自适应均衡等。此外，对于阵列信号还有阵列信号处理等。

信号处理是电信的基础理论与技术。它的数学理论有方程论、函数论、数论、随机过程论、最小二乘方法以及最优化理论等，它的技术支柱是电路分析、合成以及电子计算机技术。信号处理与当代模式识别、人工智能、神经网络计算以及多媒体信息处理等有着密切的关系，它把基础理论与工程应用紧密联系起来。因此信号处理是一门既有复杂数理分析背景，又有广阔实用工程前景的学科。

信号处理以数字信号处理为中心而发展。这是因为信号普遍可以用数字化形式来表示，而数字化的信号可以在电子计算机上通过软件来实现计算或处理。理论上，无论多么复杂的运算，只要数学上能够分析、可以得到最优的求解，就都可以在电子计算机上模拟完成。如果计算速度足够快，还可以用超大规模的专用数字信号处理芯片来实时完成。因此，数字信号处理技术成为信息技术发展中最富有活力的学科之一。

1.3.2　故障特征提取

故障模式是指设备发生故障时的具体表现形式，即故障现象的一种表征。设备故障的发生往往是由一种故障模式或多种故障模式耦合造成的。当设备出现故障时其状态参数会发生某种变化，根据这种状态的变化可以进行设备的故障识别。所以，故障识别实际上就是由特征空间到故障类型空间的映射，这种映射实际上属于故障因果关系的逆问题。在实际故障诊断过程中，为了提高故障诊断的准确性总是要求尽可能多地采集状态参数和积累故障样本，特别是随着设备结构的日益复杂，要求安装的传感器的类型和数目也越来越多，状态数据采集的时间间隔则越来越短，最后造成设备状态数据的规模越来越大。

关键性能指标(key performance indicator, KPI)是一种衡量运维工作效率和有效性的指标，它也是系统的性能、稳定性、安全性等方面的指标。KPI 是衡量系统性能的重要参考，通过 KPI 的表象可以分析出系统某方面是否存在异常。传统判断 KPI 是否异常的方法是通过人为经验，设定一些阈值来判断；智能运维则希望通过系统智能分析出 KPI 是否存在异常。目前，学术界和工业界有许多针对 KPI 异常检测的研究。根据常见的研究方法，将现有的研究分为三大类：基于固定配置的异常检测方法、基于统计的异常检测方法和基于机器学习的异常检测方法。

1. 基于固定配置的异常检测方法

基于固定配置的异常检测方法是目前工业界最常用的方法。在异常检测中，基于固定配置的异常检测方法具有明确、容易理解、有效的特点，成为当前工业界运维监测的普遍方式。常见的配置方式有：固定阈值法，若该指标大于该阈值或者小于该阈值则视为异常；环比方法，将 T 时刻的数值除以 T-1 时刻的数值，若大于或小于某一固定值，则断定出现异常；同比方法，将 T 时刻的值除以 T 减去一天(或者一周/一个月)时的值，若超过或者小于某个值，则断定为异常。目前有许多监控工具都实现了基于固定配置的异常检测功能，如中国科学院设计的网络监控系统、哈尔滨工程大学搭建的 Hadoop 集群监控系统。对于基于固定配置的异常检测方法，企业运维人员需要根据不同 KPI 的特性，采取不同的方案，如有些曲线适合同比方法、有些适合环比方法、有些适合固定阈值法等，而且具体的参数也需要凭借经验确定。但是在智能运维的场景中，指标种类多、数量多、规律复杂，企业难以分配大量的运维人员，耗费大量时间逐个配置，且易出现失误。因此，基于固定配置的异常检测方法不适用于智能运维场景。

2. 基于统计的异常检测方法

基于统计的异常检测方法，通常是假设给定的数据服从某种概率分布，从而选定模型，根据分布的不一致性来判断是否发生异常。这些方法通过对历史数据进行分析，建立出一段能够预测未来数据的模型，通过比较预测值与实际值的偏离程度判断该点是否存在异常。

此外，与统计有关的异常检测方法还有小波分析、基于主成分分析的异常检测、基于奇异值分解的异常检测等。基于统计的异常检测方法存在一个根本的缺陷，即它们都要假设 KPI 服从某种分布，然而在实际的智能运维场景中，KPI 根据业务情境服从不同的分布。因此，基于统计的方法不能适应当下的情境。

3. 基于机器学习的异常检测方法

当前计算机已经拥有高性能的计算能力，以及智能运维环境下拥有海量 KPI 数据，可以考虑利用机器学习方法对 KPI 进行异常检测。机器学习方法与基于统计学习的方法都需要通过历史数据建立模型，但机器学习的优势在于不需要假设某条 KPI 服从于某种分布或者参数之间存在什么关系，它可以用一个统一的预测模型针对不同的指标进行良好的预测，它对海量、高维度的数据，以及复杂的场景都有很强的适用性和扩展性。

尽管服务器的 KPI 异常检测是非常重要的一环，但是目前学术界采用机器学习方法研究这方面的并不多。当前，主要把基于机器学习的异常检测技术分为基于无监督学习异常检测和基于监督学习异常检测两种。文献 *Opprentice: Towards Practical and Automatic Anomaly Detection Through Machine Learning* 提出了一种基于局部核密度的无监督异常检测方法，首先通过一种双层频繁模式方法挖掘获得关联的 KPI 组合，再利用基于局部核密度的无监督异常检测方法检测出异常 KPI，该方法的不足之处是需要凭借多条 KPI 的综合趋势才能检测出有异常的 KPI，而且检测是在之前的频繁模式挖掘的基础上，增加了不确定性；文献 *Network Behavior Anomaly Detection Using Holt-Winters Algorithm* 提出了一种基于随机森林模型的异常检测系统，运维人员给 KPI 数据的异常进行标签，导入模型中训练，通过提供参数帮助运维人员调解，使运维人员可以按需求对模型做出调整，取得了较理想的效果。通过监督学习的方法进行建模，并根据智能运维场景的需求提取相应的特征属性，利用神经网络对海量数据的优秀处理性能，改进神经网络模型并将其成功应用于 KPI 异常检测研究。

本书将介绍几种重要的故障特征提取方法，包括幅域特征提取方法、阶次域特征提取方法、能量域特征提取方法，以及基于多信号的特征提取和关联性分析，包括小波相干、时频相干等相干分析和原理及基于希尔伯特-黄变换(Hilbert-Huang transform, HHT)相干的非稳态故障定位方法。此外，还将介绍面向大数据的统计特征提取方法，如回归分析、聚类分析、主成分分析以及马尔可夫链模型等。通过这些方法的应用，可以有效地提取信号中的关键特征，为各种实际应用提供决策支持。

1.3.3　故障诊断方法

故障诊断的主要任务是确定故障的部位、故障的严重程度和预测故障的发生和发展趋势，能够为维修期限预测、维修工作范围决策、维修成本预测等提供有力的支持。传统的故障诊断方法往往依赖于人工经验和专业知识，但在面对复杂、多变的系统时，这些方法显得力不从心。因此，智能故障诊断技术的出现为这一难题提供了新的解决思路。

在本书中，首先将详细介绍基于浅层学习的智能故障诊断方法。这些方法通过模拟人脑的学习过程，利用人工神经网络、支持向量机和随机森林等机器学习算法，从大量数据中自动提取有用特征，并构建出高效的故障诊断模型。

1. 基于人工神经网络的智能故障诊断方法

这种方法通过模拟神经元之间的连接和信号传递过程，构建一个高度复杂的网络模型，用于学习和识别故障模式。通过适当的训练和优化，人工神经网络能够准确地诊断出各种类型的故障，为实际应用提供了有力的支持。

基于神经网络的故障诊断技术具有五大特点。第一，并行结构与并行处理方式。神经网络采用类似人脑的功能，它不仅在结构上并行，而且其处理问题的方式也并行，诊断信息输入之后可以很快地传递到神经元进行处理，提高了计算速度，特别适合处理大量的并行信息。第二，具有高度的自适应性能。系统在知识表示和组织、诊断求解策略与实施等方面可根据生存环境从自适应自组织到自我完善。第三，具有很强的自学能力。神经网络是一种变结构系统，神经元连接形式的多样性和连接强度的可塑性，使其对环境的适应能力和对外界事物的学习能力非常强。系统可根据环境提供的大量信息，自动进行联想、记忆及聚类等方面的自组织学习，也可在导师指导下学习特定的任务。第四，具有很强的容错性。神经网络的诊断信息分布式地储存于整个网络中相互连接的权值上，且每个神经元储存信息的部分内容，因此即使部分神经元丢失或外界输入神经网络中的信息存在某些局部错误，也不影响整个系统的输出性能。第五，实现了将知识表示、存储、推理三者融为一体。它们都由一个神经网络来实现。

目前，利用神经网络进行故障诊断，可以将诊断分为模式识别和知识处理两大类，就神经网络在设备故障诊断领域的应用研究来说主要集中在以下三个方面。

(1) 从模式识别的角度，应用神经网络作为分类进行故障诊断。

(2) 从预测的角度，应用神经网络作为动态预测模型进行故障诊断。

(3) 从知识处理的角度，建立神经网络的故障诊断专家系统。

在众多的神经网络中，基于 BP 算法的多层感知器神经网络(图 1.2(a))是通过多个层次的神经元将输入的多个数据集映射到单一的输出数据集上，它的应用最为广泛且成功，如齿轮箱故障诊断、设备状态分类器设计、地震预报、农作物虫情预测等。径向基函数(radial basis function, RBF)网络是一种使用径向基函数作为激活函数的人工神经网络(图 1.2(b))。这种网络主要用于解决模式识别、函数逼近和非线性时间序列预测等问题。神经元数目可以在参数设置时确定，目前该网络应用也比较广泛，如柴油机故障诊断、交通运输能力测试、河道浅滩渐变预测等；概率神经网络是由 Speeht 博士在 1989 年首先提出的一种神经网络模型（图 1.2(c)），是径向基网络的一个分支，属于前馈网络的一种。概率神经网络基于统计原理，具有监督学习的特点，其训练期望误差较小。概率神经网络应用十分广泛，如发动机故障诊断、财务失败预测等，它无须训练，分类效果明显。

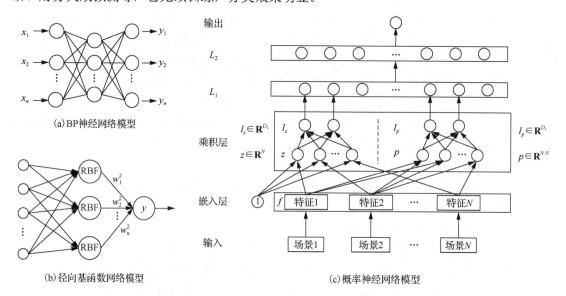

（a）BP神经网络模型

（b）径向基函数网络模型

（c）概率神经网络模型

图 1.2　三种神经网络模型

2. 基于支持向量机的智能故障诊断方法

支持向量机（support vector machine, SVM）是一种广泛使用的分类和回归分析方法，特别适用于处理高维、非线性的数据。在故障诊断领域，支持向量机能够有效地识别出故障数据的内在规律，并构建出精确的故障分类模型。

支持向量机是一种二分类模型。其基本原理是将一个线性不可分的高维空间转化为一个线性可分的低维空间，进而构造出一个最优超平面，使得该超平面距离各类样本的最短距离最大化。通俗来讲，SVM 就是通过对各个样本点之间的间距进行最优化分割，找到一个能够最好地将数据集两类样本分开的超平面。

SVM 可简单分为线性 SVM 模型和非线性 SVM 模型。在线性 SVM 模型中，采用线性变换（如线性函数、多项式函数、RBF 等）将原始数据从高维空间映射到低维空间，从而使数据能够被超平面进行分类。而在非线性 SVM 模型中，则采用核函数来进行样本的特征变换和距离度量，以此达到非线性分类的目的。

基于支持向量机的故障诊断一般分为如下四步。

（1）信号获取：搭建诊断线路，通过传感器，实时采集设备的特征信号。如加速度、压力加速度等，此时采集到的信号多为时域信号。

（2）信号处理：对采集到的信号进行预处理，便于支持向量机进行分类。

（3）经典 SVM 分类：由常规的两部分组成，其中训练模型是对学习样本数据进行训练得到的模型，测试数据是将测试样本输入训练好的模型进行测试，得到测试结果。

(4)模型校准：对于多故障情况，训练好的模型有几个甚至几十个，测试时，需要将测试数据依次输入每个模型，然后整理每个模型的诊断结果，最终得到多故障分类器对测试样本的识别结果。同时，结合实际情况和以往经验判断分类器对测试样本的识别是否正确。

基于支持向量机的故障诊断流程如图1.3所示。

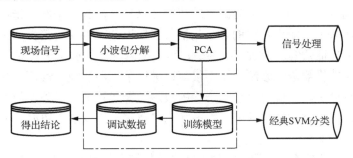

图1.3 基于支持向量机的故障诊断流程

3. 基于随机森林的智能故障诊断方法

随机森林是一种基于决策树的集成学习算法，通过构建多个独立的决策树并结合它们的预测结果来提高模型的准确性和稳定性。在故障诊断中，随机森林能够处理大量的高维数据，并能有效地识别出故障特征，为故障的诊断和预测提供了有力的工具(图1.4)。

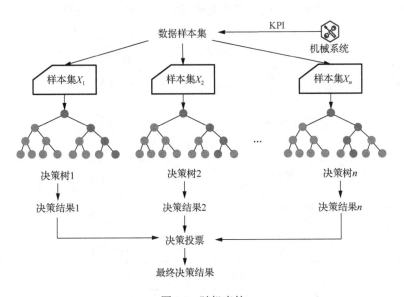

图1.4 随机森林

机器故障诊断技术的研究需要对大量的机器数据进行处理和分析。传统的机器学习算法在处理大规模数据时存在计算时间长、分类准确率不高等问题。而随机森林算法具有高效性、准确性和可扩展性等优点，在处理大规模数据时表现优异。因此，随机森林在机器故障诊断技术中的应用越来越受到研究者的青睐。

首先，对于机器故障诊断技术研究中使用的数据类型，一般分为数值型和离散型两种。其中，数值型数据包括机器传感器采集的温度、湿度、压力等连续性变量。而离散型数据则包括机器状态等离散性变量。基于此，随机森林算法可以通过对数值型数据和离散型数据的处理，实现对机器故障的诊断和预测。

而对于机器故障诊断技术研究中使用的随机森林算法，需要进行特征选择和参数调整等优化。特征选择是指在算法中选取最具有代表性和区分性的特征。在机器故障诊断中，特征选择可以帮助提高分类准确率，同时减少算法的计算量。参数调整则是指在算法中选取最优的参数组合。一般来说，随机森林的参数包括决策树棵数、每棵决策树的最大深度、每棵决策树中随机选取的特征数等。通过调整参数，可以使算法更加适合于机器故障诊断的需求。

基于随机森林的机器故障诊断技术不仅可以进行单机器的故障诊断，同时还可以通过对多个机器数据进行分析，实现对整个生产线的故障预警和管理。另外，随着人工智能技术的不断发展，基于随机森林的机器故障诊断技术也将会进一步发展，更好地为制造业等领域提供高效和准确的生产保障。

总的来说，基于浅层学习的智能故障诊断方法相较于传统的运维方法虽然有很大的提升，但难以处理高维、非线性和复杂的故障数据。近年来，深度学习技术的快速发展为高维、非线性和复杂的智能故障诊断提供了新的解决方案。

基于深度学习的智能故障诊断方法可以利用深度神经网络捕捉到故障数据的本质特征，提高诊断的准确性和效率。同时，深度学习还可以用于预测机械设备的剩余寿命，为设备的维护和更新提供决策支持。

如图 1.5 所示，基于深度学习的故障诊断研究主要分为以下 3 种思路。

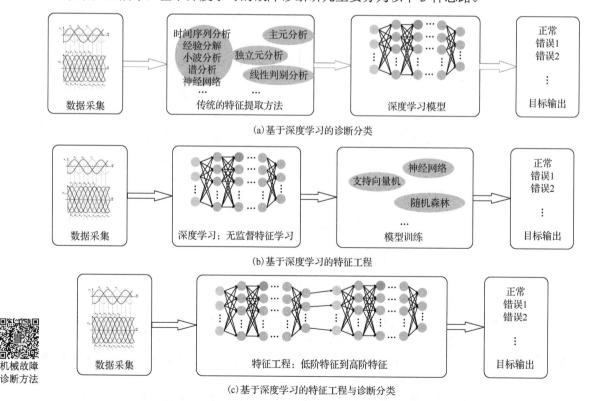

图 1.5　基于深度学习的故障诊断研究

(1)信号获取→特征工程→基于深度学习的诊断分类，如图 1.5(a)所示。采用传统的统计分析、信号分析等方法进行特征提取、选择或者融合，基于提取的特征结合深度学习技术进行故障检测与诊断，该类方法结合传统方法进行数据预处理和特征提取，有利于将专业知识和先验信息应用于整个算法设计中，再结合深度学习技术进行特征分类，有效降低模型复杂度并提高识别率。

(2)信号获取→基于深度学习的特征工程→诊断分类，如图 1.5(b)所示。采用深度学习技术进行特征提取，基于提取的高阶特征结合传统的多元统计分析技术进行故障检测与诊断。该类方法采用多隐含层网络进行高阶、抽象、细节化等特征的无监督提取，既不需要人工干涉又不依赖于先验知识，再结合多元统计分析技术有利于控制过程中对系统的可视化监控。

(3)信号获取→基于深度学习的特征工程与诊断分类，如图 1.5(c)所示。采用深度学习技术直接对获取的信号进行封装式处理，以达到对故障辨识结果输出的目的。该类方法属于“端到端”的模式，直接实现由输入到目标的输出，促使多隐含层网络中特征提取和模式分类的参数可以协同优化，采用特征自学习的策略自动发现大型数据集中与目标关联的有效特征。

1.3.4　智能运维方法

智能运维是在对设备状态信息的识别、感知、处理和融合的基础上，监测设备的健康状态，预测设备的性能变化趋势、部件故障发生时机及剩余使用寿命，并采取必要的措施延缓设备的性能衰退进程、排除设备故障的决策和执行过程。可见，智能运维的实施需要满足一定的技术条件，或者说需要突破相关的关键技术。下面给出智能运维几个主要的关键技术。

1. 状态数据监测

随着设备结构的复杂化和运行工况的恶化，组成设备的子系统的故障模式复杂多样且相互耦合，对设备及子系统的寿命分布进行描述更为困难，运维管理和维修决策所需的状态数据越来越多，同时对状态数据的精确性和实时性要求也越来越高。以航空发动机为例，由于航空发动机常常工作在高温、高压、高转速等恶劣的环境下，状态监测对于保障航空发动机正常工作、延长使用寿命、及时发现安全隐患具有重要的意义。就监测类型而言，航空发动机全生命周期的监控参数包括环境参数、性能参数和机械状态参数等。环境参数主要包括温度、压力、高度等；性能参数主要包括燃油流量、输出功率和转速等；机械状态参数主要包括应力、应变、振动、裂纹、烧蚀和润滑油金属颗粒含量等。由于航空发动机具有高温、高压、高转速和高负载的特点，传感器又是发动机最容易出现故障的控制元件之一，因此，如何实时诊断和处理传感器的故障，保证传感器数据采集和处理的可靠性和准确性，是提高航空发动机控制系统可靠性的关键。

2. 状态数据预处理

状态数据的优劣直接影响到智能运维决策的质量。在现实世界中没有不存在噪声的信号，信号中含有内部噪声(如白噪声、散粒噪声、扩散噪声等)和外部噪声(如随机扰动、串扰噪声等)是不可避免的。在高端设备状态数据监测中，由于运行工况恶劣，干扰因素众多，加之传感器质量、监测工艺和人为操作等原因，原始测试数据信号中往往含有噪声或误差。以航空发动机气路参数监测为例，由于气路参数测试过程中常常面临着高温、高压、强振动等测试环境，实际测试数据中经常含有噪声，并通常认为航空发动机的气路参数由纯净信号、高斯噪声和粗大误差组成，即气路参数可以表示为 $z = z^0 + \varepsilon + \theta$，其中，$z^0$ 表示纯净信号，ε 表示高斯噪声，θ 表示粗大误差。去噪就是去除外界干扰，也就是去除信号中的无效信息。设备状态监测数据噪声来源有多种，粗大误差是其中最重要的一种噪声。粗大误差是指明显超出规定条件预期的误差，常简称为"粗差"。产生粗大误差的原因主要包括错误读取指示值，使用有缺陷的测量仪器，测量仪器受到外界振动或电磁干扰而发生指示突变，传输、译码过程中出现错误等。"粗差"的存在会降低测试数据的质量，甚至会歪曲测试结果的本来面目，严重干扰对测试数据的分析，影响数据分析和建模的准确性，例如，会影响到发动机性能衰退率计算、性能评估、剩余使用寿命预测等结果的准确性。所以应该在尽可能保持原始测试数据完整性(即主要特征)的同时，去除原始测试数据中无用的粗大误差等信息，提高监测数据的质量。

3. 状态特征提取

由于每个状态参数都不同程度地反映了问题域的部分信息，不同状态参数之间包含的信息往往还存在一定程度的重叠，过多的状态参数数目将会增加问题分析的复杂性，同时太多的状态数据量也会占据大量的存储空间和计算时间，甚至还会影响网络模型的训练时间、精度和收敛性。此时需要对大量的原始状态信息进行特征提取，从状态数据中提取对设备诊断贡献大的有用信息，也就是用大大少于原始状态参数数目的特征来充分准确地描述设备的实际运行状态，同时还要使它们较好地保持原有状态的可分性，达到基于较少的特征进行故障诊断的目的。

4. 状态评价与预测

1) 状态评价

状态评价就是根据设备的状态数据和评价准则综合评价设备的健康状态，据此决定目前设备是否需要维修，所以状态评价是基于状态的维修策略的基础。随着设备的大型化、复杂化和信息化，设备运行与维修策略对状态评估技术提出了更高的要求。简单的状态信息评估方法已不能满足大型复杂设备运行维修的需求，需要提出一种同时满足实时性、通用性和精确性要求的多维度状态信息综合评估方法，在对在线和离线监测诊断数据、可靠性评价数据、寿命预测数据、历史维修数据、设计制造数据等进行分析的基础上，实现对设备的综合评价。在工程应用中，设备的状态评价常常从性能评价、结构损伤评价和综合评价等方面开展。性能评价又可分为单参数评价和多参数综合评价。结构损伤评价也可以从结构变形、裂纹和磨损等多个方面开展评价。综合评价则是在性能、结构等单方面评价结果的基础上实现对设备的综合评价。通过比较每台设备的健康状态，按照评价结果实现从高到低的排队，据此确定哪些设备需要重点关注，形成设备的重点关注清单，并制订最优的送修计划。设备的综合评价是一个复杂的系统工程，特别是对复杂设备的综合评价是一个多目标、多指标的综合评价，这更增加了设备状态评价的难度。评价指标体系的确定、评价信息的获取、评价结果的综合利用等是设备综合评价的关键。

2) 状态预测

状态预测是根据设备的历史状态和当前状态，分析其变化趋势并预测其未来的状态，据此决定设备未来某一时刻是否需要进行维修，所以状态预测是基于状态预测的维修策略的基础。状态预测大致可以分为基于机理模型的预测和基于数据驱动的预测两种。基于机理模型的预测需要完整准确的设计信息和产品模型，由于设计阶段难以全面完整地掌握设备的使用工况，产品的机理模型及基于机理模型的预测结果往往带有一定的近似性。基于数据驱动的预测由于采用了设备的真实运维数据，预测精度有所提高，但也存在预测结果无法解释的缺点。在工程实践中，当运维数据充足时，基于数据驱动的预测方法是一种较为常用的预测方法。目前，基于数据驱动的预测大多采用单一模型进行预测，预测模型的结构比较复杂。

复杂设备的状态参数是一个典型的时间序列，并且大多是非线性的时间序列，如何根据历史状态数据挖掘非线性时间序列的变化规律，特别是当历史状态参数有噪声时，如何获取设备性能的衰退模式及其变化趋势是状态预测的主要技术难点。复杂设备的性能衰退过程可以用多个性能特征参数的协同演变特征轨迹来表达，因此对复杂设备的状态趋势预测可以利用设备的多元参数轨迹的演变趋势进行外推来实现。目前经典的时间序列预测方法有线性回归预测、二次指数平滑预测、三次指数平滑预测、移动平均预测、卡尔曼滤波预测、贝叶斯预测、模糊逻辑预测、神经网络预测和基于支持向量机的预测等，这些预测方法虽然能够通过滚动预测实现外推范围的延长，但由于误差累积效应，滚动预测方法的预测误差会急剧增加。为此有研究学者提出基于相似性的预测方法、基于过程神经网络的预测方法和基于集成学习机的预测方法等时间序列预测方法，这些预测方法取得了较好的应用效果。

5. 故障诊断与溯源

1）故障诊断

故障诊断就是利用传感器测量参数和信号处理获得的特征参数，分析设备发生故障的原因、部位、类型、程度、寿命及其变化趋势等，以制订科学的维护或维修计划，保证设备安全、高效、可靠地运行。

根据基于的理论技术基础，故障诊断方法可以归纳为三类：基于人工智能的故障诊断方法、基于信号处理的故障诊断方法和基于动态数学模型的故障诊断方法。基于人工智能的故障诊断方法是以人工智能技术为核心，目前常用的方法包括神经网络、实例推理、故障树、粗糙集和贝叶斯网络等；基于信号处理的故障诊断方法是以现代信号采集、处理与分析理论和方法为基础，通过对设备运行状态的信号进行变换处理，提取设备故障的特征信息来进行故障诊断的，目前常用的方法包括信号的滤波和降噪、时域分析、时序分析、基于傅里叶变化的频域分析、时频分析、瞬态分析、小波变换等；而基于动态数学模型的故障诊断方法是根据设备的运行环境和故障物理机理与征兆，建立相应的动态数学模型，再利用模型来诊断设备故障。

根据采用的故障分析手段，故障诊断方法也可以归纳为三类：模型驱动的诊断方法、数据驱动的诊断方法和联合驱动的诊断方法。模型驱动的诊断方法是根据设备的机理模型和运行数据分析设备的异常并进行故障的诊断，它依赖于设备的设计制造模型，由于设计制造阶段难以完全掌握设备的运行工况，所建立的故障诊断机理模型往往伴有一定的近似性，为此模型本身也需要大量的工程应用才能优化完善。数据驱动的诊断方法则不需要对待诊断设备建立机理模型，仅需要对检测数据进行分析、挖掘，并通过合适的分类算法实现诊断。随着移动互联网、大数据、云计算、物联网、人工智能等信息技术的逐步成熟和产业应用，企业感知的状态参数越来越丰富，丰富的状态数据为数据驱动的故障诊断提供了良好的条件。针对传统机理模型参数不准、数据模型缺乏明确物理意义的问题，人们又提出了机理与数据联合驱动的故障诊断方法，通过机理模型和数据模型之间的相互印证，修正机理模型的参数，揭示数据模型所检测出异常的物理意义，提高故障诊断技术的可靠性。

基于典型案例的故障诊断是基于人工智能的故障诊断技术中最常用的一种方法，它是将基于实例的推理技术应用到故障诊断中。基于典型案例的故障诊断首先对故障案例及其样本数据进行分析、归类与存储，建立特定设备型号的典型故障模式库，寻找参数小偏差值与典型故障类型的对应关系，形成该设备型号的故障诊断指引图。将实际故障样本的参数小偏差值与故障指引图中各故障的参数偏差值进行距离量度，再基于距离量度判断实际故障样本与典型故障案例之间的相似度，并将最相似的典型故障案例作为参考故障，指导设备的故障隔离与排故。充足的典型故障样本的获取是故障诊断的基础，如何获得足够的有标签的样本数据以及如何在小样本条件下进行故障诊断是设备故障诊断的一个技术难点。为此，针对典型故障案例缺乏的问题，可以研究小样本条件下基于孪生神经网络的故障诊断方法，实现小样本条件下的故障诊断。

2) 故障溯源

故障溯源是通过分析诱发零件、部件或设备系统发生故障的物理、化学、电学与机械过程，建立设备典型故障与引发故障的根源之间的关联关系，实现服务数据驱动的故障原因分析、设计制造缺陷识别和设计制造缺陷部位推断，支持产品设计制造的改进和优化。

当设备设计制造存在缺陷时，会出现性能衰退较快、运行品质不佳、状态数据异常、产品故障频发、操作使用不便、保障维修困难等典型缺陷特征，此时需要提取面向设计、制造、运行和维护四个环节产品缺陷问题的主要影响要素及参数特征，融合和管控产品全寿命周期多源异构数据，构建产品设计制造缺陷的具体类型及评判标准，并通过对运维服务数据中异常数据和故障信息的挖掘以及与典型缺陷案例关联分析，建立面向产品研制的上游和下游不断反馈、解析和利用的数据通道，充分利用机理模型、运行历史等数据，集成多学科、多物理量、多尺度、多概率的仿真过程建立数字孪生模型，在虚拟空间中完成实物到数字模型的映射，动态呈现产品运行过程数据的异常、根本原因以及缺陷部位的概率，实现产品设计制造缺陷的智能识别，支持服务数据驱动的产品设计制造缺陷排查和产品质量持续改进。这类故障是由产品设计制造缺陷等深层次原因造成的，必须通过对产品设计制造进行改进才能加以排除。

6. 基于状态的维修策略

维修策略是根据设备的健康状态及其变化趋势，确定设备什么时候维修(即维修时机)、做什么维修工作(即维修工作范围)以及需要多少维修费用和备件需求(即维修资源)，它是设备智能运维的重要内容。

1) 维修时机优化

设备维修时机的确定一般是先进行维修时限预测，再建立维修时机优化模型优化设备的维修时机。维修时限预测可分为直接法和间接法两种。影响设备维修时限的因素众多，如设备的故障状态、时间状态、性能状态和初始状态等。直接法首先分析影响维修时限的各个因素并分别确定各单因素对应的维修时限，再取其中的最小值作为设备的最终维修时限。而间接法不直接采用各影响因素进行维修时限的预测，而是通过权值函数将各个因素的指标值转化为权值，再根据权值计算故障测评值、时间测评值、性能测评值、初始测评值及各个因素对应的维修时限，最后得到综合测评值及综合维修时限。维修时机优化属于组合优化问题，与函数优化问题不同，由于"组合爆炸"，很多组合优化问题的求解非常困难。

由于设备前后维修决策之间相互影响，所以还必须在全寿命期内优化设备的维修时机。此时，首先分析影响设备全寿命维修时机的相关因素，建立基于单因素的设备全寿命维修时机优化模型，优化求解基于单因素的设备全寿命维修时间间隔，在此基础上，建立基于多因素的以全寿命全成本最小为目标的设备全寿命维修时机综合优化模型，研究模型的解空间结构，提出模型的求解算法，并求得基于多因素的设备全寿命维修时间间隔以及设备的当次维修时机，为设备维修计划优化奠定基础。

2) 维修计划优化

维修计划直接影响到设备的运维成本、备件需求和运行安排。维修计划可以分为短期维修计划和中长期维修计划。短期维修计划一般以周、月或季度为单位，可执行性强。中长期维修计划是具有指导性或预测性的维修计划，它对企业的战略规划具有重要的支持作用。中期维修计划是一种指导性的维修计划，可以以半年或 1 年为单位。而长期维修计划的作用更倾向于生产预测和维修资源规划，它属于本单位生产方向和任务的纲领性规划，带有战略性、预见性和长期性，它的时间单位比中期维修计划更长。

为了确保生产运营和备件需求的平稳性，在维修计划制订时应考虑到停机维修的均衡性。维修计划是面向设备群体的，必须在单台设备维修时机优化的基础上进行设备群体维修计划的优化。此时首先基于多因素优化设备全寿命的维修时机，建立设备群体短期送修计划优化模型，即基于设备全寿命维修时机优化结果，综合考虑安全约束以及资源约束，建立以设备群体全成本最小为目标的设备群体短期送修计划优化模型，研究模型快速求解的启发式算法及智能优化算法，以此确定每台设备的当次维修时机以及更换的设备，并对算法进行评价。

设备平均送修间隔是中长期送修计划制订的基础，通过收集影响设备全寿命行为的伴随因素及其影响机理，建立考虑协变量的设备使用可靠性模型，得到设备平均送修间隔的统计值，并基于平均送修间隔优化制订设备的中长期送修计划。因此以设备群体中长期保障成本最小为目标，构建基于排序理论的设备群体调度方法，建立基于平均送修间隔排序优化的设备群体调度模型，研究求解该模型的启发式算法，寻求设备群体调度最佳排序规则和最佳调度优化方案。进一步，在初始调度方案的基础上，研究设备拆换峰谷平滑方法和优化调度方案，降低设备的保障成本，提高设备的使用效率。为了解决非计划因素扰动下的设备中长期送修计划动态优化问题，可以在基于平均送修间隔的设备中长期送修计划的基础上，进一步考虑非计划送修扰动因素对中长期计划的影响，把每一次非计划送修作为触发中长期计划动态优化的时间点，综合当前时间点的最新信息，提出模型参数更新和新的中长期送修计划求解策略，统计非计划送修历史数据，建立非计划送修的时间分布模型，实现考虑非计划送修随机因素的中长期送修计划的优化。

3) 维修工作范围确定

维修工作范围确定是根据维修设备的当前状态和维修目标决定设备需要做什么样的维修工作，如哪些部件和单元体需要分解、哪些寿命件需要更换等。维修工作范围是发动机进厂维修的指导，其直接影响到设备的修后性能与维修成本，所以维修工作范围确定是智能运维的重要内容。复杂设备维修工作范围候选方案的规模往往很大，以至于单纯依靠人工进行最优方案生成十分困难。以航空发动机为例，航空发动机是由多个单元体组成的复杂机电设备，其整机维修工作范围可以看作各个单元体维修级别的组合，即哪些单元体需要分解和维修、哪些件需要更换等。航空发动机的维修工作范围是进厂维修的指导性文件，其核心内容是航空发动机进厂后所要执行的具体维护维修工作。航空发动机的维修工作范围直接影响发动机的修后性能与可靠性，也直接影响着航空发动机的运维成本。在确定发动机某次的维修工作范围时，存在多种候选方案。例如，假设一台航空发动机由 15 个单元体组成，每个单元体有 4 个维修级别，则共有 4^{15} 种维修工作范围方案。可见，单靠人工从中选择最优的方案不仅需要耗费大量的时间和精力，而且难以保证维修工作范围的质量，此时需要建立维修工作范围优化模型，以实现维修工作范围优化的自动化。

4) 备件需求规划

备件需求规划是指在设备维修计划和维修工作范围的基础上，进行备件需求量的预测和优化，使其储备保持在经济合理的水平上，这也是智能运维的重要内容。备件需求规划是备件库存控制的基础，其基础信息来源于设备使用维修过程中产生的状态数据。备件需求会影响到自制备件的生产计划以及外购备件的采购计划，备件库存量过大会增加仓库面积和库存保管费用，占用大量流动资金，造成资金呆滞和资源闲置，影响资源的合理配置和优化；备件库存量过小则会影响售后服务的正常进行，造成服务水平下降，从而影响企业利润和信誉。

基于状态的备件预测的目标是在确保生产运行正常高效的前提下努力降低备件消耗和备件储备，达到以最少的资金来保证备件的需求供应，使企业获得最佳的经济效益。设备维修计划决定了哪些设备需要维修和什么时候应该维修，而维修工作范围则决定了某台设备需要修什么，哪些零件、部件或单元件需要更换等。由此可见，维修计划和维修工作范围确定后，设备的储备量就能确定。所以，不同的维修计划和维修工作范围的优化模式所确定的设备储备量和备件需求量是不一样的。在事后维修和定时维修决策模式下，企业主要依据历史库存量数据进行同比分析和环比分析，并结合工程师个人经验对备件库存量进行预测。与之前简单地确定一个安全的固定库存量的方法相比，基于同比分析和环比分析的备件库存量确定方法具有一定的优点，但同比分析与环比分析的方法仅仅是按照备件需求的历史趋势进行预测，没有考虑设备的实际运行情况，当备件需求的实际趋势与历史趋势相比有较大变动时，可能会产生较大的误差。所以，必须创新备件需求规划方法，采用基于状态预测的备件需求规划策略。

1.4　智能运维发展历程

在 20 世纪末之前，机械工程的运维主要依赖于人工检查和定期维护。工程师和技术人员定期对机械设备进行检查，手动记录设备状况，并根据经验进行必要的维护和维修。这个阶段的运维效率较低，且容易受到人为因素的影响。进入 21 世纪，随着计算机技术的发展，机械工程领域开始采用计算机辅助设计和计算机辅助制造，以及计算机维护管理系统。这些技术使得运维管理变得更加系统化和数据驱动，提高了维护的准确性和效率。之后，随着传感器技术和数据分析技术的发展，预测性维护开始流行。通过在机械设备上安装传感器，实时监测设备的运行状态，再结合大数据分析技术，可以预测设备可能出现的故障，从而在问题发生前进行维护，显著降低了突发性故障的发生率。物联网技术的引入使得机械设备能够更加智能地连接和沟通。设备不仅可以自我监测，还能与其他设备和管理系统实时交换数据，实现更加高效和自动化的运维。这一阶段的智能运维系统能够自动调整维护计划，优化资源分配，并提升整体运营效率。如今，人工智能崛起，应用人工智能和机器学习技术于机械工程的智能运维成为最新的发展趋势。人工智能和机器学习技术可以分析更加复杂的数据集，识别模式和趋势，从而实现更加精确的故障预测和维护决策。通过自学习和自优化，智能运维系统可以不断提高预测准确性和操作效率。展望未来，自主运维和协同机器人将成为机械工程智能运维的前沿。这些自主系统和机器人可以在人类工程师的监督下独立完成维护任务，甚至在复杂或危险的环境中操作，进一步提高安全性和效率。

1.4.1 国内外发展概述

国外在该领域的研究起步较早，主要集中在美国、英国、加拿大、日本等发达国家或地区，如美国密歇根大学和辛辛那提大学等在美国自然科学基金的资助下，联合工业界共同成立了智能维护系统中心，长期致力于机械装备监测诊断与性能衰退预测方法的研究。英国成立的机器保健与状态监测协会是最早发展和推广装备诊断技术的机构之一，其研究成果奠定了英国汽车、航空发动机监测和诊断技术的国际领先地位。英国 Rolls-Royce 公司于 2017 年设立"智能航空发动机"专项，期望通过深度分析航空发动机全寿命周期大数据，提升发动机的运行安全与维护保障性。加拿大多伦多大学成立的维护优化与可靠性工程研究中心长期致力于开展视情维修与维护策略的研究工作，开发的维护系统 EXAKT 与 SMS 已在矿用运输车辆、石油化工设备等机械装备上推广应用。国际预测与健康管理(Prognostics and Health Management, PHM)协会自 2008 年开始便专注于举办工业装备的故障诊断与预测竞赛，随着大数据技术的迭代，竞赛题目也从涡轮发动机、齿轮箱、数控机床刀具等关键部件的故障诊断与预测演进到城轨车辆悬挂系统、化学机械抛光系统组件等机械系统的故障诊断与预测。美国国家仪器有限公司、艾默生电气公司、瑞士 ABB 公司等国外知名企业多年来持续致力于为工业物联网领域的设备诊断与维护提供软硬件一体化解决方案。

国内虽然在机械装备故障诊断方面的研究起步略晚，但备受重视，发展强劲。我国先后发布了《国家中长期科学和技术发展规划纲要(2006—2020 年)》和《机械工程学科发展战略报告(2011—2020 年)》，均将重大产品和重大设施运行可靠性、安全性、可维护性关键技术列为重要的研究方向。2017 年中国工程院发布的《中国智能制造发展战略研究报告》将智能运维列为新一代人工智能在制造业应用的重点突破方向之一。国家自然科学基金委员会长期重视机械故障诊断与维护领域的资金投入和优先资助，据估计，30 多年来在机械故障诊断与维护领域获批的面上基金项目、青年基金项目和地区基金项目资助总金额近 2 亿元。2020 年国家自然科学基金委员会信息科学部更是遴选"面向重大装备的智能化控制系统理论与技术"为优先发展领域，其中将"系统报警与运行故障智能诊断与自愈控制"列为重点研究方向。中国机械工程学会联合中国振动工程学会每两年召开一届"全国设备监测诊断与维护学术会议"，促进故障诊断与维护的学术交流和成果推广应用。工业和信息化部、中国信息通信研究院联合北京工业大数据创新中心有限公司等多家企业和研究机构，自 2017 年起每年举办一届中国工业大数据创新竞赛，围绕风机叶片结冰预测、风机齿形带故障分类、刀具剩余寿命预测等工程问题开展主题赛事，推动工业大数据技术及应用发展。国内高等科研院校，如清华大学、西安交通大学、上海交通大学、湖南大学、北京化工大学、华中科技大学、西南交通大学、国防科技大学等汇聚了大批学者与工程技术人员积极开展探索，在机械装备故障诊断理论与方法上取得了一系列重要成果。国内工业物联网知名企业，如树根互联股份有限公司、昆仑智汇数据科技(北京)有限公司、北京天泽智云科技有限公司、安徽容知日新科技股份有限公司等近年来积极打造工业大数据云平台,旨在为工程机械、风力发电、轨道交通、石油化工等领域的机械装备智能运维提供解决方案。

1.4.2　智能运维发展的三个阶段

在综合各方观点的基础上,本书认为智能运维的发展分为 3 个大阶段 6 个小阶段,分别是人工运维、自动化运维、智能运维 3 大阶段,其智能等级参考 TM Forum 自动驾驶网络从 L0～L5 逐级递增,如图 1.6 所示。

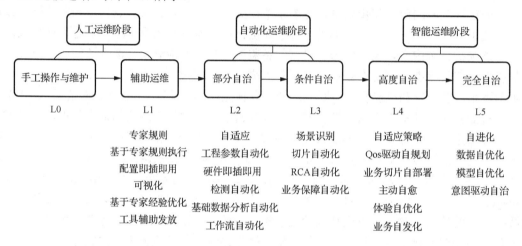

图 1.6　智能运维发展各阶段

1. 人工运维阶段

该阶段分为 L0 手工操作与维护和 L1 辅助运维两个小阶段。该阶段完全或大部分依靠运维专家的经验规则进行故障定位、根因分析和配置下发等管理任务的制定和执行。进入辅助运维阶段,通过对重复性典型事件预先在系统中配置触发和调度策略,起到提高运维效率和减少人力成本的作用。

2. 自动化运维阶段

该阶段分为 L2 部分自治和 L3 条件自治两个小阶段。在 L2 部分自治小阶段,业内逐渐达成信息技术研发和运维一体化的共识,但仍未规模化使用 DevOps 工具,主要依靠在系统中定制编写自动化脚本,实现简单数据分析、可视化、参数配置等初始功能。到 L3 条件自治小阶段,企业已经认可自动化运维的价值,开始停止自己开发脚本,转而使用市场上开源和付费的 DevOps 工具。从 OpenStack 时代,再到现在的容器时代,借用工具出现了很多自动化运维的高级模式,如网络可用性工程、聊天机器人 ChatOps 等。前者是在保证用户满意度的前提下,平衡系统功能、服务及性能多方面因素,是涵盖 DevOps 运维思想、组织架构和具体实践的完整体系。后者通过插件或脚本实时执行团队成员在会话中输入的每一行命令,将过去成员在各工具输入的命令前端化、透明化,以进一步提升自动化程度。

3. 智能运维阶段

该阶段分为 L4 高度自治(即智能运维前期)和 L5 完全自治(即无人运维)两个阶段。当某个领域的自动化程度达到一定极限时，必然会被人们个性化需求推动着往智能化方向发展。

从功能定义上来看，L3 和 L4 两个阶段必定会在长期共存的状态下进一步演化，预估会共存 10～15 年，即在此期间自动化和智能化程度均会逐渐提高。在智能运维早期，AI 从单点应用着手，如 KPI 单指标的异常检测和趋势预测，逐步实现在单点应用上的自主发现问题、诊断问题、解决问题和性能优化。另外，在各垂直领域中，将专家经验积累成知识库，形成可重复利用的结构化知识点。

在各单点应用逐渐智能化的前提下，将底层各维度数据打通，建立中间通用和专用能力层，灵活应用于上层服务。在每个应用中都能实现从数据自主采集、自主预处理到自优化，模型上实现自主选择、调参、优化及部署。人们的需求将通过语音、姿态、神情等特征进行控制和调度，系统也会自主发现、诊断和优化问题。

在时间维度上，由于各行业自动化和智能化的发展速度参差不齐，即使自动化运维和 DevOps 概念已提出多年，但自动化运维工具在企业中的使用依然普及率不高，预计到 2030 年超过 50%企业会普及使用 DevOps 工具。尽管从 2016 年开始，已有企业开始尝试在单点应用上借用人工智能技术，但要大多数企业能达到高度自治的水平，依然需要 20～30 年的探索和发展。而要实现无人运维则需要研发和搭建以算力网络、数字孪生、千脑感知网络、边缘智能等技术为基础的"运维大脑"，在高度自治的智能运维阶段基础上，还需要 20～40 年。

随着人工智能技术在运维管理中的不断深入，人的角色越来越主动，对数据和工具的掌控力越来越灵活。运维人员收集原始数据后，经过数字孪生和可视化后，再进行标签、模型预训练、结构化知识的提取最终将专家的经验和数据衍生为应用知识，进而实现工具的自动化和智能化升级，如图 1.7 所示。

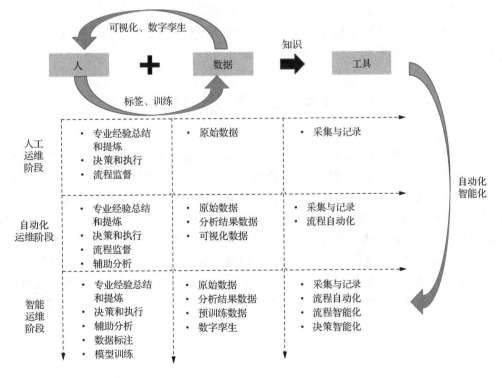

图 1.7　不同运维阶段中人、数据、工具 3 种角色功能和关系演化图

1.4.3　未来发展趋势

随着科技的飞速发展，智能运维正在成为企业运营管理的核心部分。在不断的技术演进中，智能运维的未来发展趋势将集中在以下几个方面。

1. 数据深度分析

随着大数据和人工智能技术的发展，未来的智能运维将能够进行更深度的数据分析。通过收集和分析更多的运行数据，智能运维系统将能够更准确地预测设备的运行状态和可能的故障，从而提前进行维护，减少停机时间。

2. 自动化运维

随着机器学习和自动化技术的进步，未来的智能运维将实现更高级别的自动化。例如，智能运维系统将能够自动调整维护计划，自动分配维护资源，甚至自动执行一些简单的维护任务。

3. 物联网协同

物联网技术将在未来的智能运维中发挥更大的作用。通过物联网技术，各种机械设备将能够实时地互相通信和协作，从而实现更高效的运维管理。

4. 人机智能协作

随着协同机器人技术的发展，未来的智能运维将实现更强的人机协作。协同机器人将能够在人类工程师的指导下完成一些复杂的维护任务，从而提高维护效率和安全性。

5. 运维系统集成

未来的智能运维将实现更强的系统集成。通过集成各种运维工具和系统，智能运维将能够提供一个统一的运维平台，从而提高运维效率和效果。

总的来说，未来的机械工程智能运维将是一个高度智能化、自动化、互联化和人机协作的系统，它将大大提高机械工程的运维效率和质量。

1.5　本　章　小　结

作为一种新兴的信息融合技术，智能运维利用人工智能、大数据分析、物联网等先进技术手段，对设备、系统和网络进行监测、诊断、预测和优化。智能运维技术在提高设备运行效率、降低维护成本、预防故障风险等方面发挥着重要作用，正成为推动工业生产和设备管理现代化的重要手段。本章重点介绍了智能运维技术的基本概念、主要方法、发展历程和未来发展趋势，系统性地阐述了智能运维系统中监测状态数据预处理、状态特征提取、状态评价与预测、故障诊断与溯源、基于状态的维修策略、信号识别、提取及处理等关键方法。同时，通过重点分析人工智能技术在智能运维技术的应用，指出了深度学习在智能运维系统中设备状态监控、潜在故障预警、维护决策支撑等方面的重要作用，为后续章节的具体案例分析和应用实践奠定了理论基础。

习 题

1-1 什么是智能运维?

1-2 概述智能运维的发展历程。

1-3 常用的信号处理技术包括什么?主要的故障特征提取方法有什么?对于故障诊断有哪些手段?

1-4 基于神经网络的故障诊断技术有什么特点?

1-5 智能运维相对于传统运维的优势体现在哪些方面?

1-6 简述智能运维的应用前景。

第2章 数字信号处理

2.1 引　言

自 21 世纪 60 年代以来，随着计算机和信息学科的飞速发展，从模拟信号到数字信号，数字信号处理技术应运而生并迅速发展，现已形成一门独立的学科体系。简单地说，数字信号处理是利用计算机或专用处理设备，以数值计算的方法对信号进行采集、变换、综合、估值与识别等加工处理，借以达到提取信息和便于应用的目的。数字信号处理系统具有灵活、精确、抗干扰性强、设备尺寸小、造价低、速度快等突出优点，这些都是模拟信号处理系统所无法比拟的。几乎所有的工程技术领域都要涉及信号问题。这些信号包括电、磁、机械、热、声、光及生物医学等各个方面。如何在较强的背景噪声下提取出真正的信号或信号的特征并应用于工程实际是信号处理理论要完成的任务。

在国际上一般把 1965 年快速傅里叶变换的问世作为数字信号处理这一新学科的开端。现在数字信号处理已基本上形成一套较为完整的理论体系。在理论上它所涉及的范围极其广泛。数学领域中的微积分、概率统计、随机过程、高等代数、数值分析、近世代数、复变函数等都是它的基本工具，网络理论、信号与系统等均是它的理论基础。在学科发展上，数字信号处理又和最优控制、通信理论、故障诊断等紧密相连，近年来又成为人工智能、模式识别、神经网络、机器学习等新兴学科的理论基础之一，其算法的实现(无论是硬件还是软件)又和计算机学科及微电子技术密不可分。因此，可以说数字信号处理是把经典的理论体系(如数学、系统)作为自己的理论基础，同时又使自己成为一系列新兴学科的理论基础。数字信号处理的理论总体上可以分为三大部分，即经典数字信号处理、统计数字信号处理和现代数字信号处理。这三大部分的理论主要包括：信号的采集(A/D 技术、抽样定理、量化噪声分析等)；离散信号的分析(时域及频域分析、各种变换技术、信号特征的描述等)；离散系统分析(系统的描述、系统的单位抽样响应、转移函数及频率特性等)；信号处理中的快速算法(快速傅里叶变换、快速卷积与相关等)；滤波技术(各种数字滤波器的设计与实现)；平稳随机信号的描述；随机信号的估值(各种估值理论、相关函数与功率谱估计等)；平稳随机信号的建模(最常用的有 AR、MA、ARMA、PRONY 等各种模型)；现代滤波理论(维纳滤波及自适应滤波)；非稳态随机信号的时频联合分析；多抽样率信号处理(滤波器组)；小波变换；数字信号处理中的特殊算法(如抽取、插值、奇异值分解、反卷积、信号重建等)；数字信号处理的实现(软件实现与硬件实现)；数字信号处理的应用。

由上述分析可以看出，信号处理的理论和算法是密不可分的。数字信号处理中所涉及的信号包括确定性信号、不确定性信号、平稳随机信号、非稳态随机信号、一维及多维信号、单通道及多通道信号。所涉及的系统也包括单一类型测量系统和多类型测量系统。对每一类特定的信号与系统，上述理论的各个方面又有不同的内容。随着通信技术、电子技术及计算机的飞速发展，数字信号处理的理论也在不断地丰富和完善，各种新算法、新理论正在不断地推出。数字信号处理在故障诊断和智能运维中发挥着关键作用。例如，频谱分析帮助识别故障的频率特征，检测机械振动或电信号中的异常频率，预测设备故障。除此之外，还有信号滤波、特征提取、模式识别、实时监测与控制、数据压缩与存储、自适应滤波等功能。数字信号处理在故障诊断和智能运维中的这些应用使得系统更加可靠、高效，并有助于提前发现并解决潜在的问题，从而降低设备的维护成本、提高设备的利用率。

数字信号处理的实现，是指将信号处理的理论应用于某一具体的任务中。随着任务的不同，数字信号处理实现的途径也不相同。总体来说，可分为软件实现和硬件实现两大类。软件实现是指在通用的计算机上用软件来实现信号处理。这种实现方式多用于教学及科学研究，如产品开发前期的算法研究与仿真。这种实现方式速度较慢，一般无法实时实现。硬件实现是指用通用或专用的芯片以及其他 IC 组成的硬件系统，实时性强。两者可以相互结合，密不可分。

2.2 从模拟信号到数字信号

2.2.1 传感器和数字信号系统

由于计算机及其应用的发展，把模拟量(连续变化的物理量称为模拟量)转换成数字信号，或者把由不连续的数值 0 和 1 表示的数字信号转换成模拟量成为迫切需要解决的问题。现在由大规模集成电路组成的数字计算机速度高、工作稳定可靠，因而对模拟-数字转换系统也提出越来越高的要求。我们日常所接触到的一些连续变化的自然量都是模拟量，如温度、压力、流量、速度、电流等。对于这些模拟量的测量，可用各种仪表把测得的温度、压力、流量等以电压或电流的大小和极性表示出来，这种仪表我们称为一次仪表或传感器。由于传感器总是处于测试系统的最前端，用于获取检测信息，其性能将直接影响整个测试工作的质量，因此传感器已经成为现代测试系统中的关键环节。传感器是一种以一定的精度和规律把规定的被测量转换为与之有确定关系的、便于应用的某种物理量的器件或装置。这一定义包含了如下几个方面的含义：

(1)传感器是测量信号的器件或装置；

(2)从传感器输入端来看，它的输入量可能是物理量(如长度、速度、力等)，也可能是化学量、生物量等，一个指定的传感器只能感受规定的被测量，即传感器对规定的物理量具有较好的灵敏度和选择性；

(3)从传感器的输出端来看，它的输出量是某种物理量，这种量要便于传输、转换、处理、显示等，可以是光、磁、电等物理量，但最常用的是电量；

(4)输出与输入有确定的对应关系，并有一定的精度。

执行元件(或称为控制元件)是产生速度、加速度、压力等物理量的元器件，它所要求的输入量往往是电压或者是电流。

传感器的输出量和控制执行元件的输入量都是模拟量——电压或电流，因此模拟计算机的使用是最适宜的。由于模拟计算机具有精度不高、计算效率低、信号不适合保存等缺点，不能适应现代信号处理的要求，所以数字计算机应运而生。而实现模拟信号和数字信号的相互转换就是关键步骤。

模数（A/D）或数模（D/A）转换的目的在于实现实际的模拟量与数字量之间的转换。将模拟量转化为数字量有助于克服模拟信号在传输和处理中的一些固有问题，提高了信号的可靠性、稳定性和精确性。下面举例说明 A/D 和 D/A 的用途。

1. 数字控制系统

数字控制系统如图 2.1 所示，由传感器、A/D 转换器、数字计算机（或数字控制电路）、D/A 转换器以及模拟控制器构成。当然数字控制系统不一定全部需要这些部件，前者称为数据测量系统，后者称为程序控制系统。数字控制系统在工业自动控制、军事领域等都得到了广泛的、重要的应用。

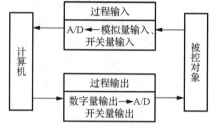

图 2.1　数字控制系统

2. 数据传输系统

目前信息的传递往往采用数字形式传输，因此需要将模拟量转换成数字量，传送给对方后再把数字量变为模拟量。图 2.2 给出了数据传输系统。模拟信号经过多路模拟开关把多路信号分时地传送到采样/保持器，对取得的信号进行采样并由保持电路把采样信号保持下来。该模拟信号输入 A/D 转换器，转换成为数字信号，然后送入计算机中，经计算机处理，再输送至 D/A 转换器把数字信号转换成模拟信号，最后输出到外部。这种系统在遥控、遥测、远距离的雷达站、气象站等其他一般工业领域数据传输方面得到广泛的应用。

图 2.2　数据传输系统

2.2.2　信号的采样

前述从模拟信号到数字信号需要进行采样，即实现从连续信号到离散信号的转变。而要保持原有信号的时频特征就需要遵守一定的规则，这种规则就是采样定理。采样定理论述了在一定条件下，一个连续时间信号完全可以用该信号在等时间间隔上的瞬时值（或称样本值）表示。这些样本值包含了该连续时间信号的全部信息，利用这些样本值可以恢复原信号。由于离散时间信号（或数字信号）的处理更为灵活、方便，在许多实际应用中（如数字通信系统等），首先将连续信号转换为相应的离散信号，并进行处理，然后再将处理后的离散信号转换为连续信号。采样定理为连续时间信号与离散时间信号的相互转换提供了理论依据。

"采样"就是利用采样脉冲序列 $s(t)$ 从连续时间信号 $f(t)$ 中"抽取"一系列离散样本值的过程。这样得到的离散信号称为采样信号。如图 2.3 所示的采样信号 $f_s(t)$ 可写为

$$f_s(t) = f(t)s(t) \tag{2.1}$$

式中，采样脉冲序列 $s(t)$ 也称为开关函数。如果其各脉冲间隔的时间相同，均为 T_s，那么就

称为均匀采样。T_s 称为采样周期，$f_s = \dfrac{1}{T_s}$ 称为采样频率或采样率，$\omega_s = 2\pi f_s = \dfrac{2\pi}{T_s}$ 称为采样角频率。

　　如果 $f(t) \leftrightarrow F(\mathrm{j}\omega)$，$s(t) \leftrightarrow S(\mathrm{j}\omega)$，则由频域卷积定理得到采样信号 $f_s(t)$ 的频谱函数为

$$F_s(\mathrm{j}\omega) = \frac{1}{2\pi} F(\mathrm{j}\omega) * S(\mathrm{j}\omega) \tag{2.2}$$

　　如果采样脉冲序列 $s(t)$ 是周期为 T_s 的冲激函数序列 $\delta_{T_s}(t)$，则称为冲激采样。冲激函数序列 $\delta_{T_s}(t) \left(\text{这里} T = T_s, \ \Omega = \dfrac{2\pi}{T_s} = \omega_s \right)$ 的频谱函数也是周期冲激序列，即

$$\mathcal{F}[st] = \mathcal{F}\left[\delta_{T_s}(t) \right] = \mathcal{F}\left[\sum_{n=-\infty}^{\infty} \delta(t - nT_s) \right] = \omega_s \sum_{n=-\infty}^{\infty} \delta(\omega - n\omega_s) \tag{2.3}$$

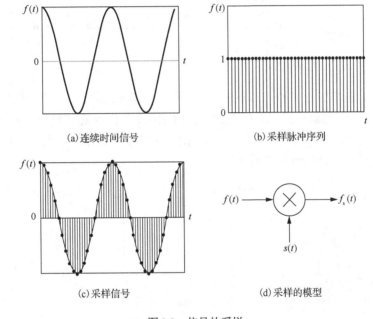

(a) 连续时间信号　　　　　　　　　　　(b) 采样脉冲序列

(c) 采样信号　　　　　　　　　　　(d) 采样的模型

图 2.3　信号的采样

　　现在以冲激采样为例，研究如何从采样信号 $f_s(t)$ 恢复原信号 $f(t)$ 并引出采样定理。设有冲激采样信号 $f(t)$，其采样角频率 $\omega_s > 2\omega_m$（ω_m 为原信号的最高角频率）。$f_s(t)$ 及其频谱 $F_s(\mathrm{j}\omega)$ 如图 2.3(d) 和 (a) 所示。为了从 $F_s(\mathrm{j}\omega)$ 中无失真地恢复 $F(\mathrm{j}\omega)$，选择一个理想低通滤波器，其频率响应的幅度为 T_s，截止角频率为 $\omega_c \left(\omega_m < \omega_c \leqslant \dfrac{\omega_s}{2} \right)$，即

$$H(\mathrm{j}\omega) = \begin{cases} T_s, & |\omega| < \omega_c \\ 0, & |\omega| > \omega_c \end{cases}$$

由图 2.4(a)～(c) 可得

$$F(\mathrm{j}\omega) = F_s(\mathrm{j}\omega) H(\mathrm{j}\omega) \tag{2.4}$$

即恢复了原信号的频谱函数 $F(\mathrm{j}\omega)$。根据时域卷积定理，式 (2.4) 相应于时域为

$$f(t) = f_s(t) * h(t) \tag{2.5}$$

由冲激采样信号:

$$f_s(t) = f(t)s(t) = f(t)\sum_{n=-\infty}^{\infty}\delta(t-nT_s) = \sum_{n=-\infty}^{\infty}f(nT_s)\delta(t-nT_s) \tag{2.6}$$

利用对称性,不难求得低通滤波器的冲激响应为

$$h(t) = \mathcal{F}^{-1}\left[H(\mathrm{j}\omega)\right] = T_s\frac{\omega_c}{\pi}Sa(\omega_c t)$$

为简便起见,选 $\omega_c = \dfrac{\omega_s}{2}$,则 $T_s = \dfrac{2\pi}{\omega_s} = \dfrac{\pi}{\omega_c}$,得

$$h(t) = Sa\left(\frac{\omega_s t}{2}\right) \tag{2.7}$$

将式(2.6)、式(2.7)代入式(2.5),得

$$f(t) = \sum_{n=-\infty}^{\infty}f(nT_s)\delta(t-nT_s) * Sa\left(\frac{\omega_s t}{2}\right) = \sum_{n=-\infty}^{\infty}f(nT_s)Sa\left[\frac{\omega_s}{2}(t-nT_s)\right]$$

$$= \sum_{n=-\infty}^{\infty}f(nT_s)Sa\left[\frac{\omega_s t}{2} - n\pi\right] \tag{2.8}$$

式(2.8)表明,连续信号 $f(t)$ 可以展开成正交取样函数(Sa 函数)的无穷级数,该级数的系数等于取样值 $f(nT_s)$。也就是说,若在取样信号 $f_s(t)$ 的每个样点处,画一个最大峰值为 $f(nT_s)$ 的 Sa 函数波形,那么其合成波形就是原信号 $f(t)$,如图 2.4(e)所示。因此,只要已知各取样值 $f(nT_s)$,就能唯一地确定出原信号 $f(t)$。

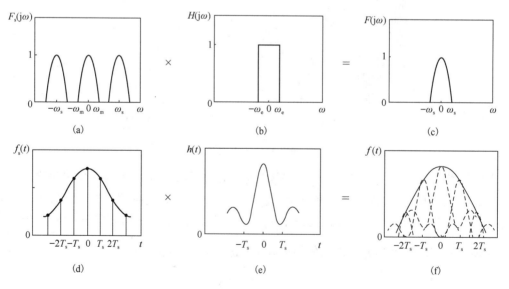

图 2.4　由采样信号恢复连续信号 $\omega_c = \dfrac{\omega_s}{2}$

通过以上讨论,可以较为深入地理解如下重要定理。

1. 时域采样定理

一个频谱在区间 $(-\omega_m, \omega_m)$ 以外不为零的有限信号 $f(t)$,可唯一地由其在均匀间隔

$T_s\left(T_s<\dfrac{1}{2f_m}\right)$ 上的样点值 $f(nT_s)$ 确定。需要注意的是，为了能从取样信号 $f_a(t)$ 中恢复原信号 $f(t)$，须满足两个条件：① $f(t)$ 必须是带限信号，其频谱函数在 $|\omega|>\omega_m$，各处为零；②取样频率不能过低，必须满足 $f_s>2f_m$（即 $\omega_s>2\omega_m$），或者说取样间隔不能太长，必须满足 $T_s<1/(2f_m)$，否则将会发生混叠。通常把最低允许采样频率 $f_s=2f_m$ 称为奈奎斯特（Nyquist）频率，把最大允许取样间隔 $T_s<1/(2f_m)$ 称为奈奎斯特间隔。

2. 频域采样定理

根据时域与频域的对称性，可推出频域采样定理。如果信号 $f(t)$ 为有限时间信号（简称时限信号），即它在时间区间 $(-t_m,t_m)$ 以外为零。$f(t)$ 的频谱函数 $F(j\omega)$ 为连续谱。在频域中对 $F(j\omega)$ 进行等间隔 ω_s 的冲激采样，即用

$$\delta_{\omega_s}(\omega)=\sum_{n=-\infty}^{\infty}\delta(\omega-n\omega_s)$$

对 $F(j\omega)$ 采样，采样后得到频谱函数：

$$F_s(j\omega)=F(j\omega)\sum_{n=-\infty}^{\infty}\delta(\omega-n\omega_s)=\sum_{n=-\infty}^{\infty}F(jn\omega_s)\delta(\omega-n\omega_s) \tag{2.9}$$

其采样过程如图 2.5(a)～(c)所示。由式(2.3)可知：

$$\mathcal{F}^{-1}\left[\delta_{\omega_s}(\omega)\right]=\frac{1}{\omega_s}\sum_{n=-\infty}^{\infty}\delta(t-nT_s) \tag{2.10}$$

式中，$T_s=\dfrac{2\pi}{\omega_s}$。

根据时域卷积定理，被取样后的频谱函数 $F_s(j\omega)$ 所对应的时间函数为

$$f_s(t)=\mathcal{F}^{-1}\left[F_a(j\omega)\right]=\mathcal{F}^{-1}\left[F(j\omega)\right]*\mathcal{F}^{-1}\left[\delta_{\omega_s}(\omega)\right]$$

$$=f(t)*\frac{1}{\omega_s}\sum_{n=-\infty}^{\infty}\delta(t-nT_s)=\frac{1}{\omega_s}\sum_{n=-\infty}^{\infty}f(t-nT_s)$$

其相应的时域关系如图 2.5(d)～(f)所示。由上式可知，假如有限时间信号 $f(t)$ 的频谱函数 $F(j\omega)$ 在频域中被间隔为 ω_s 的冲激序列采样，则被取样后的频谱 $F(j\omega)$ 所对应的时域信号 $f(t)$ 以 T_s 为周期而重复。

由图 2.5 可知，若选 $T_s>2t_m$（或 $f_s=\dfrac{1}{T_s}<\dfrac{1}{2t_m}$），则在时域中 $f_s(t)$ 的波形不会产生混叠。

若在时域中用矩形脉冲作为选通信号就可以无失真地恢复原信号，可得到频域采样定理：一个在时域区间 $(-t_m,t_m)$ 以外为零的有限时间信号 $f(t)$ 的频谱函数 $F(j\omega)$，可唯一地由其在均匀频率间隔 $f_s\left(f_s<\dfrac{1}{2t_m}\right)$ 上的样点值 $F(jn\omega_s)$ 确定。类似于式(2.8)有

$$F(j\omega)=\sum_{n=-\infty}^{\infty}F\left(j\frac{n\pi}{t_m}\right)Sa(\omega t_m-n\pi) \tag{2.11}$$

式中，$t_m=\dfrac{1}{2f_s}$。

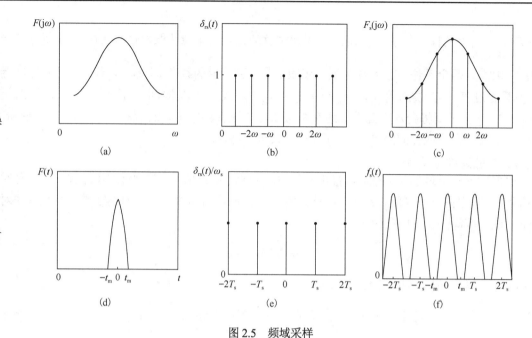

图 2.5 频域采样

2.2.3 傅里叶变换

1822 年，法国工程师傅里叶（Fourier）指出，一个"任意"的周期函数 $x(t)$ 都可以分解为无穷多个不同频率正弦信号的和，即傅里叶级数。求解傅里叶级数的过程就是傅里叶变换。傅里叶级数和傅里叶变换又统称为傅里叶分析或谐波分析。傅里叶分析方法相当于光谱分析中的三棱镜，而信号 $x(t)$ 相当于一束白光，将 $x(t)$ "通过"傅里叶分析后可得到信号的频谱，频谱做傅里叶反变换后又可得到原信号 $x(t)$。傅里叶变换实际上是将信号 $x(t)$ 和一组不同频率的复正弦作内积，这一组复正弦是变换的基向量，而傅里叶级数或傅里叶变换是 $x(t)$ 在这一组基向量上的投影。

众所周知，正弦信号是最规则的信号，由幅度、相位及频率这三个参数即可完全确定。另外，正弦信号有着广泛的工程背景，如交流电、简谐运动等。而且，正弦信号有许多优良的性质，如正交性，即

$$\int_t^{t+T} \sin(n\Omega_0 t)\sin(m\Omega_0 t)\mathrm{d}t = \begin{cases} T/2, & m=n \\ 0, & m \neq n \end{cases} \tag{2.12}$$

式中，$T = 2\pi/\Omega_0$，而 m 和 n 为整数。

1. 连续周期信号的傅里叶级数

设 $x(t)$ 是一个复正弦信号，记作 $x(t) = X\mathrm{e}^{\mathrm{j}\Omega_0 t}$，式中 X 是幅度，Ω_0 是频率，其周期 $T = 2\pi/\Omega_0$。若 $x(t)$ 由无穷多个复正弦所组成，且其第 k 个复正弦的频率是 Ω_0 的 k 倍，其幅度记为 $X(k\Omega_0)$，则 $x(t)$ 可表示为

$$x(t) = \sum_{k=-\infty}^{\infty} X(k\Omega_0)\mathrm{e}^{\mathrm{j}k\Omega_0 t} \tag{2.13}$$

显然，$x(t)$ 也是周期性的，周期仍为 T。反过来，可将式 (2.13) 理解为周期信号 $x(t)$ 的分

解，用于分解的基函数都是幅度为 1 的复正弦。其中，对应频率为 $k\Omega_0$ 的复正弦的幅度是 $X(k\Omega_0)$。将此结果推广到一般的周期信号，即大家所熟知的傅里叶级数。

设 $x(t)$ 是一个周期为 T 的信号，若 $x(t)$ 在一个周期内的能量是有限的，即

$$\int_{-T/2}^{T/2} |x(t)|^2 \, dt < \infty \tag{2.14}$$

则可按式 (2.13) 将 $x(t)$ 展开成傅里叶级数，式中 $X(k\Omega_0)$ 是傅里叶级数，其值应是有限的，且有

$$X(k\Omega_0) = \frac{1}{T} \int_{-T/2}^{T/2} x(t) e^{-jk\Omega_0 t} \, dt \tag{2.15}$$

它代表了 $x(t)$ 中第 k 次谐波的幅度。需要说明的是，$X(k\Omega_0)$ 是离散的，即 $k = -\infty \sim \infty$，两点之间的间隔是 Ω_0。式 (2.13) 称为指数形式的傅里叶级数，此外还有三角形式的傅里叶级数。

应该指出，并非任一周期信号都可展开成傅里叶级数，将周期信号 $x(t)$ 展开成傅里叶级数，除满足式 (2.14) 外，$x(t)$ 还需满足如下狄利克雷 (Dirichlet) 条件：

(1) 在任一周期内有间断点存在，则间断点的数目应是有限的；

(2) 在任一周期内极大值和极小值的数目应是有限的；

(3) 在一个周期内应是绝对可积的，即

$$\int_{-T/2}^{T/2} |x(t)| \, dt < \infty \tag{2.16}$$

在实际工作中所遇到的信号一般都能满足狄利克雷条件，在展开成傅里叶级数时一般不会遇到问题。

2. 连续非周期信号的傅里叶变换

设 $x(t)$ 是一个连续时间信号，若 $x(t)$ 属于 L2 空间，即

$$\int_{-\infty}^{\infty} |x(t)|^2 \, dt < \infty \tag{2.17}$$

那么，$x(t)$ 的傅里叶变换存在，并定义为

$$X(j\Omega) = \int_{-\infty}^{\infty} x(t) e^{-j\Omega t} \, dt \tag{2.18}$$

其反变换为

$$x(t) = \frac{1}{2\pi} \int_{-\infty}^{\infty} X(j\Omega) e^{j\Omega t} \, d\Omega \tag{2.19}$$

式中，$\Omega = 2\pi f$ 为角频率，rad/s。$X(j\Omega)$ 是 Ω 的连续函数，称为信号 $x(t)$ 的频谱密度函数，或简称为频谱。

实现傅里叶变换，除了要满足式 (2.17) 所给出的条件外，与 $x(t)$ 展成傅里叶级数一样也需要满足狄利克雷条件。除了将考虑的区间由一个周期扩展到 $-\infty \sim \infty$ 外，傅里叶变换时的狄利克雷条件的表述方法和傅里叶级数相同，此处不再重复。其中第 (3) 条的要求来自傅里叶变换的定义，即

$$|X(j\Omega)| = \left| \int_{-\infty}^{\infty} x(t) e^{-j\Omega t} \, dt \right| \leqslant \int_{-\infty}^{\infty} |x(t)| \, dt < \infty \tag{2.20}$$

只要 $x(t)$ 满足绝对可积的条件，$X(j\Omega)$ 就为有界，即傅里叶变换存在。由于

$$E_x = \int_{-\infty}^{\infty} |x(t)|^2 \, dt \leqslant \left[\int_{-\infty}^{\infty} |x(t)| \, dt \right]^2 \tag{2.21}$$

因此，只要 $x(t)$ 是绝对可积的，那么，它就一定是平方可积的。但是反过来并不一定成立。

例如：

$$x(t) = \frac{\sin(2\pi t)}{\pi t} \tag{2.22}$$

是平方可积的，但不是绝对可积的。这说明，狄利克雷条件是傅里叶变换存在的充分条件，但并不是必要条件。几乎所有的能量信号都可以进行傅里叶变换，因此，在实际工作中一般没有必要逐条地考虑狄利克雷条件。

傅里叶变换将原来难以处理的时域信号转换成了易于分析的频域信号。从时域信号中难以得到的信息可以从频域信号中获得，这是傅里叶变换最大的作用。

2.2.4　快速傅里叶变换

离散傅里叶变换(discrete Fourier transform, DFT)和卷积是信号处理中两个最基本也是最常用的运算，涉及信号与系统的分析与综合这一广泛的信号处理领域。卷积可化为 DFT 来实现，实际上其他许多算法，如相关、滤波、谱估计等也都可化为 DFT 来实现。当然，DFT 也可化为卷积来实现。对 N 点序列 $x(n)$，其 DFT 对定义为

$$\begin{cases} X(k) = \sum_{n=0}^{N-1} x(n) W_N^{nk}, & k = 0,1,\cdots,N-1, W_N = \mathrm{e}^{-\mathrm{j}\frac{2\pi}{N}} \\ x(n) = \dfrac{1}{N} \sum_{k=0}^{N-1} X(k) W_N^{-nk}, & n = 0,1,\cdots,N-1 \end{cases} \tag{2.23}$$

显然，求出 N 点 $x(k)$ 需要 N^2 次复数乘法及 $N(N-1)$ 次复数加法。众所周知，实现一次复数乘法需要四次实数乘法、两次实数加法，实现一次复数加法则需要两次实数加法。当 N 很大时，其计算量是相当可观的。例如，若 $N = 1024$，则需要 1048576 次复数乘法，即 4194304 次实数乘法。所需时间过长，难以实时实现。对于 2-D 图像处理，所需计算量更是大得惊人，占用资源量极大。所以我们需要研究从傅里叶变换进化到快速傅里叶变换的算法。

其实，在 DFT 运算中包含大量的重复运算。例如，对四点 DFT，按式 (2.23) 直接计算需 $4^2 = 16$ 次复数乘法，按上述周期性及对称性，可写成如下：

$$\begin{bmatrix} X(0) \\ X(1) \\ X(2) \\ X(3) \end{bmatrix} = \begin{bmatrix} 1 & 1 & 1 & 1 \\ 1 & W^1 & -1 & -W^1 \\ 1 & -1 & 1 & -1 \\ 1 & -W^1 & -1 & W^1 \end{bmatrix} \begin{bmatrix} x(0) \\ x(1) \\ x(2) \\ x(3) \end{bmatrix}$$

将该矩阵的第二列和第三列交换，得

$$\begin{bmatrix} X(0) \\ X(1) \\ X(2) \\ X(3) \end{bmatrix} = \begin{bmatrix} 1 & 1 & 1 & 1 \\ 1 & -1 & W^1 & -W^1 \\ 1 & 1 & -1 & -1 \\ 1 & -1 & -W^1 & W^1 \end{bmatrix} \begin{bmatrix} x(0) \\ x(1) \\ x(2) \\ x(3) \end{bmatrix}$$

由此得到：

$$\begin{cases} X(0) = [x(0) + x(2)] + [x(1) + x(3)] \\ X(1) = [x(0) - x(2)] + [x(1) - x(3)]W^1 \\ X(2) = [x(0) + x(2)] - [x(1) + x(3)] \\ X(3) = [x(0) - x(2)] - [x(1) - x(3)]W^1 \end{cases} \tag{2.24}$$

这样，求出四点 DFT 实际上只需要一次复数乘法。

Cooley 和 Tukey 提出的快速傅里叶变换算法使 N 点离散傅里叶变换的乘法计算量由 N^2 次降为 $\dfrac{N}{2}\log_2 N$ 次。仍以 $N = 1024$ 为例，计算量降为 5120 次，仅为原来的 0.488%。快速傅里叶变换的计算复杂度较低可以充分利用信号的周期性，避免了冗余计算的执行，从而节省了计算资源。因此，人们公认这一重要发现是数字信号处理发展史上的一个转折点，也可以称为一个里程碑。

2.2.5　离散时间信号和系统

离散时间系统的频率响应包含了幅频响应和相频响应两部分。幅频响应反映了输入信号 $x(n)$ 通过该系统后各频率成分衰减的情况，而相频响应反映了 $x(n)$ 中各频率成分通过该系统后在时间上发生的位移情况。

设一个离散时间系统的幅频特性等于 1，而相频特性具有如下的线性相位：

$$\arg\left[H(\mathrm{e}^{\mathrm{j}\omega})\right] = -k\omega \tag{2.25}$$

式中，k 为常数，表明该系统的相移和频率成正比。

当信号 $x(n)$ 通过该系统后，其输出 $y(n)$ 的频率特性为

$$Y(\mathrm{e}^{\mathrm{j}\omega}) = H(\mathrm{e}^{\mathrm{j}\omega})X(\mathrm{e}^{\mathrm{j}\omega}) = \mathrm{e}^{-\mathrm{j}k\omega}\left|X(\mathrm{e}^{\mathrm{j}\omega})\right|\mathrm{e}^{\mathrm{j}\arg\left[X(\mathrm{e}^{\mathrm{j}\omega})\right]} = \left|X(\mathrm{e}^{\mathrm{j}\omega})\right|\mathrm{e}^{\mathrm{j}\arg\left[X(\mathrm{e}^{\mathrm{j}\omega})\right] - \mathrm{j}k\omega}$$

所以 $y(n) = x(n-k)$。这样，输出 $y(n)$ 等于输入在时间上的位移，达到了无失真输出的目的。

$H(\mathrm{e}^{\mathrm{j}\omega})$ 的更一般的表示形式是

$$H(\mathrm{e}^{\mathrm{j}\omega}) = \left|H(\mathrm{e}^{\mathrm{j}\omega})\right|\mathrm{e}^{\mathrm{j}\varphi(\omega)}$$

式中，$\left|H(\mathrm{e}^{\mathrm{j}\omega})\right|$ 为系统的幅频响应；$\varphi(\omega)$ 为系统的相频响应。

如果令 $x(n) = A\cos((\omega_0 n) + \theta)$，则系统的输出为

$$y(n) = A\left|H(\mathrm{e}^{\mathrm{j}\omega_0})\right|\cos(\omega_0 n + \varphi(\omega_0) + \theta) \tag{2.26}$$

它和输入 $x(n)$ 具有相同的频率，但是增加了一个相位延迟。

为简单起见，假定 $A\left|H(\mathrm{e}^{\mathrm{j}\omega_0})\right| = 1$，则有

$$y(n) = \cos(\omega_0 n + \varphi(\omega_0) + \theta) = \cos\left[\omega_0(n + \varphi(\omega_0)/\omega_0) + \theta\right] \tag{2.27}$$

显然，$\varphi(\omega_0)/\omega_0$ 表示的是输出相对输入的时间延迟。

通常定义

$$\tau_{\mathrm{p}}(\omega) = -\frac{\varphi(\omega)}{\omega} \tag{2.28}$$

为系统的相位延迟。如果输入信号由多个正弦信号所组成，且系统的相频响应不是线性的，那么系统的输出将不再是输入信号作线性移位后的组合，这时输出将发生失真。下面的例子

说明了这一现象。

例如，若输入 $x(n) = \cos(\omega_0 n) + \cos(2\omega_0 n)$，并令 $H(\mathrm{e}^{\mathrm{j}\omega}) = \mathrm{e}^{-\mathrm{j}k\omega}$，那么 $x(n)$ 通过该系统后的输出为

$$y(n) = \cos(\omega_0(n-k)) + \cos(2\omega_0(n-k))$$

式中，$x(n)$ 和 $y(n)$ 分别如图 2.6(a) 和 (b) 所示，二者仅在时间上移了 k 个抽样周期。

若再次令 $\left| H(\mathrm{e}^{\mathrm{j}\omega}) \right| = 1$，而令

$$\arg[H(\mathrm{e}^{\mathrm{j}\omega})] = -\frac{\pi}{4} \qquad \left(-\frac{3}{2}\omega_0 \leqslant \omega \leqslant 0 \right),$$

$$\arg[H(\mathrm{e}^{\mathrm{j}\omega})] = \frac{\pi}{4} \qquad \left(0 < \omega \leqslant \frac{3}{2}\omega_0 \right)$$

则输出为

$$y(n) = \cos(\omega_0 n - \pi/4) + \cos(2\omega_0 n - \pi)$$

如图 2.6(c) 所示，波形明显地发生了失真。由该例可以看出相频响应对信号滤波后的影响及线性相位的重要性。

Matlab
编程

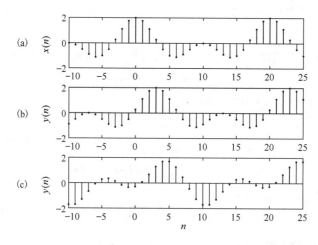

图 2.6　系统相频特性对系统输出的影响

再定义

$$\tau_{\mathrm{g}}(\omega) = -\frac{\mathrm{d}\varphi(\omega)}{\mathrm{d}\omega} \tag{2.29}$$

为系统的群延迟。显然如果系统具有线性相位，即 $\varphi(\omega) = -k\omega$，那么它的群延迟为一常数 k。因此群延迟可作为相频响应是否线性的一种度量。同时，它也表示了系统输出的延迟。例如，线性相位 FIR 系统的相频响应一般有 $\varphi(\omega) = -\omega(N-1)/2$ 的形式，式中 N 是 $h(n)$ 的长度，其群延迟为 $(N-1)/2$，它表示了输出相对输入的延迟量。

令输入信号 $x(n) = x_{\mathrm{a}}(n)\cos(\omega_0 n)$，式中 $x_{\mathrm{a}}(n)$ 是低频成分，其最高频率 $\omega_{\mathrm{c}} \ll \omega_0, \cos(\omega_0 n)$ 是调制分量，又称载波信号。显然 $x(n)$ 是一个窄带信号。可以证明 $x(n)$ 通过一个线性系统后的输出为

$$y(n) = \left| H(\mathrm{e}^{\mathrm{j}\omega_0}) \right| x_{\mathrm{a}}\left(n - \tau_{\mathrm{g}}(\omega_0) \right) \cos\left(\omega_0 n - \tau_{\mathrm{p}}(\omega_0) \right) \tag{2.30}$$

由式 (2.30) 可以看出，群延迟 $\tau_{\mathrm{g}}(\omega_0)$ 反映了输出信号包络的延迟，而相位延迟 $\tau_{\mathrm{p}}(\omega_0)$ 反映了载波信号的延迟。若 $\varphi(\omega) = -k\omega + \beta$，其中 β 为一常数，由于其群延迟仍为常数 k，所以也称其为线性相位。图 2.6 中是 $\omega_0 = 0.1\pi$ 测得的数据。

2.2.6　信号处理的硬件实现

信号处理的实现可分为软件实现与硬件实现，但这种区分方法是不严密的。因为无论用什么语言编写的信号处理程序都需要基本的硬件支持。同样除特殊的 DSP 芯片外，基于硬件的信号处理也必须配有相应的软件才能工作。因此，信号处理的硬件和软件实际上是密不可分的。同时信号处理的实时性非常重要，具体就是要求在一个抽样周期 T_{s} 内完成对信号处理的任务。针对上述数字信号处理运算的特点和嵌入式系统实时实现的要求，数字信号处理器在设计上采取了很多特殊的措施。

德州仪器 TMS 系列是世界应用最为广泛的 DSP 产品之一，自 20 世纪 90 年代推出以来备受欢迎。TMS 系列主要包括 2000、5000、6000 三个系列产品。

中国在 DSP 领域的起步相对较晚，20 世纪 80 年代初期开始引进和研制 DSP 芯片。这一时期主要集中在学术研究和技术引进方面，建立相关研究机构。90 年代中期，中国开始自主研发 DSP 芯片，并逐渐崭露头角。2000 年开始，中国的 DSP 产业迅速崛起。其中以 ADP32FXX 和魂芯二号 A 为典型代表。

表 2.1 给出了 5 个系列 DSP 芯片的比较以使大家有一个初步全面的认识。

表 2.1　不同芯片的性能对比

型号	CPU 位数	核数/主频	主要性能	应用领域
TMS320F2837xD （2000 系列）	32,浮点数计算	双核/200MHz	Flash（512kB）、FPU、DMA、4 通道 ADC、VCU、CLA、PWM	工业控制、马达控制、汽车应用和电源管理等
TMS320C5505 （5000 系列）	16,定点数计算	单核/150MHz	Flash（320kB）、DMA、ADC、LCD	音频处理、通信、医疗、工业控制、汽车电子等
TMS320C6678 （6000 系列）	32/64, 160 GFLOP 浮点数计算	8 核/1.25GHz	Flash（512kB）、2-Port GB DMA、320 GMAC	音频和视频处理、雷达处理、通信系统等高性能计算应用
ADP32F069	32, 浮点数计算	单核/150MHz	Flash（256kB）、ADC、PWM	音频处理、通信、工业控制、汽车电子等
魂芯二号 A	32, 132 GFLOP 浮点数计算	双核/600MHz	支持 RapidI/O、PCIE、JESD204B 等多种协议	雷达、电子对抗、通信、图像处理等

随着技术的发展，DSP 技术将继续在人工智能、边缘计算、虚拟现实、增强现实、新一代通信技术等领域发挥重要作用。随着国内企业的不断努力和发展，相信中国 DSP 产业将会在全球市场上继续崛起，不仅在技术研发方面有所突破，还在产品创新和市场拓展方面取得更大成就。

LabView

2.3　稳态信号处理

2.3.1　信号分类

1. 连续信号和离散信号

根据信号定义域的特点可分为连续时间信号和离散时间信号。在连续时间范围内 $(-\infty < t < \infty)$ 有定义的信号称为连续时间信号，简称连续信号。这里"连续"是指函数的定义域——时间(或其他量)是连续的。至于信号的值域可以是连续的，也可以不是连续的，如图 2.7(a) 所示。

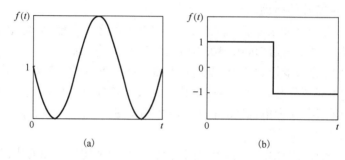

图 2.7　连续时间信号

其定义域 $(-\infty, \infty)$ 和值域 $[-1,1]$ 都是连续的。对于图 2.7(b) 中的信号：

$$f_2(t) = \begin{cases} 0, & t < -1 \\ 1, & -1 < t < 0 \\ -1, & 1 < t < 3 \\ 0, & t > 3 \end{cases} \tag{2.31}$$

其定义域 $(-\infty, \infty)$ 连续，但其函数值只取 -1、0 和 1。

信号 $f_2(t)$ 在 $t = -1$，$t = 1$ 和 $t = 3$ 处有间断点，一般可不定义间断点处的函数值，如式(2.31)所示。为了使函数定义更加完整，此处规定：若函数 $f(t)$ 在 $t = t_0$ 处有间断点，则函数在该点的值等于其左极限 $f(t_{0-})$ 与右极限 $f(t_{0+})$ 之和的 $1/2$，即

$$f(t_0) = \frac{1}{2}[f(t_{0-}) + f(t_{0+})] \tag{2.32}$$

式中，$f(t_{0-}) \overset{\text{def}}{=} \lim_{\varepsilon \to 0} f(t - \varepsilon); f(t_{0+}) \overset{\text{def}}{=} \lim_{\varepsilon \to 0} f(t_0 + \varepsilon)$。这样，信号在定义域 $(-\infty, \infty)$ 均有确定的函数值。

仅在一些离散的瞬间才有定义的信号称为离散时间信号，简称离散信号。时刻 t_k 与 t_{k+1} 之间的间隔 $T_k = t_{k+1} - t_k$ 可以是常数，也可以随 k 而变化。若令相继时刻 t_k 与 t_{k+1} 之间的间隔为常数 T，它可表示为 $f(kT)$，简记为 $f(k)$。

这样的离散信号也常称为序列，通常把对应某序号 m 的序列值称为第 m 个样点的样值，如图 2.8(a) 中所示信号列出了每个样点的值。信号 $f_1(k)$ 也可表示为 $f_1(k) = \{0, 1, 2, 0.5, -1, 0\}$。

图 2.8(b) 所示为单边指数序列，以闭合形式表示为

$$f_2(k) = \begin{cases} 0, & k < 0 \\ e^{-ak}, & k \geqslant 0, a > 0 \end{cases} \tag{2.33}$$

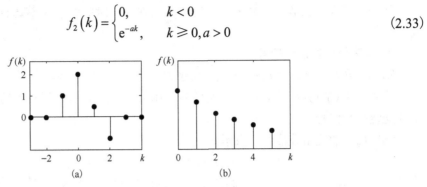

图 2.8　离散时间信号

如上所述，信号的自变量的取值可以是连续的或是离散的，信号的幅值同样可以是连续的或是离散的。时间和幅值均为连续的信号称为模拟信号，时间和幅值均为离散的信号称为数字信号。在实际应用中，连续信号与模拟信号两个词常常不予区分，离散信号与数字信号两个词也常互相通用。

2. 周期信号和非周期信号

周期信号是定义在 $(-\infty, \infty)$ 区间，每隔一定时间 T（或整数 N），按相同规律重复变化的信号，如图 2.9 所示。连续周期信号可表示为

$$f(t) = f(t + mt), \quad m = 0, \pm 1, \pm 2, \cdots \tag{2.34}$$

离散周期信号可表示为

$$f(k) = f(k + mN), \quad m = 0, \pm 1, \pm 2, \cdots \tag{2.35}$$

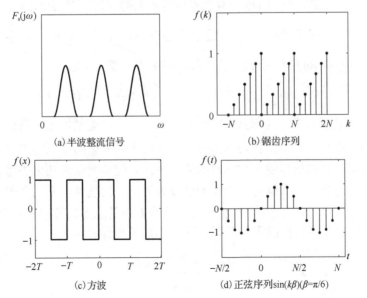

图 2.9　周期信号

满足以上关系式的最小 T（或 N）值称为该信号的重复周期，简称周期。只要给出周期信号在任一周期内的函数式或波形，便可确知它在任一时刻的值。不具有周期性的信号称为非周期信号。

3. 实信号和复指数信号

物理信号常常是时间 t 的实函数（或序列），其在各时刻的函数（或序列）值为实数，如单边指数信号、正（余）弦信号等，称为实信号。函数（或序列）值为复数的信号称为复信号，最常用的是复指数信号。

连续信号的复指数信号可表示为

$$f(t) = \mathrm{e}^{st}, \quad -\infty < t < \infty \tag{2.36}$$

式中，复变量 $s = \sigma + \mathrm{j}\omega$，$\sigma$ 是 s 的实部，记作 $\mathrm{Re}[s]$，ω 是 s 的虚部，记作 $\mathrm{Im}[s]$。根据欧拉公式，式（2.36）可展开为

$$f(t) = \mathrm{e}^{(\sigma + \mathrm{j}\omega)t} = \mathrm{e}^{\sigma t}\cos(\omega t) + \mathrm{j}\mathrm{e}^{\sigma t}\sin(\omega t) \tag{2.37}$$

可见，一个复指数信号可分解为实、虚两部分，即

$$\begin{cases} \mathrm{Re}\big[f(t)\big] = \mathrm{e}^{\sigma t}\cos(\omega t) \\ \mathrm{Im}\big[f(t)\big] = \mathrm{e}^{\sigma t}\sin(\omega t) \end{cases} \tag{2.38}$$

复指数信号在物理上是不可实现的，但利用复指数信号可以表示如直流信号、指数信号、正弦或余弦信号以及增长或衰减的正弦与余弦信号。利用复指数信号可使许多运算和分析得以简化。所以在信号分析理论中，复指数信号是一种非常重要的基本信号。

4. 能量信号和功率信号

为了知道信号能量或功率的特性，常常研究信号（电压或电流）在单位电阻上的能量或功率，也称为归一化能量或功率。信号 $f(t)$ 在单位电阻上的瞬时功率为 $|f(t)|^2$，在区间 $-a < t < a$ 的能量为 $\int_{-a}^{a}|f(t)|^2\,\mathrm{d}t$，在区间 $-a < t < a$ 的平均功率为 $\dfrac{1}{2a}\int_{-a}^{a}|f(t)|^2\,\mathrm{d}t$，用字母 P 表示；信号能量定义为在区间 $(-\infty, \infty)$ 中信号 $f(t)$ 的能量，用字母 E 表示，即

$$E \overset{\mathrm{def}}{=} \lim_{a\to\infty}\int_{-a}^{a}|f(t)|^2\,\mathrm{d}t, \qquad P \overset{\mathrm{def}}{=} \lim_{a\to\infty}\frac{1}{2a}\int_{-a}^{a}|f(t)|^2\,\mathrm{d}t \tag{2.39}$$

若信号 $f(t)$ 的能量有界，则称其为能量有限信号，简称能量信号。若信号 $f(t)$ 的功率有界，则称其为功率有限信号，简称功率信号。仅在有限时间区间不为零的信号是能量信号，如单个矩阵脉冲等，这些信号的平均功率为零，因此只能从能量的角度去考察。直流信号、周期信号、阶跃信号都是功率信号，它们的能量为无限，只能从功率的角度去考察。一个信号不可能既是能量信号又是功率信号，但有少数信号既不是能量信号也不是功率信号，如 e^{-t}。

离散信号有时也需要讨论能量和功率，序列 $f(k)$ 的能量定义为

$$E \overset{\mathrm{def}}{=} \lim_{N\to\infty}\sum_{k=-N}^{N}|f(k)|^2 \tag{2.40}$$

序列 $f(k)$ 的功率定义为

$$P \overset{\mathrm{def}}{=} \lim_{N\to\infty}\frac{1}{2N+1}\sum_{k=-N}^{N}|f(k)|^2 \tag{2.41}$$

信号的分类在于通过对信号进行有效的分析和识别，帮助改善系统性能、提高准确性，并在各种领域实现更有效的数据处理和决策。信号的分类作为一项基础性工作，为理解、应用和优化信号处理提供了基础，促进相关领域的发展。

2.3.2　滤波器设计

滤波器的种类很多，根据方法特点可以分为经典滤波器和现代滤波器。以下只分析经典滤波器，即假定输入信号 $x(n)$ 中有用和噪声的成分各占有不同的频带，通过一个线性系统(即滤波器)后可去除噪声。如果信号和噪声的频谱相互重叠，那么经典滤波器将无能为力。现代滤波器理论主要研究从含有噪声的数据(又称时间序列)中估计出信号的特征或信号本身。现代滤波器把信号和噪声都视为随机信号，利用它们的统计特征推导最佳的估值算法并予以实现。

经典滤波器从功能上总体可分为四种，即低通滤波器、高通滤波器、带通滤波器、带阻滤波器，每一种又有模拟滤波器(analog filter, AF)和数字滤波器(digital filter, DF)两种形式。图 2.10 和图 2.11 分别给出了模拟滤波器及数字滤波器的四种滤波器的理想幅频响应。在实际工作中，我们设计出的滤波器都是在某些准则下对理想滤波器的近似，但这保证了滤波器是物理可实现的，并且是稳定的。

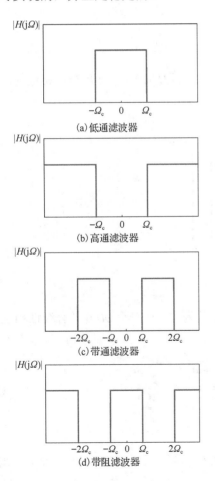

图 2.10　模拟滤波器的四种类型

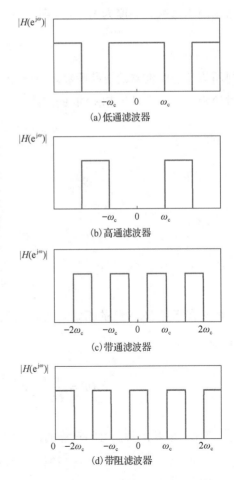

图 2.11　数字滤波器的四种类型

对于数字滤波器，从实现方法上，有无限冲激响应数字滤波器(也称 IIR 滤波器)和有限冲激响应数字滤波器(也称 FIR 滤波器)之分。这两类滤波器无论是在性能上还是在设计方法上都有很大的区别。FIR 滤波器可以对给定的频率特性直接进行设计，而 IIR 滤波器目前最通用的方法是利用已经很成熟的模拟滤波器的设计方法来进行设计。

1. 有限冲激响应数字滤波器设计

考虑图 2.12 所示的理想低通数字滤波器，其频率特性为 $H_d(e^{j\omega})$，现假定其幅频特性为 $\left|H_d(e^{j\omega})\right|$，相频特性 $\varphi(\omega)=0$，那么，该滤波器的单位抽样响应为

$$h_d(n)=\frac{1}{2\pi}\int_{-\pi}^{\pi}H_d(e^{j\omega})e^{j\omega n}d\omega=\frac{1}{2\pi}\int_{-\omega_c}^{\omega_c}e^{j\omega n}d\omega=\frac{\sin(\omega_c n)}{\pi n} \tag{2.42}$$

式中，$h_d(n)$ 是以 $h_d(0)$ 为对称的 sinc 函数；$h_d(0)=\omega_c/\pi$。前面已提及，这样的系统是非因果的，因此是物理不可实现的。但是，如果将 $h_d(n)$ 截短，例如，仅取 $h_d\left(-\dfrac{M}{2}\right),\cdots,h_d(0),\cdots,h_d\left(\dfrac{M}{2}\right)$，并将截短后的 $h_d(n)$ 移位，得

$$h(n)=h_d\left(n-\frac{M}{2}\right),\quad n=0,1,2,\cdots,M \tag{2.43}$$

那么 $h(n)$ 有限长，长度为 $M+1$，令

$$H(z)=\sum_{n=0}^{M}h(n)z^{-n} \tag{2.44}$$

可得所设计的滤波器的转移函数。$H(z)$ 的频率响应将近似 $H_d(e^{j\omega})$，且是线性相位的。以上的讨论提供了一个设计 FIR DF 的思路。

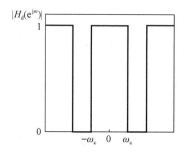

图 2.12　理想低通 DF

如果在指定 $H_d(e^{j\omega})$ 的相频响应 $\varphi(\omega)$ 时，不是令其为 0，而是令 $\varphi(\omega)$ 具有线性相位，那么有

$$h_d(n)=\frac{1}{2\pi}\int_{-\omega_c}^{\omega_c}e^{-j\frac{M\omega}{2}}e^{+j\omega n}d\omega=\frac{\sin\left(n-\dfrac{M}{2}\right)\omega_c}{\pi\left(n-\dfrac{M}{2}\right)} \tag{2.45}$$

这样，$h_d(n)$ 是以 $n=M/2$ 为对称的，为此，可取

$$h(n)=h_d(n),\quad n=0,1,2,\cdots,M \tag{2.46}$$

2. 无限冲激响应数字滤波器设计

IIR 数字滤波器目前最通用的方法是利用成熟的模拟滤波器的设计方法来进行设计的。目前，模拟高通滤波器、带通滤波器及带阻滤波器的设计方法都是先将所需设计的滤波器技术指标(主要是 Ω_p、Ω_s)通过频率转变关系转换成模拟低通滤波器的技术指标，并依据这些技术指标设计出低通滤波器的转移函数。然后再依据频率转换关系变成所要设计的滤波器的转移函数。

为了防止符号上混淆，记低通滤波器为 $G(s)$ 和 $G(j\Omega)$，归一化频率为 λ，$p=j\lambda$。记高通滤波器为 $H(s)$ 和 $H(j\Omega)$，归一化频率为 η，$\eta=\Omega/\Omega_p$，且复值变量 $q=j\eta$，因此相应归一化的转移函数、频率特性分别为 $H(q)$ 及 $H(j\eta)$。λ 和 η 之间的关系 $\lambda=f(\eta)$ 称为频率变换关系。下面以模拟高通滤波器的设计为代表进行阐述。

由于滤波器的幅频特性都是频率的偶函数，可分别画出低通滤波器 $G(j\lambda)$ 和高通滤波器 $H(j\eta)$ 的幅频特性曲线，分别如图 2.13 所示。

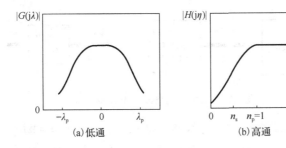

图 2.13　高通到低通的转换

比较可得，λ 和 η 轴上各主要频率点的对应关系如表 2.2 所示，从而有

$$\lambda'\eta=-1 \quad \text{或} \quad \lambda\eta=-1 \tag{2.47}$$

表 2.2　λ 和 η 的对应关系

λ	η
$\lambda'=-\lambda$	η
0	∞
$\lambda'_p=-1$	$\eta_p=1$
$-\lambda'_s$	η
$-\infty$	0

因此，通过式(2.47)可将高通滤波器的频率 η 转换成低通滤波器的频率 λ，通带与阻带衰减 α_p、α_s 保持不变。这样可设计出模拟低通滤波器的转移函数 $G(p)$。

由

$$q=j\eta=j\frac{1}{\lambda}=-\frac{1}{p}$$

得

$$H(q)=G(p)\big|_{p=-\frac{1}{q}}=G\left(-\frac{1}{q}\right)$$

考虑到 $\left|G(\mathrm{j}\lambda)\right|$ 的对称性，若采用左边的频率，则 $q=1/p$，即 $H(q)=G(1/p)$，又由于

$$q=\mathrm{j}\eta=\mathrm{j}\frac{\Omega}{\Omega_{\mathrm{p}}}=\frac{s}{\Omega_{\mathrm{p}}}$$

所以

$$H(s)=G(p)\big|_{p=\Omega_{\mathrm{p}}/s} \tag{2.48}$$

这样，即得到模拟高通滤波器的转移函数。下一步实现模拟高通滤波器到数字高通滤波器的变换，其步骤如图 2.14 所示。

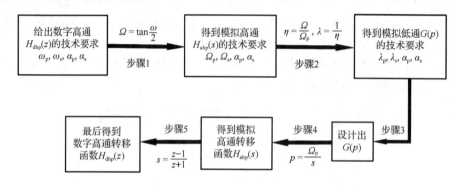

图 2.14　数字高通滤波器设计步骤

步骤 1：将数字高通滤波器 $H_{\mathrm{dhp}}(z)$ 的技术指标 $\omega_{\mathrm{p}},\omega_{\mathrm{s}}$，通过 $\Omega=\tan(\omega/2)$ 转变为模拟高通 $H_{\mathrm{ahp}}(s)$ 的技术指标 Ω_{p}、Ω_{s}，做归一化处理后得 $\eta_{\mathrm{p}}=1$，$\eta_{\mathrm{s}}=\Omega_{\mathrm{s}}/\Omega_{\mathrm{p}}$。

步骤 2：利用频率变换关系 $\lambda\eta=1$，将模拟高通 $H_{\mathrm{ahp}}(s)$ 的技术指标转换为归一化的低通滤波器 $G(p)$ 的技术指标，并有 $p=\mathrm{j}\lambda$。

步骤 3：设计模拟低通滤波器 $G(p)$。

步骤 4：将 $G(p)$ 转换为模拟高通滤波器的转移函数 $H_{\mathrm{ahp}}(s)$，$p=\Omega_{\mathrm{p}}/s$。

步骤 5：将 $H_{\mathrm{ahp}}(s)$ 转换成数字高通滤波器的转移函数 $H_{\mathrm{ahp}}(z)$，$s=(z-1)/(z+1)$。

以上 5 个步骤同样适用于数字带通滤波器、数字带阻滤波器的设计。只是在步骤 2、3、4 中频率转换的方法不同。

2.3.3　信号的正交变换

1. 基于希尔伯特空间的正交变换

设 X 为一希尔伯特空间，其维数为 N，并设 x 是 X 中的一个元素，即 $x\in X$。x 可以是连续信号也可以是离散信号，N 可以是有限值也可以是无穷值。设 $\varphi_1,\varphi_2,\cdots,\varphi_N$ 是 X 中的一组向量，它们可能是线性相关的或线性独立的。如果它们线性独立，则称为空间 X 中的一组 "基"。这样可将 x 按这样一组向量作分解，即

$$x=\sum_{n=1}^{N}\alpha_n\varphi_n \tag{2.49}$$

式中，$\alpha_1,\alpha_2,\cdots,\alpha_N$ 是分解系数，它们是一组离散值，因此式(2.49)又称为信号的离散表示。如果 $\varphi_1,\varphi_2,\cdots,\varphi_N$ 是一组两两互相正交的向量，则式(2.49)称为 x 的正交展开或正交分解。分

解系数 $\alpha_1, \alpha_2, \cdots, \alpha_N$ 是 x 在各个基向量上的投影，若 $N = 3$ ，其含义如图 2.15 所示。

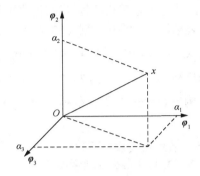

图 2.15　信号的正交分解

为求解系数，设想在空间 X 中另有一组向量：$\hat{\boldsymbol{\varphi}}_1, \hat{\boldsymbol{\varphi}}_2, \cdots, \hat{\boldsymbol{\varphi}}_N$ ，这一组向量和 $\boldsymbol{\varphi}_1, \boldsymbol{\varphi}_2, \cdots, \boldsymbol{\varphi}_N$ 满足如下关系：

$$\langle \boldsymbol{\varphi}_i, \hat{\boldsymbol{\varphi}}_j \rangle = \begin{cases} 1, & i = j \\ 0, & i \neq j \end{cases} \tag{2.50}$$

用 $\hat{\boldsymbol{\varphi}}_j$ 和式 (2.49) 两边做内积，有

$$\langle x, \hat{\boldsymbol{\varphi}}_j \rangle = \left\langle \sum_{n=1}^{N} \alpha_n \boldsymbol{\varphi}_n, \hat{\boldsymbol{\varphi}}_j \right\rangle = \sum_{n=1}^{N} \alpha_n \langle \boldsymbol{\varphi}_n, \hat{\boldsymbol{\varphi}}_j \rangle = \alpha_j \tag{2.51}$$

即

$$\alpha_j = \langle x(t), \hat{\boldsymbol{\varphi}}_j(t) \rangle = \int x(t) \hat{\boldsymbol{\varphi}}_j^*(t) \mathrm{d}t \tag{2.52}$$

或

$$\alpha_j = \langle x(n), \hat{\boldsymbol{\varphi}}_j(n) \rangle = \sum x(n) \hat{\boldsymbol{\varphi}}_j^*(n) \tag{2.53}$$

信号的正交分解或正交变换是信号处理中最常用的一类变换，它有如下一系列的重要性质。

(1) 正交变换的基向量 $\{\boldsymbol{\varphi}_n\}$ 即其对偶基向量 $\{\hat{\boldsymbol{\varphi}}_n\}$ 。

(2) 展开系数 α 是信号 x 在基向量 $\{\boldsymbol{\varphi}_n\}$ 上的准确投影。

(3) 正交变换保证变换前后信号的能量不变。

(4) 信号正交分解具有最小平方近似性质。

(5) 将原信号 x 经正交变换后得到一组离散系数 $\alpha_1, \alpha_2, \cdots, \alpha_N$ ，这一组系数具有减少 x 中各分量的相关性及将 x 的能量集中于少数系数上的功能。相关性去除的程度及能量集中的程度取决于所选择的基函数 $\{\boldsymbol{\varphi}_n\}$ 的性质。

2. K-L 变换

K-L 变换是 Karhunen-Loève 变换的简称，这是一种特殊的正交变换，主要用于一维信号和二维信号的数据压缩。

对给定的信号 $x(n)$ ，若它是正弦信号，则不管它有多长，仅需三个参数，即幅度、频率和相位，便可完全确定它。当需要对 $x(n)$ 进行传输或存储时，仅需传输或存储这三个参数。在接收端由于这三个参数可完全无误差地恢复出原信号，因此达到了数据最大限度的压缩。

对于非正弦信号，如果它的各个分量之间完全不相关，那么表示该数据中没有冗余，需要全部传输或存储；若有相关成分，通过去除其相关性则可达到数据压缩的目的。

K-L 变换的思路是寻求正交矩阵 $\boldsymbol{A}$，使得 $\boldsymbol{A}$ 对 x 的变换 y 的协方差矩阵 $\boldsymbol{C}_y$ 为对角矩阵，其步骤为先由 λ 的 N 阶多项式 $|\lambda I - C_x| = 0$ 求矩阵 $\boldsymbol{C}_x$ 的特征值 $\lambda_0, \lambda_1, \cdots, \lambda_{N-1}$；再求矩阵 $\boldsymbol{C}_x$ 的 N 个特征向量 $\boldsymbol{A}_0, \boldsymbol{A}_1, \cdots, \boldsymbol{A}_{N-1}$；然后将 $\boldsymbol{A}_0, \boldsymbol{A}_1, \cdots, \boldsymbol{A}_{N-1}$ 归一化，即令 $A_i = 1, i = 0, 1, 2, \cdots, N-1$。由归一化的向量 $\boldsymbol{A}_0, \boldsymbol{A}_1, \cdots, \boldsymbol{A}_{N-1}$ 就可构成归一化正交矩阵 $\boldsymbol{A}$，即 $\boldsymbol{A} = [\boldsymbol{A}_0, \boldsymbol{A}_1, \cdots, \boldsymbol{A}_{N-1}]^{\mathrm{T}}$；最后由 $y = \boldsymbol{A}x$ 实现对信号 x 的 K-L 变换。

3. 离散余弦变换（DCT）与离散正弦变换（DST）

给定序列 $x(n), n = 0, 1, 2, \cdots, N-1$，其离散余弦变换定义为

$$X_c(0) = \frac{1}{\sqrt{N}} \sum_{n=0}^{N-1} x(n)$$

$$X_c(k) = \sqrt{\frac{2}{N}} \sum_{n=0}^{N-1} x(n) \cos \frac{(2n+1)k\pi}{2N}, \quad k = 1, 2, \cdots, N-1 \tag{2.54}$$

显然，其变换的核函数为

$$C_{k,N} = \sqrt{\frac{2}{N}} g_k \cos \frac{(2n+1)k\pi}{2N}, \quad k = 1, 2, \cdots, N-1 \tag{2.55}$$

其为实数。式中系数为

$$g_k = \begin{cases} \dfrac{1}{\sqrt{2}}, & k = 0 \\ 1, & k \neq 0 \end{cases} \tag{2.56}$$

这样，若 $x(n)$ 是实数，则它的 DCT 也是实数。对于傅里叶变换，若 $x(n)$ 是实数，其 DFT $X(k)$ 一般为复数。由此可以看出，DCT 避免了复数运算。将式（2.54）写成矩阵形式，有

$$\boldsymbol{X}_c = \boldsymbol{C}_N \boldsymbol{x} \tag{2.57}$$

式中，$\boldsymbol{X}_c$、$\boldsymbol{x}$ 都是 $N \times 1$ 的向量；$\boldsymbol{C}_N$ 是 $N \times N$ 变换矩阵，其元素由式（2.55）给出，当 $N = 8$ 时，由

$$C_8 = \frac{1}{\sqrt{8}} \begin{bmatrix} 1 & 1 & 1 & \cdots & 1 \\ \sqrt{2}\cos\dfrac{\pi}{16} & \sqrt{2}\cos\dfrac{3\pi}{16} & \sqrt{2}\cos\dfrac{5\pi}{16} & \cdots & \sqrt{2}\cos\dfrac{15\pi}{16} \\ \vdots & \vdots & \vdots & & \vdots \\ \sqrt{2}\cos\dfrac{7\pi}{16} & \sqrt{2}\cos\dfrac{21\pi}{16} & \sqrt{2}\cos\dfrac{35\pi}{16} & \cdots & \sqrt{2}\cos\dfrac{105\pi}{16} \end{bmatrix} = \begin{bmatrix} c_0 \\ c_1 \\ \vdots \\ c_7 \end{bmatrix} \tag{2.58}$$

可以证明，$\boldsymbol{C}_x$ 的行、列向量均有正交关系 $\langle c_k, c_n \rangle = \begin{cases} 0, & k \neq n \\ 1, & k = n \end{cases}$。可见变换矩阵 $\boldsymbol{C}_N$ 是归一化的正交矩阵，DCT 是正交变换，由此立即得到 DCT 的反变换关系：

$$\boldsymbol{x} = \boldsymbol{C}_N^{-1} \boldsymbol{X}_c = \boldsymbol{C}_N^{\mathrm{T}} \boldsymbol{X}_c$$

$$\boldsymbol{x}(n) = \frac{1}{\sqrt{N}} \boldsymbol{X}_c(0) + \sqrt{\frac{2}{N}} \sum_{k=0}^{N-1} \boldsymbol{X}_c(k) \cos \frac{(2n+1)k\pi}{2N}, \quad n = 0, 1, 2, \cdots, N-1 \tag{2.59}$$

给定序列 $\boldsymbol{x}(n), n = 1, 2, \cdots, N$，其 DST 的正交变换和反变换分别定义为

$$X_s(k) = \sqrt{\frac{2}{N+1}} \sum_{n=1}^{N} x(n) \sin\left(\frac{nk\pi}{N+1}\right), \quad k = 1, 2, \cdots, N \tag{2.60}$$

$$\boldsymbol{x}(n) = \sqrt{\frac{2}{N+1}} \sum_{k=1}^{N} X_s(k) \sin\left(\frac{nk\pi}{N+1}\right), \quad k = 1, 2, \cdots, N \tag{2.61}$$

其变换的核函数为

$$s_{k,n} = \sqrt{\frac{2}{N+1}} \sin\left(\frac{nk\pi}{N+1}\right), \quad n, k = 1, 2, \cdots, N \tag{2.62}$$

其是实函数。

将式 (2.60) 写成矩阵形式，有

$$\boldsymbol{X}_s = \boldsymbol{S}_N \boldsymbol{x} \tag{2.63}$$

式中，$\boldsymbol{X}_s$ 和 $\boldsymbol{x}$ 都是 $N \times 1$ 的向量；$\boldsymbol{S}_N$ 是 $N \times N$ 变换矩阵，其元素由式 (2.62) 给出，当 $N = 8$ 时有

$$S_8 = \sqrt{\frac{2}{9}} \begin{bmatrix} \sin(\pi/9) & \sin(2\pi/9) & \cdots & \sin(8\pi/9) \\ \sin(2\pi/9) & \sin(4\pi/9) & \cdots & \sin(16\pi/9) \\ \vdots & \vdots & & \vdots \\ \sin(8\pi/9) & \sin(16\pi/9) & \cdots & \sin(64\pi/9) \end{bmatrix} \tag{2.64}$$

如同 DCT 一样，DST 的变换矩阵 $\boldsymbol{S}_N$ 也是正交矩阵，其行列之间均有如下关系：

$$\langle s_k, s_n \rangle = \begin{cases} 0, & k \neq n \\ 1, & k = n \end{cases} \tag{2.65}$$

DST 和 DCT 可以将信号的能量集中在较少的系数上，这意味着可以通过保留少量系数来重建原信号，从而实现高效的数据表示和传输。与 DFT 相比，它们在某些情况下可以减少频谱泄漏。DST 和 DCT 在数据压缩、信号处理和图像处理等领域具有广泛的应用，能够提供高效的数据表示和处理方法。

DCT 图像
压缩

2.3.4　信号处理的典型算法

信号处理是一门关键的技术领域，它涵盖了许多算法和方法，用于分析、处理和提取信号中的有用信息。信号处理在各种领域如通信、音频处理和图像处理中发挥着重要作用。通过这些算法，我们能够更好地理解信号的特性，提取出需要的信息，为工程和科学研究提供强大的工具。下面简要介绍几种典型的信号处理算法。

1. 信号的抽取

设 $x(n) = x(t)\big|_{t=nT_s}$，如果希望将抽样频率 f_s 减小到 $\frac{1}{M} f_s$，那么，一种最简单的方法是将 $x(n)$ 中每 M 个点抽取一个，降低抽取频率，依次组成一个新的序列 $x'(n)$，即

$$x'(n) = x(Mn), \quad n = -\infty \sim \infty \tag{2.66}$$

为了便于讨论 $x'(n)$ 和 $x(n)$ 的时域及频域的关系，现定义一个中间序列：

$$x_1(n) = \begin{cases} x(n), & n = 0, \pm M, \pm 2M, \cdots \\ 0, & \text{其他} \end{cases} \tag{2.67}$$

或

$$x_1(n) = x(n)p(n) = x(n) \sum_{i=-\infty}^{\infty} \delta(n - Mi)$$

式中，$p(n)$ 是一脉冲串序列，它在 M 的整数倍处的值为 1，其余皆为零。式 (2.66) 和式 (2.67) 的含义如图 2.16 所示。图中 $M=3$，横坐标为抽样点数，图 2.16 (a) 为原信号 $x(n)$，图 2.16 (b) 为 $p(n)$，图 2.16 (c) 为抽取后的信号 $x'(n)$。

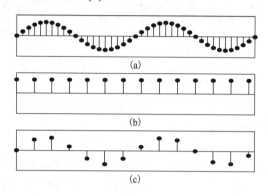

(a)

(b)

(c)

图 2.16　信号抽取

显然

$$X'(\mathrm{e}^{\mathrm{j}\omega}) = \sum_{n=-\infty}^{\infty} x'(n)\mathrm{e}^{-\mathrm{j}\omega n} = \sum_{n=-\infty}^{\infty} x(Mn)\mathrm{e}^{-\mathrm{j}\omega n} = \sum_{n=-\infty}^{\infty} x_1(Mn)\mathrm{e}^{-\mathrm{j}\omega n} = X_1(\mathrm{e}^{\mathrm{j}\omega/M})$$

而

$$X_1(\mathrm{e}^{\mathrm{j}\omega}) = \sum_{n=-\infty}^{\infty} x(n)p(n)\mathrm{e}^{-\mathrm{j}\omega n} = \sum_{n=-\infty}^{\infty}\left[x(n)\frac{1}{M}\sum_{k=0}^{M-1}\mathrm{e}^{\mathrm{j}2\pi nk/M}\right]\mathrm{e}^{-\mathrm{j}\omega n} = \frac{1}{M}\sum_{k=0}^{M-1} X(\mathrm{e}^{\mathrm{j}(\omega-2\pi k)/M})$$

所以

$$X'\left(\mathrm{e}^{\mathrm{j}\omega}\right) = \frac{1}{M}\sum_{k=0}^{M-1} X\left(\mathrm{e}^{\mathrm{j}(\omega-2\pi k)/M}\right) \tag{2.68}$$

式中，$X'(\mathrm{e}^{\mathrm{j}\omega})$ 是 $x'(n)$ 的 DTFT，而 $X(\mathrm{e}^{\mathrm{j}\omega})$ 是 $x(n)$ 的 DTFT。于是，$X'(\mathrm{e}^{\mathrm{j}\omega})$ 是原信号频谱 $X(\mathrm{e}^{\mathrm{j}\omega})$ 先做 M 倍的扩展再在 ω 轴上每隔 $2\pi/M$ 的移位叠加。

由抽样定理可知，在第一次对 $x(t)$ 抽样时，若保证 $f_\mathrm{s} \geqslant 2f_\mathrm{c}$，那么抽样的结果不会发生混叠。对 $x(n)$ 做 M 倍抽取（图 2.17 (d) 中用 $\downarrow M$ 表示）后得到 $x'(n)$，若保证能由 $x'(n)$ 重建 $x(t)$，那么 $X'(\mathrm{e}^{\mathrm{j}\omega})$ 的一个周期 $(-\pi/M \sim \pi/M)$ 也应等于 $X(\mathrm{j}\Omega)$，这要求抽样频率 f_s 必须满足 $f_\mathrm{s} \geqslant 2Mf_\mathrm{c}$。如果不满足，那么 $X'(\mathrm{e}^{\mathrm{j}\omega})$ 将发生混叠，如图 2.17 (c) 所示。因为 M 是可变的，所以很难要求在不同的 M 下都保证 $f_\mathrm{s} \geqslant 2Mf_\mathrm{c}$。为此，我们可在抽取之前先对 $x(n)$ 做低通滤波，压缩其频带，然后再抽取，如图 2.17 (d) 所示。

令 $h(n)$ 为一理想低通滤波器，即

$$H\left(\mathrm{e}^{\mathrm{j}\omega}\right) = \begin{cases} 1, & |\omega| \leqslant \pi/M \\ 0, & \text{其他} \end{cases} \tag{2.69}$$

如图 2.17 (e) 所示，令滤波后的输出为 $v(n) = \displaystyle\sum_{k=-\infty}^{\infty} h(k)x(n-k)$。再令对 $v(n)$ 抽取后的序列为 $y(n)$，则

$$y(n) = v(Mn) = \sum_{k=-\infty}^{\infty} h(k)x(Mn-k) \tag{2.70}$$

图 2.17(a) 和 (b) 为原模拟信号 $x(t)$ 的频谱 $X(j\Omega)$ 和 $x(n)$ 的频谱 $X(e^{j\omega})$，没有发生混叠；图 2.17(c) 为做 $M = 2$ 倍的抽取，$X'(e^{j\omega})$ 中发生混叠；图 2.17(d) 为对 $x(n)$ 先做低通滤波再抽取；图 2.17(e) 为低通滤波器的频谱；图 2.17(f) 为对 $x(n)$ 滤波后的频谱 $V(e^{j\omega})$；图 2.17(g) 为对 $v(n)$ 做抽取得 $y(n)$，在 $\left(-\dfrac{\pi}{M} \sim \dfrac{\pi}{M}\right)$ 内 $Y(e^{j\omega}) = \dfrac{1}{M} X(e^{\omega_x})$。

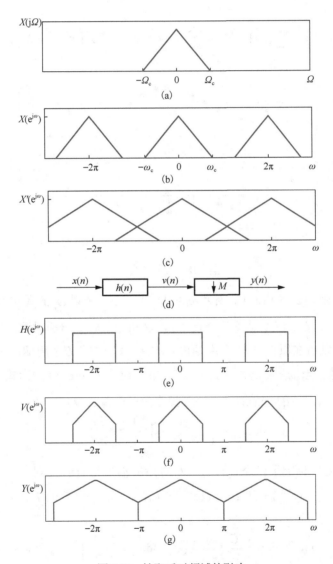

图 2.17 抽取后对频域的影响

2. 信号的插值

如果将 $x(n)$ 的抽样频率 f_s 增加到 L 倍，得 $v(n)$ 是 $x(n)$ 的插值，用符号 $\uparrow L$ 表示。一种最简单的方法是在 $x(n)$ 每相邻两个点之间补 $L-1$ 个零，然后再对该信号做低通滤波处理，即

$$v(n) = \begin{cases} x\left(\dfrac{n}{L}\right), & n = 0, \pm L, \pm 2L, \cdots \\ 0, & \text{其他} \end{cases} \tag{2.71}$$

如图 2.18 所示，图 2.18 (a) 为原信号 $x(n)$，图 2.18 (b) 为插入 $L-1$ 个零后的 $v(n)$，$L=2$，记 $x(n)$ 和 $v(n)$ 的 DTFT 分别为 $X(\mathrm{e}^{\mathrm{j}\omega_x})$ 和 $V(\mathrm{e}^{\mathrm{j}\omega_y})$，由于

$$\omega_y = \frac{2\pi f}{f_y} = \frac{2\pi f}{L f_x} = \omega_x / L \tag{2.72}$$

所以

$$V\left(\mathrm{e}^{\mathrm{j}\omega_y}\right) = \sum_{n=-\infty}^{\infty} v(n)\mathrm{e}^{-\mathrm{j}n\omega_y} = \sum_{n=-\infty}^{\infty} x(n/L)\mathrm{e}^{-\mathrm{j}n\omega_y} = X\left(\mathrm{e}^{\mathrm{j}L\omega_y}\right) = X\left(\mathrm{e}^{\mathrm{j}\omega_x}\right) \tag{2.73}$$

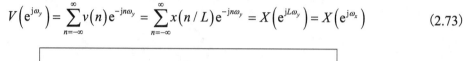

(a)

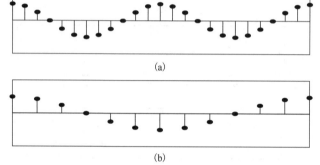

(b)

图 2.18　信号的插值

若令 $z = \mathrm{e}^{\mathrm{j}\omega_y}$，则 $V(z) = X(z^L)$。因为 ω_x 的周期为 2π，所以 ω_y 的周期为 $2\pi/L$。式 (2.73) 说明，$V(\mathrm{e}^{\mathrm{j}\omega_y})$ 在 $(-\pi/L \sim \pi/L)$ 内等于 $X(\mathrm{e}^{\mathrm{j}\omega_x})$，这相当于做了周期压缩，如图 2.18 所示。

可以看出插值以后在原 ω_x 的一个周期内，$V(\mathrm{e}^{\mathrm{j}\omega_y})$ 变成了 L 个周期，多余的 $L-1$ 个周期称为 $X(\mathrm{e}^{\mathrm{j}\omega_x})$ 的映像。当 $|\omega_y| \leqslant \pi/L$ 时，$V(\mathrm{e}^{\mathrm{j}\omega_y})$ 单一地等于 $X(\mathrm{e}^{\mathrm{j}\omega_x})$。为此在插值后仍需使用低通滤波器以截取 $V(\mathrm{e}^{\mathrm{j}\omega_y})$ 的一个周期，即去掉多余的映像。令

$$H(\mathrm{e}^{\mathrm{j}\omega_y}) = \begin{cases} C, & |\omega_y| \leqslant \pi/L \\ 0, & \text{其他} \end{cases} \tag{2.74}$$

式中，C 为常数，是定标因子。令 $v(n)$ 通过 $h(n)$ 后的输出为 $y(n)$，则

$$Y(\mathrm{e}^{\mathrm{j}\omega_y}) = H(\mathrm{e}^{\mathrm{j}\omega_y})X(\mathrm{e}^{\mathrm{j}\omega_x}) = CX(\mathrm{e}^{\mathrm{j}\omega_y}), \quad |\omega_y| \leqslant \pi/L \tag{2.75}$$

因为

$$y(0) = \frac{1}{2\pi}\int_{-\pi}^{\pi} Y(\mathrm{e}^{\mathrm{j}\omega_y})\mathrm{d}\omega_y = \frac{C}{2\pi}\int_{-\pi/L}^{\pi/L} X(\mathrm{e}^{\mathrm{j}L\omega_y})\mathrm{d}\omega_y = \frac{C}{L}\frac{1}{2\pi}\int_{-\pi}^{\pi} X(\mathrm{e}^{\mathrm{j}\omega_x})\mathrm{d}\omega_x = \frac{C}{L}x(0)$$

所以应取 $C = L$ 以保证 $y(0) = x(0)$。

在图 2.19 中，图 2.19 (a) 为插值前的频谱；图 2.19 (b) 为插值后的频谱信号的插值，虽然是靠插入 $L-1$ 个零来实现的，但将 $v(n)$ 通过低通滤波器后，这些零值点将不再是零，从而得到插值后的输出 $y(n)$。

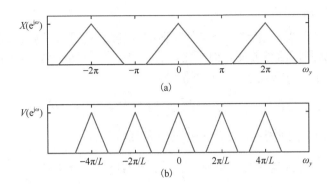

图 2.19　插值对频域的影响

3. 调制与解调

由于传感器输出的电信号一般为较低的频率分量，为了实现信号的传输尤其是远距离传输（波的传输距离与频率成正比），调制就是一种有效方法，它是低频信号的某些参数在高频信号的控制下发生变化的过程。前一信号称为载波信号，后一控制信号称为调制信号。根据载波的幅值、频率和相位随调制信号而变化的过程，调制可以分为调幅、调频和调相。其波形分别称为调幅波、调频波和调相波。图 2.20 所示为载波信号、调制信号及调幅波形、调频波形。

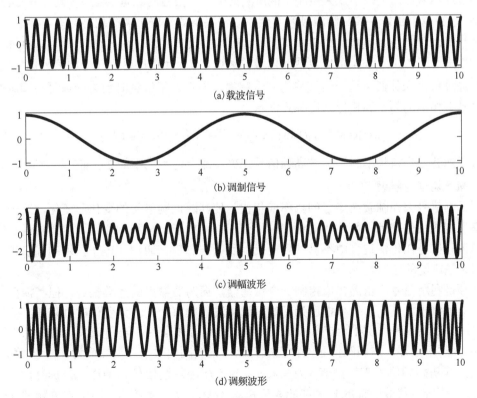

图 2.20　载波信号、调制信号及调幅波形、调频波形

1) 幅值调制与解调

幅值调制（简称"调幅"）是将一个高频简谐信号（载波信号）与测试信号（调制信号）相乘，使载波信号的幅值随测试信号的变化而变化。假设调制信号为 $x(t)$，其最高频率成分为 f_m，载波信号为 $\cos(2\pi f_0 t)$，$f_0 \gg f_m$，则有调幅波：

$$x(t)\cos(2\pi f_0 t) = \frac{1}{2}\left[x(t)e^{-j2\pi f_0 t} + x(t)e^{j2\pi f_0 t}\right] \tag{2.76}$$

如果 $x(t) \Leftrightarrow X(f)$，则利用傅里叶变换的频移性质，有

$$x(t)\cos(2\pi f_0 t) \Leftrightarrow \frac{1}{2}[X(f-f_0) + X(f+f_0)]$$

调幅使被测信号 $x(t)$ 的频谱由原点平移至载波频率 f_0 处，而幅值降低了一半。但 $x(t)$ 中所包含的全部信息都完整地保存在调幅波中。载波频率 f_0 称为调幅波的中心频率，$f_0 + f_m$ 称为上旁频带，$f_0 - f_m$ 称为下旁频带。调幅以后，原信号 $x(t)$ 中所包含的全部信息均转移到以 f_0 为中心，宽度为 $2f_0$ 的频带范围之内，即将有用信号从低频区推移到高频区。因为信号中不包含直流分量，可以用中心频率为 f_0、通频带宽为 $\pm f_m$ 的窄带交流放大器放大，然后再通过解调从放大的调制波中取出有用的信号。所以调幅过程相当于频谱"搬移"过程。

由此可见，调幅的目的是便于缓变信号的放大和传送，而解调的目的是恢复被调制的信号。例如，在有线电视电缆中，由于不同的信号被调制到不同的频段，因此在一根导线中可以传输多路信号。为了减小放大电路可能引起的失真，信号的频宽（$2f_m$）相对于中心频率（载波频率 f_0）应越小越好，实际载波频率常至少数倍甚至数十倍于调制信号频率。

若把调幅波再次与原载波信号相乘，则频域图形将再一次进行"搬移"。当用低通滤波器滤过频率大于 f_m 的成分时，可以复现原信号的频谱。与原频谱的区别在于幅值为原来的一半，这可以通过放大来补偿。这一过程称为同步解调，同步是指解调时所乘的信号与调制时的载波信号具有相同的频率和相位。用等式表示为

$$x(t)\cos(2\pi f_0 t)\cos(2\pi f_0 t) = \frac{x(t)}{2} + \frac{1}{2}x(t)\cos(4\pi f_0 t) \tag{2.77}$$

低通滤波器是将频率高于 f 的高频信号滤去，即上述等式中的 $2f_0$ 部分将被滤去。

2) 频率调制与解调

用调制信号去控制载波信号的频率或相位，使其随调制信号的变化而变化，这一过程称为频率调制或相位调制，简称"调频"或"调相"，由于调幅和调相比较容易实现数字化，特别是调频信号在传输过程中不易受到干扰，所以在测量、通信和电子技术的许多领域中得到了越来越广泛的应用。

调频是利用信号电压的幅值控制一个振荡器，振荡器输出的是等幅波，但其振荡频率偏移量和信号电压成正比。信号电压为正值时调频波的频率升高，为负值时则降低；信号电压为零时，调频波的频率就等于中心频率。调频波的瞬时频率为 $f = f_0 \pm \Delta f$，式中 f_0 为载波频率；Δf 为频率偏移，与调制信号的幅值成正比。设调制信号 $x(t)$ 是幅值为 X_0、频率为 f_m 的余弦波，其初始相位为零，则有 $x(t) = X_0\cos(2\pi f_m t)$，载波信号为 $y(t) = Y_0\cos(2\pi f_0 t + \phi_0)$，$f_0 \gg f_m$，调频时载波的幅度 Y_0 和初始相位角 ϕ_0 不变，瞬时频率 $f(t)$ 围绕着 f_0 随调制信号电压做线性的变化，因此有

$$f(t) = f_0 + k_1 X_0\cos(2\pi f_m t) = f_0 + \Delta f_1\cos(2\pi f_m t) \tag{2.78}$$

式中，$\Delta f_1 = k_1 X_0$ 是由调制信号 X_0 决定的频率偏移，其中，k_1 为比例常数，其大小由具体的调频电路决定。

由式 (2.78) 可见，频率偏移与调制信号的幅值成正比，与调制信号的频率无关，这是调频波的基本特征之一。图 2.21 展示了对线性增加的信号和正弦波信号 (上) 进行频率调制后的结果 (下)。

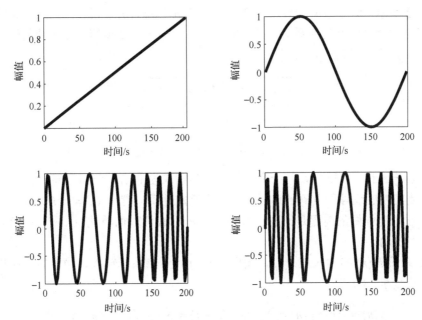

图 2.21　调频波与调制信号幅值的关系

调频波是以正弦波频率的变化来反映被测信号的幅值变化的，因此，调频波的解调是先将调频波变换成调频调幅波，然后进行幅值检波。调频波的解调由鉴频器完成。解调的鉴频器是解调的一个关键组件，是一种用于提取调制信号中信息的设备或电路。通过对接收到的调制信号进行解调，去除调制过程引入的载波成分，从而得到原始的基带信号，实现了信号的可靠传输和正确解读。

信号的插值和抽取通常用于调制和解调的前后端。在数字通信系统中，调制之前通常需要对数字信号进行插值，以增加信号的采样率，然后将其调制成模拟信号发送到信道中。在接收端，会对接收到的调制信号进行抽取，即降低采样率，并进行解调以恢复原始数字信号。

4. 逆系统、反卷积及系统辨识

在实际工作中经常会出现系统的输入或系统的抽样响应 (或转移函数) 是未知的，或二者都是未知的情况。而知道的往往是系统的输出，这是因为系统的输出通常比较容易测得。由系统的输出反求系统输入的过程称为系统分析的逆问题，又称反卷积。由系统的输入、输出求解系统的抽样响应 (或转移函数) 的过程称为系统辨识。无论是反卷积还是系统辨识，它们在实际工作中都有着广泛的应用。

在反卷积和系统辨识中都要用到逆系统的概念。考虑两个系统的级联，若

$$h_1(n) * h_2(n) = \delta(n)$$

则

$$H_1(z)H_2(z)=1 \qquad (2.79)$$

称 $H_1(z)$ 和 $H_2(z)$ 互为逆系统。若 $H_1(z)=B(z)/A(z)$ ，则 $H_2(z)=A(z)/B(z)$ 。显然， $H_1(z)$ 的零点和极点分别变成了 $H_2(z)$ 的极点和零点。如果要保证 $H_2(z)$ 是一个稳定的因果系统，那么， $H_1(z)$ 必须是一个最小相位系统。也就是说，只有最小相位系统才有逆系统。

如图 2.22 所示，信号 $x(n)$ 通过第一个系统后的输出为 $y(n)$ 。再通过第二个系统后的输出为 $x'(n)$ 。若这两个系统互为逆系统，则 $x'(n)=x(n)$ 。假定不知道第一个系统的转移函数，可以测得 $y(n)$ ，并希望得到 $H_1(z)$ 。

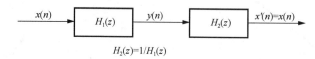

图 2.22　两个互为逆系统的输入输出关系

为达到这一目的，可以先设计一个系统，令其输入为 $y(n)$ ，记录其输出，并逐步调整该系统的参数使其接近或等于 $x(n)$ 。这样，由逆系统的性质，有 $H_1(z)=1/H_2(z)$ ，从而确定了未知系统 $H_1(z)$ 。这样做的前提是 $x(n)$ 已知，若 $x(n)$ 未知，可以简单地令 $x(n)=\delta(n)$ ，那么 $x'(n)$ 也应接近等于 $\delta(n)$ 。

令 LSI 系统 $H(z)$ 的输入是 $x(n)$ ，输出是 $y(n)$ ，则该系统输入、输出的关系是我们所熟知的线性卷积关系，即

$$y(n)=x(n)*h(n)=\sum_{k=-\infty}^{\infty}x(k)h(n-k)=\sum_{k=0}^{n}x(k)h(n-k), \quad n\geqslant 0 \qquad (2.80)$$

若已知 $h(n)$ 和 $y(n)$ ，那么可用递推的方法求解 $x(n)$ ，即

$$y(0)=x(0)h(0), \quad x(0)=y(0)/h(0)$$
$$y(1)=x(0)h(1)+x(1)h(0), \quad x(1)=\left[y(1)-x(0)h(1)\right]/h(0)$$
$$\vdots \qquad (2.81)$$
$$y(n)=x(n)h(0)+\sum_{k=0}^{n-1}x(k)h(n-k)$$
$$x(n)=\frac{\left[y(n)-\sum_{k=0}^{n-1}x(k)h(n-k)\right]}{h(0)}, \qquad n\geqslant 1$$

式(2.81)是求解反卷积问题的基本公式。由式(2.80)有 $X(z)=Y(z)/H(z)$ ，式中 $X(z)$ 、 $H(z)$ 及 $Y(z)$ 都是 z^{-1} 的多项式，因此也可通过多项式的长除法来确定 $X(z)$ 。

若系统的输入、输出已知，可以用类似式(2.81)的方法，求出系统的单位抽样响应，即有

$$h(n)=\frac{\left[y(n)-\sum_{k=0}^{n-1}x(k)h(n-k)\right]}{x(0)}, \qquad n\geqslant 1 \qquad (2.82)$$

前面已指出，由输入、输出求系统的过程称为系统辨识，比较式(2.80)和式(2.81)可以看出，反卷积和系统辨识有着非常类似的地方。

5. 奇异值分解

奇异值分解(singular value decomposition, SVD)是线性代数中的经典问题,在现代数值分析中,特别是在控制理论、信号与图像处理及系统辨识等领域中都有着重要的应用。

令 A 是 $m \times n$ (假定 $m > n$) 矩阵,秩为 $r(r < n)$,则存在 $n \times n$ 正交矩阵 V 和 $m \times m$ 正交矩阵 U,得

$$U^{\mathrm{T}}AV = \Sigma \tag{2.83}$$

式中,Σ 是 $m \times n$ 的非负对角阵:

$$\Sigma = \begin{bmatrix} S & 0 \\ 0 & 0 \end{bmatrix}, \quad S = \mathrm{diag}(\sigma_1, \sigma_2, \cdots, \sigma_r) \tag{2.84}$$

其中,$\sigma_1, \sigma_2, \cdots, \sigma_r$ 连同 $\sigma_{r+1} = \cdots = \sigma_n = 0$ 称为 A 的奇异值,U、V 的列向量 u_i、v_i 分别是 A 的左、右奇异向量。该式的另一个等效表示为

$$A = U\Sigma V^{\mathrm{T}} \tag{2.85}$$

式(2.83)的含义可用图 2.23 来说明。

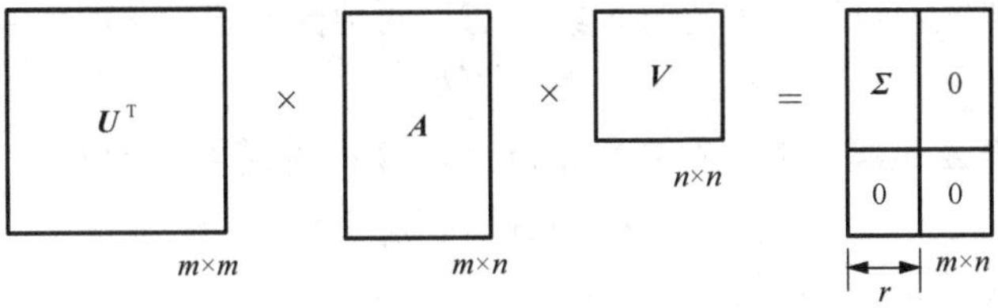

图 2.23 矩阵奇异值分解的图形表示

由 SVD 可导出如下几个重要的结论。

(1)用 V 右乘式(2.85)的两边,有

$$AV = U\Sigma \quad \text{或} \quad Av_i = \begin{cases} \sigma_i u_i, & i = 1, 2, \cdots, r \\ 0, & i = r+1, \cdots, n \end{cases} \tag{2.86}$$

所以,v_i 是 A 的右奇异向量。

(2)用 U^{T} 左乘式(2.85)的两边,有

$$U^{\mathrm{T}}A = \Sigma V^{\mathrm{T}} \quad \text{或} \quad u_i^{\mathrm{T}}A = \begin{cases} \sigma_i v_i^{\mathrm{T}}, & i = 1, 2, \cdots, r \\ 0, & i = r+1, \cdots, m \end{cases} \tag{2.87}$$

所以,u_i 是 A 的左奇异向量。

(3)将式(2.85)展开,有

$$A = \sum_{i=1}^{r} \sigma_i u_i v_i^{\mathrm{T}} \tag{2.88}$$

因此,矩阵 A 可看作奇异向量做外积后的加权和,权重即非零的奇异值。

(4)矩阵 A 的 Frobenius 范数定义为

$$A_{\mathrm{F}} = \sqrt{\sum_{i=1}^{n}\sum_{j=1}^{m}|a_{i,j}|^2} \tag{2.89}$$

可以证明:

$$A_{\mathrm{F}} = \sqrt{\sigma_1^2 + \sigma_2^2 + \cdots + \sigma_r^2} \tag{2.90}$$

因此，任一矩阵的 Frobenius 范数都等于其奇异值的平方和的开方。

（5）如果 A 的秩 $\operatorname{rank}A = \min(m,n) = r$，则称矩阵 A 是满秩的，否则，称为亏秩的。由前面的讨论可知，A 的秩等于其非零奇异值的个数。

（6）长方形矩阵的逆称为伪逆。A 的伪逆定义为

$$A^+ = V\Sigma^{\mathrm{T}}U^{\mathrm{T}} = V\begin{bmatrix} S^1 & 0 \\ 0 & 0 \end{bmatrix}U^{\mathrm{T}} \tag{2.91}$$

将式（2.91）展开，有

$$A^+ = \sum_{i=1}^{r}\sigma_i^{-1}v_iu_i^{\mathrm{T}} \tag{2.92}$$

（7）考虑矩阵 A 是一线性方程组的系数矩阵，即

$$Ax = b \tag{2.93}$$

式中，x 是 $n\times1$ 的未知列向量；b 是 $m\times1$ 的已知列向量。假定 $m > n$，因而式（2.93）中方程的个数大于未知数的个数，这时式（2.93）称为超定方程组；反之，如果 $m < n$，即方程的个数小于未知数的个数，该方程组称为欠定方程组。在这两种情况下，x 都可以由下式求出：

$$x = A^+b \tag{2.94}$$

如果长方形矩阵 A 是满秩的，在超定情况下，A 的伪逆可表示为

$$A^+ = \left(A^{\mathrm{T}}A\right)^{-1}A^{\mathrm{T}} \tag{2.95}$$

式中，$A^{\mathrm{T}}A$ 是 $n\times n$ 的方阵，其秩为 n，因此是可逆的。

在欠定的情况下，A 的伪逆可表示为

$$A^+ = A^{\mathrm{T}}\left(AA^{\mathrm{T}}\right)^{-1} \tag{2.96}$$

式中，AA^{T} 是 $m\times m$ 的方阵，其秩为 m，因此也是可逆的。

6. 运用典型算法的目的

运用以上典型算法的主要目的就是对稳态信号进行抽取、插值、调制、解调、卷积、反卷积、分解等处理，为特征提取、信号传输、故障诊断打下良好的基础。

2.3.5　基于统计的信号处理

平稳随机信号是指对于时间的变化具有某种平稳性质的一类信号。若随机信号 $x(n)$ 的概率密度函数满足 $p_X(x_1,\cdots,x_N;n_1,\cdots,n_N) = p_X(x_1,\cdots,x_N;n_{1+k},\cdots,n_{N+k})$ 对任意的 k 都成立，则称 $x(n)$ 是 N 阶平稳的。如果上式对 $N = 1,2,\cdots,\infty$ 都成立，则称 $x(n)$ 是严平稳随机信号。严平稳随机信号可以说基本上不存在，因此人们研究和应用最多的是宽平稳信号，又称广义平稳信号。

对随机信号 $x(n)$，若其均值为常数，即

$$\mu\left[X(n)\right] = E\left\{x(n)\right\} = \mu X \tag{2.97}$$

其方差为有限值且为常数，即

$$\sigma^2\left[X(n)\right] = E\left\{\left|E(x) - \mu x\right|^2\right\} \tag{2.98}$$

其自相关函数 $r_X(n_1,n_2)$ 与 n_1,n_2 的选取起点无关，而仅与 n_1,n_2 之差有关，即

$$r\left[X(n_1,n_2)\right] - E\left\{X^*(n)X(n+m)\right\} = r_X(m), \quad m = n_2 - n_1 \tag{2.99}$$

则称 $x(n)$ 是宽平稳随机信号。两个宽平稳随机信号 $X(n)$ 和 $Y(n)$ 的互相关函数及互协方差可分别表示为

$$r[XY(m)] = E\{X^*(n)Y(n+m)\} \tag{2.100}$$

$$\mathrm{cov}[XY(m)] = E\{[X(n)-\mu x]^*[Y(n+m)-\mu Y]\} \tag{2.101}$$

自然界中的绝大部分随机信号都可以认为是宽平稳的。宽平稳随机信号 $x(n)$ 的自相关函数为 $r_x(m) = E\{X^*(n)X(n+m)\}$。如果 $x(n)$ 是各态遍历的，则上式的集总平均可以由单一样本的时间平均来实现，即

$$r_x(m) = \lim_{N\to\infty} \frac{1}{2N+1} \sum_{n=-N}^{N} x^*(n)x(n+m)$$

在实际应用中，我们遇到的大多实际物理信号是因果性的，即当 $n<0$ 时，$x(n)=0$，且 $x(n)$ 是实信号，其自相关函数 $r_x(m)$ 可表示为

$$r_x(m) = \lim_{N\to\infty} \frac{1}{N} \sum_{n=0}^{N-1} x(n)x(n+m) \tag{2.102}$$

如果观察值的点数 N 为有限值，则求 $r_x(m)$ 估计值的一种方法是

$$\hat{r}_x(m) = \frac{1}{N} \sum_{n=0}^{N-1} x_N(n)x_N(n+m)$$

由于 $x(n)$ 只有 N 个观察值，因此，对于每一个固定的延迟 m，可以利用的数据只有 $N-1-|m|$ 个，且在 $0 \sim N-1$ 的范围内，$x_N(n)=x(n)$，所以在实际计算 $\hat{r}_x(m)$ 时，上式变为

$$\hat{r}_x(m) = \frac{1}{N} \sum_{n=0}^{N-1-|m|} x(n)x(n+m) \tag{2.103}$$

式中，$\hat{r}_x(m)$ 的长度为 $2N-1$，它是以 $m=0$ 为偶对称的。

在频域中描述宽随机信号特性是对其性质进行研究的关键方法。以下介绍经典谱估计的基本方法。

1. 直接法

直接法又称周期图法，它是把随机信号 $x(n)$ 的 N 点观察数据 $x_N(n)$ 视为一个能量有限信号，直接取 $x_N(n)$ 的傅里叶变换，得到 $X_N(e^{j\omega})$，然后再取其幅值的平方，并除以 N，作为对 $x(n)$ 真实的功率谱 $P(e^{j\omega})$ 的估计。

以 $\hat{P}_{\mathrm{PER}}(e^{j\omega})$ 表示用周期图法估计出的功率谱，则

$$\hat{P}_{\mathrm{PER}}(e^{j\omega}) = \frac{1}{N} |X_N(\omega)|^2 \tag{2.104}$$

将 ω 在单位圆上等间隔取值，得

$$\hat{P}_{\mathrm{PER}}(k) = \frac{1}{N} |X_N(k)|^2 \tag{2.105}$$

由于 $X_N(k)$ 可以用快速傅里叶变换快速计算，所以 $\hat{P}_{\mathrm{PER}}(k)$ 也可方便地求出。由前面的讨论可知，上述谱估计的方法包含了下述假设及步骤。

(1) 把平稳随机信号 $x(n)$ 视为各态遍历的，用其一个样本 $x(n)$ 来代替 $X(n)$，并且仅利用 $x(n)$ 的 N 个观察值 $x_N(n)$ 来估计 $x(n)$ 的功率谱 $P(\omega)$。

(2) 从记录到的一个连续信号 $x(t)$ 到估计出 $\hat{P}_{\text{PER}}(k)$，还包括了对 $x(t)$ 的离散化、必要的预处理(如除去均值、除去信号的趋势项、滤波)等。

2. 间接法

间接法的理论基础是维纳-辛钦定理。1958 年 Blackman 和 Tukey 给出了这一方法的具体实现，即先由 $x_N(n)$ 估计出自相关函数 $\hat{r}_x(m)$，然后对 $\hat{r}_x(m)$ 求傅里叶变换得到 $x_N(n)$ 的功率谱，记为 $\hat{P}_{\text{BT}}(\omega)$，并以此作为对 $P(\omega)$ 的估计，即

$$\hat{P}_{\text{BT}}(\omega) = \sum_{m=-M}^{M} \hat{r}_x(m) \mathrm{e}^{-\mathrm{j}\omega m}, \quad |M| \leqslant N-1 \tag{2.106}$$

因为由这种方法求出的功率谱是通过自相关函数间接得到的，所以称为间接法，又称自相关法或 BT 法。其中自回归(auto regressive，AR)模型和移动平均(moving average，MA)模型是基于统计的时间序列相关性分析的两种基本模型。其中 AR 模型强调过去值对当前值的影响，而 MA 模型强调过去误差对当前值的影响。ARMA 模型结合了 AR 模型和 MA 模型的优点，是一种常用的时间序列模型。

1) AR 模型

假定 $u(n)$、$x(n)$ 都是实平稳的随机信号，$u(n)$ 为白噪声，方差为 $x(n)$。建立 AR 模型的参数 a_k 和 $x(n)$ 的自相关函数的关系，即 AR 模型的正则方程：

$$\begin{aligned} r_x(m) &= E\{x(n)x(n+m)\} \\ &= E\left\{ \left[-\sum_{k=1}^{p} a_k x(n+m-k) + u(n+m) \right] x(n) \right\} \\ &= -\sum_{k=1}^{p} a_k E\{x(n+m-k)x(n)\} + E\{u(n+m)x(n)\} \end{aligned}$$

于是

$$r_x(m) = -\sum_{k=1}^{p} a_k r_x(m-k) + r_{xu}(m) \tag{2.107}$$

由于 $u(n)$ 是方差为 σ^2 的白噪声，所以有

$$\begin{aligned} r_{xu}(m) &= E\{u(n+m)x(n)\} \\ &= E\left\{ u(n+m) \sum_{k=0}^{\infty} h(k)u(n-k) \right\} \\ &= \sigma^2 \sum_{k=0}^{\infty} h(k)\delta(m+k) \\ &= \sigma^2 h(-m) \end{aligned} \tag{2.108}$$

即

$$E\{u(n)x(n-m)\} = \begin{cases} 0, & m \neq 0 \\ \sigma^2 h, & m = 0 \end{cases} \tag{2.109}$$

由 Z 变换的定义可知，$\lim\limits_{z \to \infty} H(z) = h(0)$，有

$$r_x(m) = \begin{cases} -\sum_{k=1}^{p} a_k r_x(m-k), & m \geq 1 \\ -\sum_{k=1}^{p} a_k r_x(k) + \sigma^2, & m = 0 \end{cases} \tag{2.110}$$

在上面的推导中，应用了自相关函数的偶对称性，即 $r_x(m) = r_x(-m)$。式 (2.110) 可写成矩阵形式，即

$$\begin{bmatrix} r_x(0) & r_x(1) & r_x(2) & \cdots & r_x(p) \\ r_x(1) & r_x(0) & r_x(1) & \cdots & r_x(p-1) \\ r_x(2) & r_x(1) & r_x(0) & \cdots & r_x(p-2) \\ \vdots & \vdots & \vdots & & \vdots \\ r_x(p) & r_x(p-1) & r_x(p-2) & \cdots & r_x(0) \end{bmatrix} \begin{bmatrix} 1 \\ a_1 \\ a_2 \\ \vdots \\ a_p \end{bmatrix} = \begin{bmatrix} \sigma^2 \\ 0 \\ 0 \\ \vdots \\ 0 \end{bmatrix} \tag{2.111}$$

上述式 (2.110) 和式 (2.111) 即 AR 模型的正则方程，又称 Yule-Walker 方程。系数矩阵不但是对称的，而且沿着和主对角线平行的任一条对角线上的元素都相等，这样的矩阵称为 Toeplitz 矩阵。若 $x(n)$ 是负过程，那么 $r_x(m) = r_x(-m)$，系数矩阵是 Hermitian 对称的 Toeplitz 矩阵。式 (2.111) 可简单地表示为

$$\boldsymbol{R}\boldsymbol{a} = \begin{bmatrix} \sigma^2 \\ \boldsymbol{0}_p \end{bmatrix} \tag{2.112}$$

式中，$\boldsymbol{a} = [1, a_1, \cdots, a_p]^T$；$\boldsymbol{0}_p$ 为 $p \times 1$ 全零列向量，$\boldsymbol{R}$ 是 $(p+1) \times (p+1)$ 的自相关矩阵。

2）MA 模型

给出 MA (q) 模型的三个方程：

$$x(n) = u(n) + \sum_{k=1}^{q} b(k) u(n-k) \tag{2.113}$$

$$H(z) = 1 + \sum_{k=1}^{q} b(k) z^{-k} \tag{2.114}$$

$$P_x(\mathrm{e}^{\mathrm{j}\omega}) = \sigma^2 \left| 1 + \sum_{k=1}^{q} b(k) \mathrm{e}^{-\mathrm{j}\omega k} \right|^2 \tag{2.115}$$

用 $x(n+m)$ 乘式 (2.113) 的两边，并取均值，得

$$r_x(m) = E\left\{ \left[u(n+m) + \sum_{k=1}^{q} b(k) u(n+m-k) \right] x(n) \right\} = \sum_{k=0}^{q} b(k) r_{xu}(m-k)$$

式中，$b(0) = 1$。因为

$$\begin{aligned} r_{xu}(m-k) &= E\{ x(n) u(n+m-k) \} \\ &= E\left\{ u(n+m-k) \sum_{i=0}^{\infty} h(i) u(n-i) \right\} \\ &= \sum_{i=0}^{\infty} h(i) \sigma^2 \delta(i+m-k) = \sigma^2 h(k-m) \end{aligned}$$

对 MA (q) 模型，由式 (2.114) 有

$$h(i) = b(i), \quad i = 0, 1, 2, \cdots, q \tag{2.116}$$

所以，可以求出 MA(q) 模型的正则方程，即有

$$r_x(m) = \begin{cases} \sigma^2 \sum_{k=m}^{q} b(k) b(k-m) = \sigma^2 \sum_{k=0}^{q-m} b(k) b(k+m), & m = 0,1,2,\cdots,q \\ 0, & m > q \end{cases} \tag{2.117}$$

3）ARMA 模型

结合 AR 模型和 MA 模型的正则方程的推导，可得 ARMA 模型的正则方程，即有

$$r_x(m) = \begin{cases} -\sum_{k=1}^{p} a(k) r_x(m-k) + \sigma^2 \sum_{k=0}^{q-m} h(k) b(m+k), & m = 0,1,2,\cdots,q \\ -\sum_{k=1}^{p} a(k) r_x(m-k), & m > q \end{cases} \tag{2.118}$$

2.4　非稳态信号处理

平稳信号的主要特点是信号的均值、方差及均方都不随时间变化，其自相关函数仅和两个观察时间的差有关，而和观察的具体位置无关。在实际中存在着非稳态信号，这一类信号的均值、方差、频率等特征都在随时间变化，其自相关函数也和观察的具体时间、位置有关，如语音、脑电及其他含有较多突变分量的信号。非稳态信号又称为时变信号。对于这一类信号，其一阶、二阶统计量和功率谱的估计显然不能简单地使用平稳信号的估计方法，必须考虑它们的时变因素。

2.4.1　短时傅里叶变换

现重写傅里叶变换的表达式：

$$\begin{aligned} X(\mathrm{j}\Omega) &= \int_{-\infty}^{\infty} x(t) \mathrm{e}^{-\mathrm{j}\Omega t} \mathrm{d}t = \langle x(t), \mathrm{e}^{\mathrm{j}\Omega t} \rangle \\ x(t) &= \frac{1}{2\pi} \int_{-\infty}^{\infty} X(\mathrm{j}\Omega) \mathrm{e}^{\mathrm{j}\Omega t} \mathrm{d}\Omega = \frac{1}{2\pi} \langle X(\mathrm{j}\Omega), \mathrm{e}^{-\mathrm{j}\Omega t} \rangle \end{aligned} \tag{2.119}$$

显然，为求得某个频率（如 Ω_0）处的傅里叶变换 $X(\mathrm{j}\Omega_0)$ 对 t 的积分需要从 $-\infty \sim \infty$ 整个 $x(t)$ 的"知识"。实际上由式(2.119)所得到的 $X(\mathrm{j}\Omega)$ 是信号 $x(t)$ 在整个积分区间内所具有的频率特征的平均表示。因此，如果既想知道在 t_0 所对应的频率是多少又想知道 Ω_0 所对应的时间是多少，那么傅里叶变化则无能为力。因此对非稳态信号，人们希望能有一种方法把时域分析和频域分析结合起来，即找到一个二维函数，它能同时反映该信号的频率和时间变化的规律。研究这一问题的信号处理理论称为信号的联合时频分布，其中最重要的是以 Cohen 类为代表的双线性时频分布，此分布可表示为

$$C_x(t,\Omega) = \frac{1}{2\pi} \iiint x\left(u + \frac{\tau}{2}\right) x^*\left(u - \frac{\tau}{2}\right) g(\theta,\tau) \mathrm{e}^{-\mathrm{j}(\theta t + \Omega \tau - u\theta)} \mathrm{d}u \mathrm{d}\tau \mathrm{d}\theta \tag{2.120}$$

式中，$g(\theta,\tau)$ 是一个二维的窗函数，给定不同的窗函数可得到不同的时频分布。在式(2.120)中 $x(t)$ 出现了两次，且是相乘的形式，这一特点称为双线性。

若 $g(\theta,\tau)=1$，则式 (2.120) 可简化为 Wigner-Ville 分布，此分布可表示为

$$W_x\left(t,\Omega\right)=\int x\left(t+\frac{\tau}{2}\right)x^*\left(t-\frac{\tau}{2}\right)\mathrm{e}^{-\mathrm{j}\Omega\tau}\mathrm{d}\tau \tag{2.121}$$

若 $g(\theta,\tau)=\int w(u+\tau/2)w^*(u-\tau/2)\mathrm{e}^{-\mathrm{j}\theta u}\mathrm{d}u$，其中，$w$ 是一个一维的窗函数，则式 (2.119) 可进一步简化为

$$S_x\left(t,\Omega\right)=\left|\int x(\tau)w(\tau-t)\mathrm{e}^{-\mathrm{j}\Omega t}\mathrm{d}\tau\right|^2=\left|\mathrm{STFT}_x\left(t,\Omega\right)\right|^2 \tag{2.122}$$

信号 $x(t)$ 的短时傅里叶变换为

$$\mathrm{STFT}_x\left(t,\Omega\right)=\int x(\tau)w(\tau-t)\mathrm{e}^{-\mathrm{j}\Omega\tau}\mathrm{d}\tau \tag{2.123}$$

短时傅里叶变换是由 Gabor 于 1946 年提出的，因此也称 Gabor 变换。短时傅里叶变换的时间和频率分辨率之间存在折中，较好的时间分辨率必然会导致频率分辨率较差。而 2.4.2 节的小波变换具有良好的时频局部性，并且能以此来调整分析窗口的大小和形状。

STFT 频谱
演示

2.4.2　小波变换

满足以下条件的平方可积函数 $\phi(\omega)$ 为一个基本小波或小波母函数，表示为

$$\int_{-\infty}^{\infty}\left|\hat{\phi}(\omega)\right|^2|\omega|^{-1}\mathrm{d}\omega<\infty \tag{2.124}$$

由母函数 ϕ 生成的依赖于参数 a,b 的连续小波为

$$\phi_{a,b}(t)=\frac{1}{\sqrt{|a|}}\phi\left(\frac{t-b}{a}\right),\quad a,b\in\mathbf{R},a\neq0 \tag{2.125}$$

设 $f(t)\in L^2(\mathbf{R})$，定义其小波变换为

$$W_{f(a,b)}=\left\langle f,\phi_{a,b}\right\rangle=\frac{1}{\sqrt{|a|}}\int_{-\infty}^{\infty}f(t)\phi\left(\frac{t-b}{a}\right)\mathrm{d}t \tag{2.126}$$

令 $c_\varnothing=\int_{-\infty}^{\infty}\left|\hat{\phi}(\omega)\right|^2|\omega|^{-1}\mathrm{d}\omega, f,g\in L^2(\mathbf{R})$，则在 f 的连续点有反演公式：

$$f(t)=\frac{1}{c_\varnothing}\int_{-\infty}^{\infty}\int_{-\infty}^{\infty}W_{f(a,b)}\phi_{a,b}(t)\frac{\mathrm{d}a\mathrm{d}b}{a^2} \tag{2.127}$$

小波变换的 "Parseval 等式" 为

$$\int_{-\infty}^{\infty}\int_{-\infty}^{\infty}W_{f(a,b)}W_{g(a,b)}\frac{\mathrm{d}a\mathrm{d}b}{a^2}=c_\varnothing\left\langle f,g\right\rangle \tag{2.128}$$

$$\frac{1}{c_\varnothing}\int_{-\infty}^{\infty}\left|W_{f(a,b)}\right|^2\frac{\mathrm{d}a\mathrm{d}b}{a^2}=\int_{-\infty}^{\infty}\left|f(t)\right|^2\mathrm{d}t \tag{2.129}$$

我们看一下小波母函数 $\phi(t)$ 满足式 (2.125) 究竟说明什么问题，进一步假定 $\phi(t)\in L^2(\mathbf{R})$，则 $\hat{\phi}(\omega)$ 是连续函数。于是由条件 (2.125) 可知 $\hat{\phi}(0)=0$，这等价于

$$\int_{-\infty}^{\infty}\phi(t)\mathrm{d}t=0 \tag{2.130}$$

若 $\int_{-\infty}^{\infty}\phi(t)\mathrm{d}t=0$，且 $|\phi(t)|\leqslant c\left(1+|t|\right)^{-1-\varepsilon}, \varepsilon>0$，则不难证明：

$$\int_{-\infty}^{\infty}\left|\hat{\phi}(\omega)\right|^2|\omega|^{-1}\mathrm{d}\omega<\infty$$

因此实际上遇到的小波母函数均满足条件 $\int_{-\infty}^{\infty}\phi(t)\mathrm{d}t = 0$，故 $\phi(t)$ 一定是振荡型的函数，这也是小波这一名称的由来。

小波变换具有良好的时频局部性，能够在时域和频域上同时提供信号的局部信息，因此适用于非稳态信号的分析和处理。小波变换可以对信号进行多尺度分解，能够同时提供不同频率分量的信息，从而更全面地描述信号的特征。与此同时，小波变换可以根据不同的应用选择不同的小波基函数，从而更好地适应不同类型的信号特征。小波变换在不同时间和频率上具有不同尺寸的时频窗，可以在低频区域实现较高的频率分辨率，然而其仍然受到 Heisenberg 不确定性原理的限制，时间分辨率和频率分辨率不能两全其美。同时小波变换的时频窗并非完全是自适应的，它还需要人为地选择基函数。

2.4.3　希尔伯特-黄变换

针对以上几种变换的不足，Hilbert 和 Huang 在 20 世纪末首次提出了希尔伯特-黄变换 (HHT)，它主要包括经验模态分解 (empirical mode decomposition，EMD) 和希尔伯特谱分析。HHT 首先通过对信号进行经验模态分解，将信号分解为若干个频率由高到低变化且包含不同物理意义的本征模态函数 (intrinsic mode function，IMF) 和一个残余分量。然后再对 IMF 分量进行 Hilbert 变换，可得到具有时间-能量-频率三维分布特征的 Hilbert 谱。HHT 以其自适应性、多分辨率的特性可很好地解决非线性、非稳态信号的时频分析问题。

下面首先介绍希尔伯特变换。希尔伯特变换是信号分析与处理中的重要理论工具。例如，对一个实因果的信号 $x(t)$ 或 $x(n)$，通过希尔伯特变换，建立起它们的傅里叶变换的幅频和相频、实部和虚部之间的内在联系。

1. 连续时间信号的希尔伯特变换

给定一连续的时间信号 $x(t)$，其希尔伯特变换 $\hat{x}(t)$ 定义为

$$\hat{x}(t) = \frac{1}{\pi}\int_{-\infty}^{\infty}\frac{x(\tau)}{t-\tau}\mathrm{d}\tau = \frac{1}{\pi}\int_{-\infty}^{\infty}\frac{x(t-\tau)}{\tau}\mathrm{d}\tau = x(t)*\frac{1}{\pi t} \tag{2.131}$$

式中，$\hat{x}(t)$ 可以看成是 $x(t)$ 通过滤波器的输出，该滤波器的单位冲激响应 $h(t) = 1/(\pi t)$，由傅里叶变换理论可知，$jh(t) = \mathrm{j}/(\pi t)$ 的傅里叶变换是符号函数 $\mathrm{sgn}(\Omega)$，因此希尔伯特变换器的频率响应为

$$H(\mathrm{j}\Omega) = -\mathrm{jsgn}(\Omega) = \begin{cases} -\mathrm{j}, & \Omega > 0 \\ \mathrm{j}, & \Omega < 0 \end{cases} \tag{2.132}$$

若记 $H(\mathrm{j}\Omega) = |H(\mathrm{j}\Omega)|\mathrm{e}^{\mathrm{j}\varphi(\Omega)}$，则有

$$|H(\mathrm{j}\Omega)| = 1, \quad \varphi(\Omega) = \begin{cases} -\dfrac{\pi}{2}, & \Omega > 0 \\ \dfrac{\pi}{2}, & \Omega < 0 \end{cases} \tag{2.133}$$

希尔伯特变换器的幅频、相频特性如图 2.24 所示。

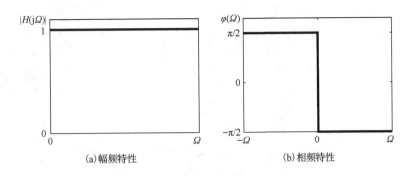

图 2.24　希尔伯特变换器的频率响应

2. 离散时间信号的希尔伯特变换

设离散时间信号 $x(n)$ 的希尔伯特变换是 $\hat{x}(n)$，希尔伯特变换器的单位抽样响应为 $h(t)$，由连续信号希尔伯特变换的性质及 $H(\mathrm{j}\Omega)$ 和 $H(\mathrm{e}^{\mathrm{j}\omega})$ 的关系，得

$$H\left(\mathrm{e}^{\mathrm{j}\omega}\right)=\begin{cases}-\mathrm{j}, & 0<\omega<\pi \\ \mathrm{j}, & -\pi<\omega<0\end{cases} \tag{2.134}$$

因此

$$h\left(n\right)=\frac{1}{2\pi}\int_{-\pi}^{\pi}H\left(\mathrm{e}^{\mathrm{j}\omega}\right)\mathrm{e}^{\mathrm{j}\omega n}\mathrm{d}\omega=\frac{1}{2\pi}\int_{-\pi}^{0}\mathrm{j}\mathrm{e}^{\mathrm{j}\omega n}\mathrm{d}\omega-\frac{1}{2\pi}\int_{0}^{\pi}\mathrm{j}\mathrm{e}^{\mathrm{j}\omega n}\mathrm{d}\omega$$

求解上式的积分，可得

$$h\left(n\right)=\frac{1-\left(-1\right)^{n}}{n\pi}=\begin{cases}0, & n\text{为偶数} \\ \dfrac{2}{n\pi}, & n\text{为奇数}\end{cases} \tag{2.135}$$

以及

$$\hat{x}\left(n\right)=x(n)*h\left(n\right)=\frac{2}{\pi}\sum_{m=-\infty}^{\infty}\frac{x\left(n-2m-1\right)}{2m+1} \tag{2.136}$$

求出 $\hat{x}(n)$ 后，就可构成 $x(n)$ 的解析信号，即

$$z\left(n\right)=x\left(n\right)+\mathrm{j}\hat{x}\left(n\right) \tag{2.137}$$

对于非稳态信号，直接进行 Hilbert 变换将在很大程度上丢失原有的物理意义。而经过 EMD 分解后得到的各个 IMF 分量反映了原信号不同频率成分的信息，对其进行 Hilbert 变换后可以得到准确地反映能量在频率及时间上的分布规律的 Hilbert 谱。其中 HHT 分析算法的流程如图 2.25 所示。

希尔伯特黄变换是一种对于非线性、非稳态信号具有自适应基函数的时频分析方法。它利用经验模式分解算法将复杂的信号分解为有限个具有一定物理意义的固有模态函数分量，并进行希尔伯特变换确定其随时间变化的瞬时频率和幅值，以便获得信号的时间-频率分布谱。由于希尔伯特黄变换方法是根据信号的局部或瞬时的时变特性进行的自适应基函数分解，非常适合对非稳态信号进行分析和处理。与传统的频谱分析方法相比，希尔伯特黄变换彻底摆脱了线性和平稳性的束缚，能够自适应产生基函数，不受测不准原理制约，对突变信号也有自适应性，因此在众多涉及信号分析的领域得到了广泛使用，解决了许多实际问题。

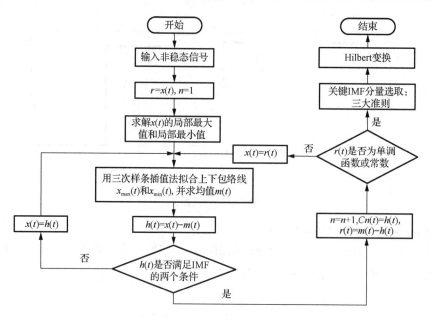

图 2.25　HHT 分析算法的流程图

2.4.4　稀疏分解

稀疏分解是一种数学方法,通过将数据表示为稀疏系数的组合来实现信号或数据的分解。这种方法在信号处理、图像处理、机器学习和数据压缩等领域中有广泛的应用。稀疏分解在信号处理中常用于非稳态信号的分析和分解。使用稀疏表示,可以将信号分解为不同频率或尺度上的稀疏成分,更好地理解信号的结构和特性。稀疏分解可以用于检测传感器数据中的异常,这可能表明系统中存在潜在的故障。通过比较实际观测与预期,稀疏分解的结果可以用于将系统状态分为正常和不同类型的故障。稀疏分解可以更好地捕捉故障类型对应的数据中的特定模式。通过将稀疏分解引入故障诊断和智能运维领域,可以更有效地利用传感器数据,提高对系统健康状态的敏感性,减少对大量数据的依赖,实现更精准的故障诊断和预测。这对于提高设备可靠性、降低维护成本和提升工业系统的性能至关重要。

高度非线性逼近理论主要关注下述问题:给定一个集合:

$$\mathcal{D} = \{g_k; k = 1, 2, \cdots, K\}$$

其元素是张成整个 Hilbert 空间 $\mathcal{H} = \Re^N$ 的单位矢量,$K \geq N$,我们称集合 $\mathcal{D}$ 为原子库,其元素为原子。

对于任意给定的信号 $f \in \mathcal{H}$,预想在 $\mathcal{D}$ 中自适应地选取 m 个原子对信号 f 做 m 项逼近:

$$f_m = \sum_{\gamma \in I_m} c_\gamma g_\gamma \tag{2.138}$$

式中,I_m 是 g_γ 的下标集,$\mathrm{card}(I_m) = m$,则 $\mathcal{B} = \mathrm{span}(g_\gamma, \gamma \in I_m)$ 就是由 m 个原子在原子库 $\mathcal{D}$ 中张成的最佳子集。我们定义逼近误差为

$$\sigma_m(f, \mathcal{D}) = \inf f - f_m \tag{2.139}$$

由于 m 远小于空间的维数 N,这种逼近也称作稀疏逼近。鉴于原子库的冗余性($K > N$),矢量 g_k 不再是线性独立的,不同组合中原子所张成的子空间 $\mathcal{B}$ 构成原子库 $\mathcal{D}$ 中不同的向量

基。从稀疏逼近的角度出发，拣选出分解系数最为稀疏的一个，或者说 m 取值为最小的一个。当 $\mathcal{D}$ 是 $\mathcal{H}$ 空间的一个正交基时，如何得到信号 f 的最佳 m 项逼近就是一件显而易见的事：即保留与 f 的内积 $|f, g_\gamma|$ 最大的 m 个基原子。然而对于一个随机的冗余原子库来说，这是一个 NP 难问题。

2.4.5　分形理论

在自然界中存在许多极其复杂的形状，如山不是锥形、闪电不是折线形等，它们不具有数学分析中的连续、可导这一基本性质。分形几何学就是人们对自然界中这种复杂、奇异现象不断探索的结果。事实上，自然界中貌似杂乱无章的东西其实具有自己的特征和内在规律性，各种自然现象通常都有自己的测量尺度，局部和整体往往具有某种惊人的相似性，人们常把这种性质称为自相似性。

自相似概念的提出，为认识自然中许多复杂、不规则的现象提供了强有力的工具，也由此形成了一新的概念——分形。对于分形的概念至今没有一个确切的定义，但是研究人员认为最好把分形看成具有某些特性的集合，而不去寻找一个精确的定义。学者 Falconer 认为分形集合应具有如下特性：

(1) 具有精细结构，即有任意小的细节；

(2) 规则性，它的局部与整体都不能用传统的集合语言来描述；

(3) 具有某种自相似的形式，可能是近似的或统计的；

(4) 一般地，分形维数大于拓扑维数；

(5) 可以用非常简单的方法进行迭代产生。

后面将给出分形维数详细的阐述，而拓扑维数是指几何对象经过连续地拉伸、压缩、扭曲也不会改变的维数。数学家通过简单迭代的方法创造了一些抽象的分形形式的物体，它们是严格意义上的分形。

如图 2.26 所示的 Vonkoch 雪花曲线和 Cantor 集合，它们都有着无限精细的结构。其中，Vonkoch 曲线首先从一单位线段开始，截去中间的 1/3，而代之以两个 1/3 长的相交 60° 角的线段。再对每一个 1/3 长线段重复上述过程以至无穷，形成 Vonkoch 雪花曲线。曲线与原直线围成的面积是有限的，而 Vonkoch 曲线是无限长的，任意放大其中一部分，都和整体具有相似性。

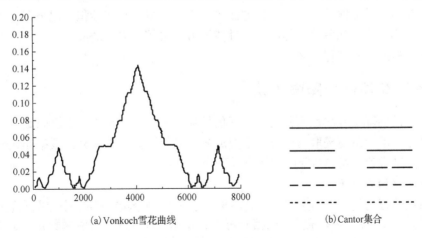

(a) Vonkoch雪花曲线　　　　　　　　　　　(b) Cantor集合

图 2.26　Vonkoch 雪花曲线和 Cantor 集合

分形理论可以用于实时监测系统状态的变化。通过跟踪信号的分形特征，可以及时发现系统运行中的变化，从而预测潜在的故障。不同故障可能导致系统动态行为上不同形式的分形结构，所以分形理论还可以帮助将不同类型的故障进行分类。通过对这些结构的分析，可以实现对故障类型的区分。需要注意的是，分形理论的应用需要针对具体的系统和信号特性进行调整和优化。它通常与其他信号处理和故障诊断技术结合使用，以提高对系统健康状态的理解和故障诊断的准确性。

2.5　降噪方法和理论

2.5.1　常用的信号降噪方法

对信号进行降噪处理就是突出有用成分，降低外界干扰，提高信号的信噪比，从而得到更接近于真实情况的信号。这是因为测得的信号往往存在各种干扰，如邻近机械或部件的振动干扰等。为了突出有用信息，要用滤波方法去除或减少噪声以提高信噪比。滤波的实质是去除或抑制某些频率范围内的信号成分。2.3.2节已详细阐述经典滤波器降噪方法，以下分析现代滤波器降噪方法，主要包括以下方面。

1）相关滤波

如果分析信号是周期信号，那么它的自相关函数也是周期的，而宽带噪声的自相关函数在时延足够大时将衰减很大，利用这种性质就可以先求原信号的自相关函数，如果在时延足够大时它不衰减，则可以认为存在周期分量，将周期分量提取出来就可以得到所需的有用信号。这种方法适用于周期信号。

2）周期时间平均

这是从叠加有白噪声的原信号中提取有用信号的一种很有效的方法。这种方法是对原信号进行多段同步平均后，白噪声的平均值趋于零，而有用信号的平均值保持不变，因此经多段同步平均之后得到的信号就是有用信号的理想估计值。

3）同态滤波

同态滤波是一种非线性滤波。这种方法的特点是先将相乘或卷积而混杂在一起的信号用某种变换将它们变成相加关系，然后用线性滤波方法去掉不需要的成分，最后用前述变换的逆变换把滤波后的信号恢复出来。

2.5.2　基于奇异谱的降噪方法

基于奇异谱的降噪方法是一种用于处理信号噪声的技术，它的核心思想是通过奇异谱分析对信号进行分解，从而提取出信号的主要成分，并滤除掉噪声成分。根据非线性系统信号的特点和奇异谱理论，奇异谱降噪方法有以下四个过程。

1）相空间重构吸引子

假设系统的行为是一个相空间上的有限维吸引子(一个系统有朝某个稳态发展的趋势，这个稳态就称为吸引子)，从系统测得的信号可以看作相空间的演化观测函数 h。如果 x_i 是吸引子上描述 i 时刻系统状态的点，s_i 是第 i 时刻观测到的值，则 $s = h(x_i)$。嵌入的方法是利用 s_i 构造一个映射，将相空间的未知吸引子 i 映射到重构空间 $\boldsymbol{R}^n$。设测得的信号是 s_i，$i=1,2,\cdots,N$，用 $(s_i, s_{i+1}, \cdots, s_{i+n-1})$ 构成一个 n 维嵌入，吸引子可以由式(2.139)重构：

$$\boldsymbol{F}\left(x_i\right)=\begin{bmatrix} h\left(x_i\right) \\ \vdots \\ h\left(x_{i+n-1}\right) \end{bmatrix}=\begin{bmatrix} s_i \\ \vdots \\ s_{i+n-1} \end{bmatrix} \tag{2.140}$$

利用信号 s_i 在 $\boldsymbol{R}$ 空间用 n 维嵌入 $(s_i, s_{i+1}, \cdots, s_{i+n-1})$ 重构吸引子，然后对此 n 维重构吸引子利用原动力学系统的奇异谱特性进行处理，以使含有噪声的重构吸引子更加接近由理想信号重构的吸引子，进而可以获得较为理想的信号。

2) 邻域计算

从嵌入 $\boldsymbol{R}^n$ 中选一点 x_i 和邻域半径 r（和噪声水平有关），找出在邻域 $\boldsymbol{U}$ 内所有与 x_i 距离小于邻域半径 r 的点 x_j。设 c 是邻域 $\boldsymbol{U}$ 的中心，令 $v_j = x_j - c$。

3) 奇异值分解

对每一个邻域 $\boldsymbol{U}$ 将 v_j 构成矩阵 $\boldsymbol{P}(v_j)$，其每一行是 v_j。对矩阵 $\boldsymbol{P}(v_j)$ 应用奇异值分解可得到 M 个奇异值，选取 K 个最大奇异值 $(K<M)$，其他奇异值置为 0。然后计算 $\boldsymbol{P}^T(v_j)$，将 $\boldsymbol{P}^T(v_j)$ 按前面的逆过程变换成 $(u_j, \cdots, u_{j+n-1})$，这时 $(u_j, \cdots, u_{j+n-1})$ 是一个比 $(s_i, s_{i+1}, \cdots, s_{i+n-1})$ 含有更少噪声的嵌入。

4) 结果修正

将每个变换得到的 $(u_j, \cdots, u_{j+n-1})$ 对应相加平均，则可以得到信号 s_i 经过降噪处理后的信号 s_i'，此信号就是一个最终得到的较为理想的信号。

总的来说，基于奇异谱的降噪方法具有一定的优越性，可以有效地处理各种类型的噪声。但是，这种方法也存在一些局限性，例如，在处理复杂噪声或者高维度数据时可能会遇到一些困难。

2.5.3　基于小波包分解的降噪方法

小波分析只能对信号的频段进行指数等间隔划分，对低频信息能进行很好地分解，但对高频段的分辨率较差。小波包分解是从小波分析延伸而来的更细致的分析信号的方法，它可以将频带进行多层次的划分，对信号的高频部分进行进一步的分解，并能够根据信号的特征自适应地选择相应频段，使其与信号频谱相匹配，从而提高时频分辨率，因而小波包在信号去噪、滤波和非稳态机械振动信号的分析与故障诊断等方面得到了更广泛的应用。

多分辨率分析中，$L^2(\mathbf{R})=\oplus W_j(j\in\mathbf{Z})$ 按照不同的尺度 j 把 Hilbert 空间 $L^2(\mathbf{R})$ 分解为所有子空间 $W_j(j\in\mathbf{Z})$ 的直和。多分辨率空间 V_j 被分解为较低分辨率的空间 V_{j+1} 与细节空间 W_{j+1}，即将 V_j 的正交基 $\{\phi_j(t-2^jk)\}(k\in\mathbf{Z})$，分割为两个新正交基：$V_{j+1}$ 的正交基 $\{\phi_{j+1}(t-2^{j+1}k)\}$ $(k\in\mathbf{Z})$ 和 W_{j+1} 的正交基 $\{\phi_{j+1}(t-2^{j+1}k)\}(k\in\mathbf{Z})$。小波包变换实现了对未分解的 W_j 的进一步分解。

设 $\{h_k\}, \{g_k\}$，$k\in\mathbf{Z}$，且 $g_k=(-1)^{1-k}h_{1-k}$，h_k 是正交尺度函数 $\phi(t)$ 对应的正交低通实系数滤波器，g_k 是正交小波函数 $\phi(t)$ 对应的高通滤波器，则它们满足

$$
\begin{cases}
\phi(t) = \sqrt{2}\sum_{k\in Z} h_k \phi(2t-k) \\
\phi(t) = \sqrt{2}\sum_{k\in Z} g_k \phi(2t-k)
\end{cases}
\tag{2.141}
$$

式(2.141)称为双尺度方程。

记 $u_0 = \phi(t), u_1 = \varphi(t)$，则小波包递归定义为

$$
\begin{cases}
u_{2n}(t) = \sqrt{2}\sum_{k\in Z} h_k u_n(2t-k) \\
u_{2n+1}(t) = \sqrt{2}\sum_{k\in Z} g_k u_n(2t-k)
\end{cases}, \quad n=0,1,2,\cdots
\tag{2.142}
$$

由式(2.142)得到的函数集 $\{u_n\}$ 称为由正交函数 $u_0 = \phi$ 确定的小波包。

以上定义即将正交分解 $V_j = V_{j+1} \oplus W_{j+1}$ 用 U_j^n 统一，得到如下空间分解：

$$
U_j^n = U_{j+1}^{2n} \oplus U_{j+1}^{2n+1}
\tag{2.143}
$$

小波包 Mallat 分解算法：

$$
\begin{cases}
d_{2n}^{j+1}[k] = \sum_{l\in Z} h_{l-2k} d_n^j[l] = d_n^j * \bar{h}[2k] \\
d_{2n+1}^{j+1}[k] = \sum_{l\in Z} h_{l-2k} d_n^j[l] = d_n^j * \bar{g}[2k]
\end{cases}
\tag{2.144}
$$

式中，$d_n^j[l](l=1,2,\cdots,2^{M-j})$ 为 (j,n) 节点系数；2^M 为原数据长度。

小波包 Mallat 重构算法：

$$
d_n^j[k] = \sum_{l\in Z} h_{k-2l} d_{2n}^{j+1}[l] + \sum_{l\in Z} g_{k-2l} d_{2n+1}^{j+1}[l] = \hat{d}_{2n}^{j+1} * h[k] + \hat{d}_{2n+1}^{j+1} * g[k]
\tag{2.145}
$$

两级小波包变换 Mallat 分解与重构算法如图 2.27 所示。

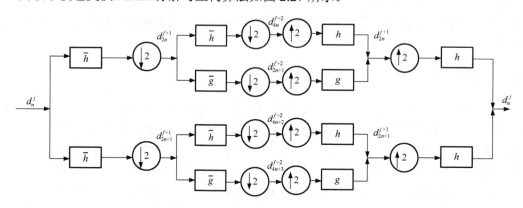

图 2.27　两级小波包变换 Mallat 分解与重构算法

2.5.4　基于卡尔曼滤波器的降噪方法

卡尔曼(Kalman)滤波是当前应用最广泛的一种动态数据处理方法，它具有最小无偏方差性。它采用递推的方式，将 k 时刻的状态通过系统转移规律和 $k+1$ 时刻的量测值 Y_{k+1} 联系起来一次处理得到 $k+1$ 时刻的状态估值 X。卡尔曼滤波是一种处理动态定位数据的有效手段，可以显著地改善动态定位的点位精度。

1. 具有的三个显著特点

(1) 用状态空间方程描述对象的数学模型。

(2) 求解过程是递推计算，可以不加修改地应用于平稳和非稳态对象过程。

(3) 状态的更新由前一次估计和新的输入观测值计算得到，使用的存储空间小。

线性离散系统的信号流程如图 2.28 所示，包括过程和测量两个方程。

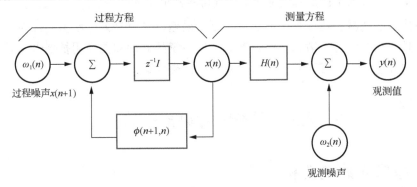

图 2.28 线性离散系统的卡尔曼滤波流程

2. 基本结构形式

最初的卡尔曼滤波只适用于线性系统，是一种理想条件下的递推过程，它要求系统的动态噪声和观测噪声为零均值且方差特性已知的白噪声，这限制了卡尔曼滤波的应用范围。为了解决这个问题，Bucy 和 Sunahara 等研究了在非线性系统与非线性量测情况下的应用情况，并提出了推广的卡尔曼滤波。其基本结构是预测器-修正器，这一结构包括以下两步。

(1) 利用观测值计算称为新息的前向预测误差(新息也称为预测误差或创新，是指实际观测值与预测值之间的差异)。

(2) 利用新息更新与随机变量的观测值线性相关的最小均方估计。

对于非线性模型的扩展卡尔曼滤波，一般分为两个步骤：①预报阶段，该步骤主要是计算状态量预报值和状态误差协方差预报值这两个量；②更新阶段，在该步骤中不仅要基于状态误差协方差矩阵对所构造的卡尔曼滤波器的增益进行更新，还要对所预报的状态值进行更新。

3. 构造扩展卡尔曼滤波器的一般步骤

1) 计算状态预报值

$$\hat{x}(k+1|k) = \hat{x}(k|k) + f\left[\hat{x}(k|k)\right]T_{c} \tag{2.146}$$

式中，$\hat{x}(k|k)$ 为 $t_{k} = kT_{c}$ 时刻状态的更新值；$\hat{x}(k+1|k)$ 为在 t_{k} 时刻对 $t_{k+1} = (k+1)T_{c}$ 时刻的状态预报值。

2) 状态误差协方差矩阵预报

$$P(k+1|k) = \boldsymbol{\phi}\left[t_{k+1}, t_{k}, x(t_{k})\right]P(k|k)\boldsymbol{\phi}^{\mathrm{T}}\left[t_{k+1}, t_{k}, x(t_{k})\right] + Q(t_{k}) \tag{2.147}$$

式中，$P(k|k)$ 为 $t_{k} = kT_{c}$ 时刻的状态协方差值；$P(k+1|k)$ 为在 t_{k} 时刻对下一时刻 $t_{k+1} = (k+1)T_{c}$ 的状态协方差的预报值。实际上，状态误差是衡量状态估计值偏差的一个重要指标。

3) 卡尔曼滤波器增益

$$K(k+1) = P(k+1|k)\boldsymbol{H}^{\mathrm{T}}\left[x(t_{k+1})\right]\left\{\boldsymbol{H}\left[x(t_{k+1})\right]P(k+1|k)\boldsymbol{H}^{\mathrm{T}}\left[x(t_{k+1})\right] + R\right\}^{-1} \tag{2.148}$$

式中，$K(k+1)$ 为在 t_{k+1} 时刻所设计的卡尔曼滤波器的增益。

4)状态误差协方差矩阵的更新

$$P(k+1|k+1) = I - K(k+1)\boldsymbol{H}\big[x(t_{k+1})\big]P(k+1|k) \tag{2.149}$$

5)状态预报值更新

$$\hat{x}(k+1|k+1) = \hat{x}(k+1|k) + K(k+1)\big\{y(t_{k+1}) - \boldsymbol{H}\big[\hat{x}(k+1|k)\big]\hat{x}(k+1|k)\big\} \tag{2.150}$$

式中，$\boldsymbol{H}[\hat{x}(k+1|k)]$ 为可比矩阵对应于 t 时刻状态预报值的值。

卡尔曼滤波器能减少线性系统的噪声和测量误差，具有高效的状态估计能力，适用于实时应用，并且对初始条件不敏感。但是对非线性系统的处理需要使用扩展卡尔曼滤波器或其他非线性滤波方法，因此必须依赖准确的模型和测量数据。

2.6 多传感器信息融合

2.6.1 数据融合的定义和原理

作为信息科学的一个新兴领域，信息融合技术起源于军事应用，认为信息融合是一个多层次、多方面的处理过程，包括对多源数据的检测、关联、估计等处理，以便得到精确的状态估计及完整的战场态势和威胁估计。该定义强调信息融合的三个主要方面。

(1)多层次性。不同层次代表不同级别，包括数据级、特征级、决策级。

(2)多过程性。信息融合包括对数据的检测、关联、估计以及综合等过程。

(3)结果的层次性。信息融合的结果包括低层次的状态估计以及高层次的态势、威胁估计。

广义的信息融合是指对多源不确定性信息的综合处理及利用，以便获得单个或单类信息源无法提供的有价值的综合信息，并最终完成其决策和估计任务。信息融合是由多种信息源获取有关信息并进行处理，形成适合于相关决策的架构。例如，对信息的解释决策，最终达到系统目标识别、跟踪、态势评估以及系统控制等目的。如果信息源是对物理量进行探测的传感器实体，如陀螺、雷达、红外、光学设备等，此时的信息融合称为多传感器数据融合。当信息融合扩大到多类信息源，如数据库、知识库和人工情报时，称为多源信息融合。

多传感器信息融合技术的基本原理就像人脑综合处理信息一样，充分利用多传感器资源，通过对各种传感器及其观测信息的合理支配与使用，将各传感器在时间上的互补与冗余信息依据某种优化准则组合起来，有效地利用多传感器资源最大限度地获取被检测目标和环境的信息量，产生对被测环境的一致性解释和描述。多传感器信息融合与经典信息处理方法存在本质区别。其关键在于信息融合处理的多传感器信息不但形式复杂，而且出现在不同的信息层次上。合理、高效的融合算法对融合系统的性能起到关键的作用。不合理的融合算法有可能造成数据"富有"但信息"匮乏"的情况，因此，多传感器信息处理方法是信息融合理论的研究关键。

2.6.2 不同数据融合方法的比较

对属性融合不存在精确的和唯一的算法分类，在属性融合领域中有统计法、经典推理、贝叶斯推理、模板法、表决法以及自适应神经网络等算法。图 2.29 为属性融合算法的分类。
它们可以归纳为三大类：物理模型、参数分类技术和基于知识的模型。

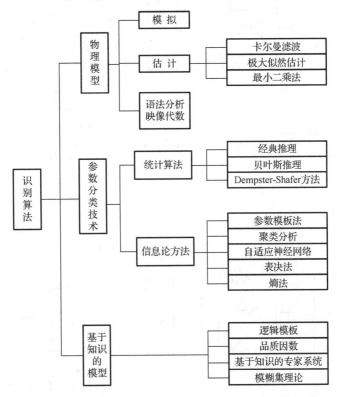

图 2.29 属性融合算法的分类

物理模型是根据物理模型模拟出可观测或可计算的数据(时域、频域数据或图像等)，并
把观测数据与预先存储的目标特征(一个先验的目标特征文件)或根据对观测数据进行预测的
模拟特征进行比较。比较过程涉及计算预测数据和实测数据的相关关系。如果相关系数超过
一个预先规定的阈值，则认为两者存在匹配关系(身份相同)。这种方法的处理过程如图 2.30
所示。物理模型由于计算量很大，其应用一般来说很有限，但在非实时环境中该方法对于研
究所涉及的物理现象是非常有价值的。

参数分类技术是依据参数数据获得属性说明，而不使用物理模型。在参数数据(如特征)
和一个属性说明之间建立一个直接的映像，具体包括统计算法(如经典推理、贝叶斯推理、
Dempster-Shafer 方法)和信息论方法(如参数模板法、聚类分析、自适应神经网络、表决法和熵法)。

属性融合算法的第三种主要方法是基于知识的模型。这种方法主要是模仿人类对属性判
别的推理过程，可以在原始传感器数据或抽取的特征基础上进行。用此类方法进行目标识别
的原理如图 2.31 所示。

基于知识的模型的成功与否，在很大程度上依赖于一个先验知识库。有效的知识库是用
知识工程技术建立的。这里虽然不明确要求使用物理模型，但却是建立在对要识别的实体的
组成和结构有一个彻底了解的基础上的，因此，该方法只不过是用启发式的方法代替了数学
模型而已。当目标物体能根据其组成部分及其相互关系来识别时，这种基于知识的模型就尤
其有用。对于一个复杂的实体，这种方法会变得很有用。

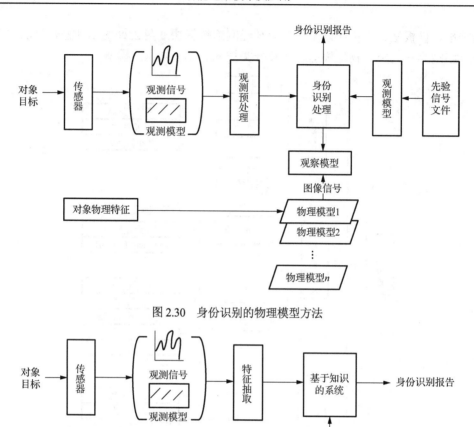

图 2.30 身份识别的物理模型方法

图 2.31 基于知识的身份识别

2.6.3 基于证据理论的数据融合方法

证据理论又称 Dempster-Shafer(D-S)理论或信任函数理论,产生于 20 世纪 60 年代。证据理论将不确定的命题问题转换为集合的不确定问题,拥有确信度和似信度两个基本概念。D-S 理论为不确定信息的表达和合成提供了强有力的方法,特别适合于决策级信息融合。

在证据理论中,一个样本空间 Θ 称为一个辨识框架,一个命题可以表达为 Θ 的一个子集 A,即 $A \subseteq \Theta$。对于 Θ 的每个子集,可以指派一个概率,称为基本概率分配。置信度 $\mathrm{Bel}(A)$ 和似然度 $\mathrm{Pl}(A)$ 分别是对 A 的信任程度的下限估计(悲观估计)和上限估计(乐观估计)。容易证明,置信函数和似然函数有如下关系:

$$\mathrm{Pl}(A) \geqslant \mathrm{Bel}(A) \tag{2.151}$$

对偶空间 $(\mathrm{Bel}(A), \mathrm{Pl}(A))$ 称为信任空间,命题 A 的不确定性由 $u(A) = \mathrm{Pl}(A) - \mathrm{Bel}(A)$ 表示。

D-S 理论对命题 A 的不确定性用图 2.32 描述。

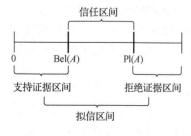

图 2.32 证据区间和不确定性

证据理论的一个基本策略是将证据集合划分为两个或多个不相关的部分，并利用它们分别对辨识框架进行独立判断，然后用 Dempster 组合规则将它们组合起来。Dempster 组合规则为：设 m_1 和 m_2 是 Θ 上的两个概率分配函数，则其正交和为 $m = m_1 + m_2$，定义为

$$m(\varnothing) = 0, \quad m(A) = c^{-1} \sum_{x \cap y = A} m_1(x) m_2(y), \quad A \neq \varnothing \tag{2.152}$$

式中

$$c = 1 - \sum_{x \cap y = \varnothing} m_1(x) m_2(y) = \sum_{x \cap y \neq \varnothing} m_1(x) m_2(y) \tag{2.153}$$

如果 $c \neq 0$，则正交和 m 也是一个概率分配函数；如果 $c = 0$，则不存在正交和 m，称 m_1 和 m_2 矛盾。

多个概率分配函数的正交和 $m = m_1 + m_2 + \cdots + m_n$，定义为

$$m(\varnothing) = 0, \quad m(A) = c^{-1} \sum_{\wedge A_i = A} \sum_{1 \leqslant i \leqslant n} m_i(A_i), \quad A \neq \varnothing \tag{2.154}$$

式中

$$c = 1 - \sum_{\wedge A_i = A} \sum_{1 \leqslant i \leqslant n} m_i(A_i) = \sum_{\wedge A_i = A} \sum_{1 \leqslant i \leqslant n} m_i(A_i) \tag{2.155}$$

D-S 理论对一个证据是否属于一个命题指派两个不确定性度量，当证据和先验知识为 Bayes（即证据的焦元是单假设集）时，可以用 Bayes 公式将先验知识与证据进行组合；然而当先验知识为非 Bayes 时无法使用。Mahler 将粗糙集理论引入概率论中，提出了条件化 D-S 理论，成功地解决了先验知识为非 Bayes 时与证据的组合问题。

实现证据组合下一步就是信息融合。D-S 理论的信息融合过程为：首先由每个传感器获得关于各个命题的观测证据，然后依靠人的经验和感觉给出各个命题的基本概率分配，进而计算出置信度和似然度，即得到命题的证据区间；再根据 D-S 证据组合规则计算所有证据联合作用下的基本概率分配值（以下将融合后的概率分配值称为后验可信度分配值）、置信度和似然度；最后根据给定的判决准则（如选择置信度和似然度最大的假设）得到系统的最终融合结果。

例如，在一个多传感器系统中，有 k 个目标（命题，$A_1, A_2, \cdots, A_k$）。每个传感器都基于观测证据产生对目标的身份识别结果，即产生对命题 A_j 的基本概率分配值 $m_i(A_j)$（$j = 1, 2, \cdots, n$; $i = 1, 2, \cdots, k$）。之后在融合中心借助 Dempster-Shafer 证据组合规则获得融合的后验可信度分配值。最后判定逻辑与贝叶斯的 MAP 类似。

设某个传感器在 n 个测量周期中，通过不断变化的目标态势获得关于 k 个命题的基本概率分配为 $m_1(A_i), m_2(A_i), \cdots, m_n(A_i)$，$i = 1, 2, \cdots, k$ 和 $u_1, u_2, \cdots, u_n$。$m_j(A_i)$ 表示在第 j（$j = 1, 2, \cdots, n$）个周期中对命题 A_i 的基本概率分配值，u_i 表示第 i 个周期"未知"命题的基本概率分配值。由式（2.156）可得该传感器依据 m 个测量周期的累积量测对 k 个命题的融合后验可信度分配为

$$m(A_i) = c^{-1} \sum_{\wedge A_j = A_i} \sum_{1 \leqslant i \leqslant n} m_i(A_i), \quad i = 1, 2, \cdots, k \tag{2.156}$$

式中

$$c = 1 - \sum_{\wedge A_i = \varnothing} \sum_{1 \leqslant s \leqslant n} m_i(A_i) = \sum_{\wedge A_i \neq \varnothing} \sum_{1 \leqslant s \leqslant n} m_i(A_i) \tag{2.157}$$

特别地，"未知"命题的融合后验可信度分配为

$$u = c^{-1} u_1 u_2 \cdots u_n \tag{2.158}$$

多传感器单测量周期可信度分配的融合与此类似。设有 m 个传感器,各传感器在 m 个测量周期上获得关于 k 个命题的基本概率分配为

$$m_{sj}(A_i), \quad i=1,2,\cdots,k, \ j=1,2,\cdots,n, \ s=1,2,\cdots,m \tag{2.159}$$

$$u_{sj}=m_{sj}(\varTheta), \quad j=1,2,\cdots,n, s=1,2,\cdots,m \tag{2.160}$$

式中, $m_{sj}(A_i)$ 表示第 $s(s=1,2,\cdots,m)$ 传感器在第 $j(j=1,2,\cdots,n)$ 个测量周期上对命题 $A_i(i=1,2,\cdots,k)$ 的基本概率分配值; u_{sj} 表示对"未知"命题的基本概率分配值。以下分两种情况讨论多传感器、多测量周期、多个命题可信度分配的融合方法。

1. 中心式计算

中心式计算的主要思想是：首先对于每一个传感器,基于 n 个周期的累积量测计算每一个命题的融合后验可信度分配值,然后基于这些融合后验可信度分配值,进一步计算总的融合后验可信度分配值,如图 2.33 所示。

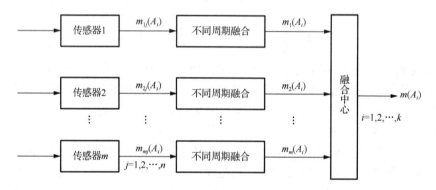

图 2.33　中心式计算

2. 分布式计算

分布式计算的主要思想是：首先在每一个给定的测量周期,计算基于所有传感器所获得的融合后验可信度分配值,然后基于在所有周期上所获得的融合后验可信度分配值计算总的融合后验可信度分配值,如图 2.34 所示。

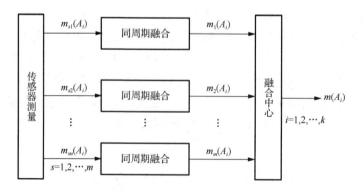

图 2.34　分布式计算

2.7　本 章 小 结

　　本章首先对数字信号定义、方法和发展历程进行总体介绍；其次通过传感器获取、采样、傅里叶变换等一系列过程实现信号对物理量的表征和转换，采用软件和 DSP 硬件相结合的手段实现稳态离散信号的时频转换和分析；然后面对信号特征随时间变化的挑战，通过短时傅里叶变换、小波变换、希尔伯特黄变化、稀疏分解、分形理论等性能逐步进化的方法实现非稳态信号的处理；再次通过奇异谱、小波包分解、卡尔曼滤波器等多种降噪方法实现信号的去噪和优化；最后面对工业领域复杂信息获取需求提出多传感器信息融合的概念，并重点通过基于证据理论的数据融合方法实现多传感器资源的充分利用和信息的优化组合。随着数学理论、通信技术、电子及计算机技术、人工智能方法的飞速发展，数字信号处理的理论和方法也在不断地丰富和完善。今后数字信号处理在故障诊断和智能运维中将发挥更大的作用。

习　　题

　　2-1　信息融合主要有几个方面？分别是什么？

　　2-2　统计方法的信号处理的步骤有哪些？

　　2-3　求下述序列的傅里叶变换，并给出幅频特性和相频特性。

（1）$x_1(n) = \delta(n - n_0)$

（2）$x_2(n) = 3 - \left(\dfrac{1}{3}\right)^n, \quad |n| \leqslant 3$

（3）$x_3(n) = a^n [u(n) - u(n - N)]$

（4）$x_4(n) = a^{|n|} u(n + 2), \quad |a| < 1$

　　2-4　对 $x(n), n = 0, 1, 2, \cdots, N-1$,定义其离散 Hartley（DHT）变换为

$$X_{\mathrm{H}}(k) = \frac{1}{N} \sum_{n=0}^{N-1} x(n) \cos\left(\frac{2\pi}{N} nk\right), \quad k = 0, 1, 2, \cdots, N-1$$

式中，$\cos\left(\dfrac{2\pi}{N} nk\right) = \cos\left(\dfrac{2\pi}{N} nk\right) + \sin\left(\dfrac{2\pi}{N} nk\right)$，试证明 DHT 是正交变换。

　　2-5　求 $f(t) = \sum\limits_{n=1}^{\infty} a_n \cos(n\omega_0 t) + \sum\limits_{n=1}^{\infty} b_n \sin(n\omega_0 t)$ 的 Hilbert 变换。

　　2-6　简述基于卡尔曼滤波器的降噪方法。

　　2-7　简述短时傅里叶变换、小波分析和 HHT 的异同和非稳态信号处理不同方法的进化过程。你认为下一步还需要解决什么问题，并有什么相应的对策。

　　2-8　卡尔曼滤波器的基本原理是什么？相对于其他算法的优势是什么？局限是什么？

第3章 特征提取

3.1 引　言

特征提取在智能运维技术中起着关键作用，并且在不断发展。特征提取是指从原始数据中提取出能够反映数据特征的有用信息的过程。在智能运维中，特征提取用于从传感器数据、图像或信号中提取出对设备或系统状态具有重要意义的特征，以实现故障检测、预测和诊断等功能。在智能运维技术中，特征提取的关键作用主要有降维和去噪、特征选择和筛选、故障检测和预测、状态诊断和评估等方面。

特征提取与信号处理密切相关。信号处理是指对原信号进行采集、滤波、增强、压缩、降噪等处理的过程，而特征提取是在信号处理的基础上，再进一步从处理后的信号中提取出能够描述信号特征的信息。信号处理提供了特征提取的基础和前置操作，而特征提取则是信号处理的后续步骤，用于获取具有实际意义的特征信息。目前，特征提取在智能运维技术中的发展趋势主要包括大数据处理、深度学习和神经网络、多模态数据融合、自适应特征提取等方面。

3.2　幅域特征表征和提取

信号的幅域分析也称统计特征分析，主要利用振动信号的幅值统计特征来进行分析和诊断。信号的幅域分析也属于时域分析，和相关分析等时域分析方法不同，幅域分析不考虑原始信号的时序，仅与信号的幅值大小及分布有关。幅域参数包括有量纲幅域参数和无量纲幅域参数两大类。

有量纲幅域参数主要有概率密度、均方根值、方根幅值等。无量纲幅域参数主要有峭度因子、峰值因子、脉冲因子、波形因子、裕度因子等。在信号表征时，有量纲幅域参数虽然对信号特征比较敏感，但也会因工作条件(如负载)的变化而变化，并易受环境干扰的影响，具有表现不够稳定的缺陷。相比而言，无量纲幅域参数能够排除这些扰动因素的影响，因而被广泛应用于特征提取的领域当中。

3.2.1　有量纲幅域参数

1. 信号幅值的概率密度

信号幅值的概率表示动态信号某一瞬时幅值发生的机会或概率。信号幅值的概率密度是指该信号单位幅值区间内的概率，它是幅值的函数。

对于信号 $x(t)$，在其波形曲线上绘出一组与横坐标平行且相互距离为 Δx 的直线，如图 3.1 所示，则信号 $x(t)$ 的幅值落于 x 和 $x+\Delta x$ 之间的概率可以用 T_x/T 的比值确定。其中，T_x 指在总的观察时间 T 中 $x(t)$ 的幅值位于区间 $(x,x+\Delta x]$ 内的时间，即 $T_x=\sum\Delta t_i=\Delta t_1+\Delta t_2+\cdots$。当 T 趋向于无穷大时，这一比值越来越精确地逼近事件的概率：

$$P(x<x(t)\leqslant x+\Delta x)=\lim_{T\to\infty}\frac{T_x}{T} \tag{3.1}$$

当距离 Δx 趋向于无穷小时，便可得到信号的幅值概率密度为

$$P(x)=\lim_{\Delta x\to 0}\frac{P(x<x(t)\leqslant x+\Delta x)}{\Delta x}=\lim_{\Delta x\to 0}\frac{1}{\Delta x}\left(\lim_{T\to\infty}\frac{T_x}{T}\right) \tag{3.2}$$

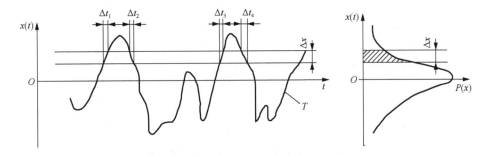

图 3.1 动态信号的幅值概率密度

信号的幅值概率密度可以直接用来判断设备的运行状态。图 3.2(a) 和 (b) 是减速器的噪声概率密度函数，新旧两个减速器的概率密度函数有着明显的差异。

随机噪声的概率密度是高斯曲线，正弦信号的概率密度是中凹的曲线。而新减速器的噪声中主要是随机噪声，反映在时域信号中，是大量的、无规则的、量值较小的随机冲击，因此其幅值概率分布比较集中，如图 3.2(a) 所示。旧减速器在工作时，由于缺陷或故障的出现，随机噪声中就会出现周期信号，从而使噪声功率大幅增加，这些效应反映到噪声幅值分布曲线的形状中，使得分散度加大，并且曲线的顶部变平甚至出现局部的凹形，如图 3.2(b) 所示。

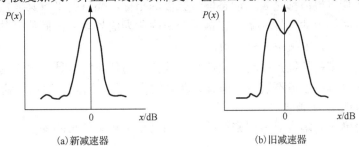

(a) 新减速器　　　　　　　　　　　(b) 旧减速器

图 3.2 减速器的噪声概率密度函数

2. 信号的最大值和最小值

信号的最大值 $X_{\max}$ 和最小值 $X_{\min}$ 给出了信号 $x(t)$ 动态变化的范围，其定义为

$$X_{\max}=\max\{x(t)\},\quad X_{\min}=\min\{x(t)\} \tag{3.3}$$

据此，可以得到信号的峰峰值 X_{ppv}，如图 3.3 所示，其定义如式 (3.4) 所示。

$$X_{ppv} = X_{max} - X_{min} = \max\{x(t)\} - \min\{x(t)\} \tag{3.4}$$

在旋转机械的振动监测和故障诊断中，对波形复杂的振动信号，往往采用其峰峰值作为振动大小的特征量，又称其为振动的"通频幅值"。在工程实际中，为了抑制偶然因素对信号峰峰值的干扰，常常将采集到的一段信号分为若干等份，对每份数据分别求其峰峰值，然后再对得到的若干个峰峰值进行平均。此外，需要指出的是，在进行测试时，需要事先对信号的峰值进行足够的估计，以便调整测量仪器的范围。

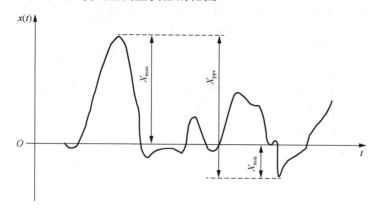

图 3.3 信号的最大值、最小值和峰峰值

3. 信号的均方值和均方根值

信号的均方值 Ψ_x^2 反映了信号 $x(t)$ 相对于零值的波动情况，其数学表达式为

$$\Psi_x^2 = \lim_{T \to \infty} \frac{1}{T} \int_0^T x^2(t)\,dt \tag{3.5}$$

均方值的平方根 X_{rms} 称为均方根值，其数学表达式为

$$X_{rms} = \sqrt{\Psi_x^2} = \sqrt{\lim_{T \to \infty} \frac{1}{T} \int_0^T x^2(t)\,dt} \tag{3.6}$$

均方值和均方根值都是表示动态信号强度的指标。幅值的平方具有能量的含义，因此均方值表示单位时间内的平均功率，在信号分析中称为信号功率。而信号的均方根值由于是有幅值的量纲，在工程中又称为有效值。

利用系统中某些特征点振动响应的均方根值作为判断依据是一种常用的故障诊断方法。由于均方根值对早期故障不敏感，但具有较好的稳定性，因此多适用于稳态振动的情况。

4. 信号的歪度和峭度

信号的歪度 α 和峭度 β 常用来检验信号 $x(t)$ 偏离正态分布的程度。歪度 α 的表达式为

$$\alpha = \lim_{T \to \infty} \frac{1}{T} \int_0^T x^3(t)\,dt = \int_{-\infty}^{\infty} x^3 p(x)\,dx \tag{3.7}$$

峭度 β 的表达式为

$$\beta = \lim_{T \to \infty} \frac{1}{T} \int_0^T x^4(t)\,dt = \int_{-\infty}^{\infty} x^4 p(x)\,dx \tag{3.8}$$

歪度反映了信号概率分布的中心不对称程度，不对称越厉害，信号的歪度越大。峭度反映了信号概率密度函数峰顶的凸平度。峭度对大幅值非常敏感，当其概率增加时，信号的峭

度将迅速增大，非常有利于探测信号中的脉冲信息。例如，在滚动轴承的故障诊断中，当轴承圈出现裂纹、滚动体或者滚动轴承边缘剥落时，振动信号中往往存在相当大的脉冲，此时用峭度指标作为故障诊断特征量是非常有效的。然而，峭度对于冲击脉冲及脉冲类故障的这种敏感性主要出现在故障早期，随着故障的发展，敏感度下降，即在整个劣化过程中，该指标的稳定性不好，因此常配合均方根值使用。

3.2.2　无量纲幅域参数

上述各种统计特征参量，其数值大小常因负载、转速等条件的变化而变化，给工程应用带来一定的困难。因此，机电设备的状态监测和故障诊断中除了利用各种统计特征参量外，还广泛采用了各种各样的量纲为 1 的指标，即无量纲幅域参数。

1. 波形指标 K

波形指标的定义如式 (3.9) 所示，用于探测信号中的波峰和波谷。波形因子是信号有效值与绝对平均幅值的比值。

$$K = \frac{X_{\mathrm{rms}}}{|\overline{X}|} = \frac{\text{有效值}}{\text{绝对平均幅值}} \tag{3.9}$$

2. 峰值指标 C

如式 (3.10) 所示，峰值因子是信号峰值与有效值 (均方根值)(root mean square，RMS) 的比值，用来检测信号中是否存在冲击的统计指标。峰值是一个时不稳参数，不同的时刻变动很大。由于峰值的稳定性不好，对冲击的敏感度也较差，因此在故障诊断中，该指标逐渐被峭度指标取代。

$$C = \frac{X_{\mathrm{max}}}{X_{\mathrm{rms}}} = \frac{\text{峰值}}{\text{有效值}} \tag{3.10}$$

3. 脉冲指标 I

如式 (3.11) 所示，脉冲因子是信号峰值与整流平均值 (绝对平均幅值) 的比值。脉冲因子和峰值因子的区别在分母上，由于对于同一组数据整流平均值小于有效值，所以脉冲因子大于峰值因子。脉冲因子也同样用于检测信号中是否存在冲击。

$$I = \frac{X_{\mathrm{max}}}{|\overline{X}|} = \frac{\text{峰值}}{\text{绝对平均幅值}} \tag{3.11}$$

4. 裕度指标 L

如式 (3.12) 所示，裕度因子是信号峰值与方根幅值的比值。与峰值因子类似，方根幅值和均方根值 (有效值) 是对应的，均方根的公式是信号平方和的平均值的算术平方根，方根幅值是算术平方根的平均值的平方。裕度因子可以用于检测机械设备的磨损情况。

$$L = \frac{X_{\mathrm{max}}}{X_{\mathrm{t}}} = \frac{\text{峰值}}{\text{方根幅值}} \tag{3.12}$$

5. 峭度指标 K_{v}

如式 (3.13) 所示，峭度因子是表示波形平缓程度的，用于描述变量的分布。峭度等于 3 时分布的曲线为正态分布，峭度小于 3 时分布的曲线会较"平"，大于 3 时分布的曲线较"陡"。峭度指标是反映信号偏离高斯分布程度的另一个指标。高斯分布信号的峭度指标为 3。峭度指标对大幅值非常敏感，当其概率增加时，将迅速增大，有利于探测信号中含有脉冲的故障。

$$K_v = \frac{\beta}{X_{\text{rms}}^4} = \frac{\text{峭度}}{(\text{有效值})^4} \tag{3.13}$$

6. 偏态指标SKE

LabView
峰值频率
提取

如式 (3.14) 所示，偏态指标反映了信号幅值概率密度函数的不对称性。一般来说，高斯分布的偏态指标为零，当偏态指标偏离零值较大时，预示着机械系统的某种失效。

$$\text{SKE} = \frac{\frac{1}{N} \sum_{i=1}^{N} (x_i - \overline{x})^3}{X_{\text{rms}}^3} \tag{3.14}$$

3.3　阶次域特征提取

阶次分析法的本质是将时域里的非稳态信号通过恒定的角增量重采样转变为角域伪稳态信号，使其能更好地反映与转速相关的振动信息，再采用传统的信号分析方法对其进行处理。阶次分析法是针对转频不稳定机械的一种专门的振动测量技术，它可将机械变负载过程中产生的与转速有关的振动信号有效地分离出来，同时对与转速无关的信息起到一定的抑制作用，对于转速变化的机械，该方法的优点是非常明显的。阶次谱分析的目的是把复杂的角域振动信号波形，经傅里叶变换分解为若干单一的谐波分量，以获得信号中与转速有关的阶次结构以及各谐波幅值和相位信息。

3.3.1　常见阶次域特征参量

(1) 阶次谱。阶次谱是将信号在阶次域上表示的结果，可以展示信号在不同阶次上的频率成分分布情况。

(2) 阶次平均谱。阶次平均谱是对阶次谱进行平均处理得到的结果，可有效减小噪声对阶次谱的影响，提高故障特征的可辨识性。

(3) 阶次包络谱。阶次包络谱是对信号进行包络分析后，再在阶次域上表示的结果，可以显示出信号在不同阶次上的包络变化情况。

(4) 阶次相关函数。阶次相关函数用于衡量信号在不同阶次上的相关性，可以用于分析旋转机械设备的非线性特征。

(5) 阶次熵。阶次熵用于描述信号在阶次域上的复杂度，可以反映信号的非线性特征。

(6) 阶次平均幅值。阶次平均幅值表示信号在不同阶次上的幅值平均值，用于故障诊断和状态监测。

3.3.2　非线性阶次域特征参量

计算阶次分析法的假设前提是线性匀变速运动，对于所研究的变速变载齿轮箱振动信号来说，由于负载和转速同时变化，很难保证齿轮箱的转速曲线严格地按照线性匀变速运动。一旦该假设前提发生变化，则不符合计算阶次分析法的应用条件，此时再直接应用该方法对非稳态信号进行处理，结果很容易发生较大的误差。因此，针对所研究的变速变载齿轮箱振动信号的特点，提出了非线性拟合阶次分析法，将阶次分析法的应用范围从计算阶次分析法的线性匀变速运动扩展到各种工况下的非线性变加速运动中。

工程中倒阶次谱的应用之一是分离边带信号和谐波，这在齿轮和滚动轴承发生故障、信号中出现调制现象时，对于检测故障和分析信号是十分有效的。当机械故障产生某种周期信号变化时，倒阶次谱上将出现相应的峰值，倒阶次谱脉冲指标反映了这一变化的程度。

在阶次域信号和倒阶次域信号中提取如下无量纲参量作为特征参量。

1. 非线性拟合阶次谱波形指标

$$O_{\mathrm{Pw}} = \frac{P_{\mathrm{rms}}}{\overline{P}} \tag{3.15}$$

其中，P_{rms} 为非线性拟合阶次谱均方根；$\overline{P}$ 为非线性拟合阶次谱平均幅值，$\overline{P} = \frac{1}{N_{\mathrm{a}}}\sum_{i=1}^{N_{\mathrm{a}}} P_i$，$P_i$ 为 i 时刻非线性拟合阶次谱幅值，N_{a} 为分析阶次内阶次谱线数目，一般 $N_{\mathrm{a}} = N/2$。

当采样点数足够多时，正常工作的齿轮箱振动信号的阶次谱波形是基本确定的。当某种故障发生时，某些阶次的振动幅值将发生变化，会影响阶次谱波形的变化。非线性拟合阶次谱波形指标将反映这一变形的程度。

2. 非线性拟合阶次谱重心指标

$$O_{\mathrm{cg}} = \frac{P_{\mathrm{c}}}{P_{\mathrm{a}}} \tag{3.16}$$

其中，P_{c} 为非线性拟合阶次谱重心阶次；P_{a} 为分析阶次。

非线性拟合阶次谱重心指标反映了非线性拟合阶次谱重心位置的变化程度。当故障出现时，某些阶次的振动幅值将发生变化，会在很大程度上影响非线性拟合阶次谱重心位置。

3. 非线性拟合阶次倒谱脉冲指标

$$O_{\mathrm{pulse}} = \frac{C_{\mathrm{m}}}{\overline{C}} \tag{3.17}$$

其中，C_{m} 为非线性拟合阶次倒谱峰值；$\overline{C}$ 为非线性拟合阶次倒谱平均幅值，$\overline{C} = \frac{1}{N_{\mathrm{c}}}\sum_{i=1}^{N_{\mathrm{c}}} |C_i|$，

C_i 为 i 个倒阶次点非线性拟合阶次倒谱幅值，N_{c} 为分析倒阶次内非线性拟合阶次倒谱谱线数目。

Matlab
阶次分析

由于非线性拟合阶次谱波形指标和非线性拟合阶次谱重心指标变化较小，所以在阶次域的特征参量中提取非线性拟合阶次倒谱脉冲指标。

3.4 能量域特征提取

能量域特征可用于描述信号的能量分布情况。例如，总能量可以用于描述整个信号的能量大小，平均功率谱密度可以用于描述信号在不同频率上的能量分布情况；能量域特征可用于区分不同信号类型。例如，噪声信号的功率谱密度通常比较平坦，而正弦信号的功率谱密度通常呈现出明显的峰值；能量域特征可用于监测信号状态。例如，随着机械设备的磨损和

老化，其振动信号的能量分布特征也会发生变化，这时可以使用能量域特征来监测设备的状态；能量域特征可用于分析信号质量。例如，如果信号的功率谱密度呈现出指数下降的趋势，说明信号存在比较严重的频率失真问题，需要进行相应的滤波和调整。

因此，能量域特征对于信号处理和分析非常重要，可以帮助工程师更好地了解信号的特征，并进行相应的处理和应用。

3.4.1 常见的能量域特征参数

常见的能量域特征参数包括信号总能量 E、平均功率谱密度 $P(f)$、能量比 R 等。

(1)信号总能量 E：表示整个信号 $x(t)$ 的总能量。其计算公式为

$$E = \int |x(t)|^2 \, dt \tag{3.18}$$

(2)平均功率谱密度 $P(f)$：表示在频率 f 上的平均功率谱密度。其计算公式为

$$P(f) = \lim_{T \to \infty} \frac{1}{T} \int |X(f)|^2 \, df \tag{3.19}$$

其中，$X(f)$ 表示信号 $x(t)$ 的傅里叶变换。

(3)能量比 R：表示不同频段上的能量比例。其计算公式为

$$R = \frac{\int |X(f)|^2 \, df}{E} \tag{3.20}$$

其中，$X(f)$ 表示信号 $x(t)$ 的傅里叶变换；E 表示总能量。

3.4.2 非线性能量域特征参数

(1)非线性拟合阶次卡尔曼谱功率带。其计算公式为

$$PBA_K = E_K / E \tag{3.21}$$

其中，E_K 为非线性拟合阶次域内卡尔曼滤波后信号的能量；E 为总能量。

非线性拟合阶次卡尔曼谱功率带反映了某角域信号经过卡尔曼滤波后的能量占角域里的原信号能量的比例。

(2)非线性拟合阶次边际谱一阶功率带。其计算公式为

$$PBA_M = E_M / E \tag{3.22}$$

其中，E_M 为非线性拟合阶次域内能够反映故障的边际谱信号的能量；E 为总能量。

非线性拟合阶次边际谱一阶功率带反映了角域信号中包含故障信息的 IMF 分量的边际谱能量占角域里的原信号能量的比例。

(3)非线性拟合阶次 IMF 功率带。其计算公式为

$$PBA_{IMFi} = E_{IMFi} \tag{3.23}$$

其中，E_{IMFi} 为角域信号经 EMD 后第 i 个 IMF 分量的能量值。

非线性拟合阶次 IMF 功率带反映了角域信号经 EMD 后的各个 IMF 分量的能量值。在能量参量中，提取非线性拟合阶次卡尔曼谱功率带、非线性拟合阶次边际谱一阶功率带和前 3 个非线性拟合阶次 IMF 功率带作为能量特征参量。

3.5 多信号特征提取和关联性分析

多信号特征提取和关联性分析是一种用于从多个信号数据中提取特征并分析信号之间的相关性的方法。多信号特征提取是指从多个信号中提取出能够代表信号特点的特征。常用的特征提取方法包括时域特征提取(如均值、方差、能量等)、频域特征提取(如频谱、功率谱密度等)和时频域特征提取(如小波变换、短时傅里叶变换等)等。关联性分析是指对提取的特征进行分析,探索不同信号之间的相关性。这种分析可以帮助我们理解信号之间的关系,发现信号中存在的模式、规律和异常情况等。常用的关联性分析方法包括相关性分析、协方差分析、互信息分析等。多信号特征提取和关联性分析的应用十分广泛。例如,在无线通信领域,可以利用多个接收天线接收到的信号数据,提取出不同信号的特征,并通过关联性分析来解调、识别和跟踪信号。

总而言之,多信号特征提取和关联性分析是一种强大的工具,能够帮助我们从多个信号中提取有用的信息,并揭示信号之间的关系和规律。

3.5.1 相干分析及原理

1. 相干分析

相干分析是研究两个随机变量间的相关关系的统计分析方法,多用于普通的数组计算和时域信号的分析。而相干性是衡量两个变量之间的相关程度,其多用于频域计算。根据不同的目的以及不同的分析系统,可将相干分析分为常相干分析、重相干分析和偏相干分析三类。

2. 常相干分析

常相干函数通常用来表征单输入单输出系统中输入信号与输出信号在频域上的相关性,同时,其还能够评价系统自身传递函数的计算有效性。对于某单输入单输出系统, $x(t)$ 为输入, $y(t)$ 为输出, $n(t)$ 为外界干扰,该系统的相干函数 $\gamma_{xy}^2(f)$ 的表达式为

$$\gamma_{xy}^2(f) = \frac{\left|S_{xy}(f)\right|^2}{S_{xx}(f)S_{yy}(f)} = \frac{\left|G_{xy}(f)\right|^2}{G_{xx}(f)G_{yy}(f)}, \quad 0 \le \gamma_{xy}^2(f) \le 1 \tag{3.24}$$

其中, $S_{xx}(f)$、$S_{yy}(f)$ 分别为输入 $x(t)$、输出 $y(t)$ 的双边自功率谱; $S_{xy}(f)$ 为输入 $x(t)$ 和输出 $y(t)$ 的双边互功率谱; $G_{xx}(f)$、$G_{yy}(f)$ 分别为输入 $x(t)$、输出 $y(t)$ 的单边自功率谱; $G_{xy}(f)$ 为输入 $x(t)$ 和输出 $y(t)$ 的单边互功率谱。

常相干函数的大小表征了输入信号与输出信号间的相干程度,其含义如表 3.1 所示。

表 3.1 常相干函数的数值范围及其含义

常相干函数 $\gamma_{xy}^2(f)$ 值的范围	表征的含义
$\gamma_{xy}^2(f) = 0$	输入 $x(t)$ 与输出 $y(t)$ 完全不相关
$0 < \gamma_{xy}^2(f) < 1$	测试环境存在外界干扰;系统非线性;输出受多个输入的影响,此时不易采用单输入单输出模型
$\gamma_{xy}^2(f) = 1$	输入和输出完全相关,且系统是线性的

3. 重相干分析

重相干函数是基于常相干函数的直接推广，它提供了一组输入与单个输出之间的相关性测量。当多输入单输出系统中的各个输入之间不具有相互影响时，重相干函数可以用来分析该系统中所有输入信号与输出信号之间的相干性。对于某独立多输入单输出系统，各输入 $x_1(t), x_2(t), \cdots, x_q(t)$ 之间相互独立，$y(t)$ 为输出，H_i 为系统的线性频率响应函数，$n(t)$ 为外界干扰。该系统的重相干函数 $\gamma_{y:x}^2(f)$ 由所有输入的理想线性输出谱之和 G_{vv} 与系统总输出谱 G_{yy} 来定义。

$$G_{yy}(f) = G_{vv}(f) + G_{nn}(f) \tag{3.25}$$

其中，$G_{nn}(f)$ 为外界干扰噪声输出谱。

重相干函数 $\gamma_{y:x}^2(f)$ 由可表示为

$$\gamma_{y:x}^2(f) = \frac{G_{vv}(f)}{G_{yy}(f)} = \frac{G_{yy}(f) - G_{nn}(f)}{G_{yy}(f)} = 1 - \frac{G_{nn}(f)}{G_{yy}(f)} \tag{3.26}$$

其中，$y:x$ 表示由各输入 $x_1(t), x_2(t), \cdots, x_q(t)$ 引起的输出 $y(t)$ 的部分；$\gamma_{y:x}^2(f)$ 表示 $x_1(t), x_2(t), \cdots, x_q(t)$ 所有输入在输出 $y(t)$ 中的比重。

重相干输出谱可以评价多输入单输出系统中所有输入 $x_1(t), x_2(t), \cdots, x_q(t)$ 对总输出谱 $G_{yy}(f)$ 的贡献大小，即

$$\gamma_{y:x}^2(f) G_{yy}(f) = G_{vv}(f) = G_{yy}(f) - G_{nn}(f) \tag{3.27}$$

假设此时系统仅有一个输入，则有

$$G_{vv}(f) = |H_1|^2 G_{11}(f) = \gamma_{1y}^2(f) G_{yy}(f) \tag{3.28}$$

$$G_{nn}(f) = (1 - \gamma_{1y}^2(f)) G_{yy}(f) \tag{3.29}$$

$$\gamma_{y:x}^2(f) = \gamma_{1y}^2(f) \tag{3.30}$$

由此可见，常相干函数是重相干函数的特殊情况。当多输入单输出系统中每个输入之间两两互不相关时，重相干函数即为每个输入与输出的常相干函数之和。

4. 条件谱分析

对于某独立的多输入单输出系统，暂时考虑两个输入的情况，且 $x_1(t)$ 和 $x_2(t)$ 是相关的，但不是精确相关，因此在所有频率范围内它们之间的相干函数满足 $0 < \gamma_{12}^2 < 1$。

去掉 $x_1(t)$ 的相关影响以后，双输入单输出系统等价于特殊的单输入单输出系统。其中 $X_{2\cdot1}$ 为输入 $x_2(t)$ 去掉输入 $x_1(t)$ 的线性影响之后的有限傅里叶变换，$Y_{y\cdot1}$ 为输出 $y(t)$ 去掉输入 $x_1(t)$ 的线性影响之后的有限傅里叶变换，且这两个量可以看作两个特殊的单输入单输出模型中的噪声项。

另外，L_{12} 为频率响应函数，可看作由 $x_1(t)$ 预测 $x_2(t)$ 的最优线性系统；L_{1y} 也为频率响应函数，可看作由 $x_1(t)$ 预测 $y(t)$ 的最优线性系统，即

$$L_{12}(f) = \frac{G_{12}(f)}{G_{11}(f)} \tag{3.31}$$

$$L_{1y}(f) = \frac{G_{1y}(f)}{G_{11}(f)} \tag{3.32}$$

针对双输入单输出系统化为特殊的单输入单输出模型有

$$X_{2\cdot1}(f) = X_2(f) - L_{12}(f) \cdot X_1(f) = X_2(f) - \left(\frac{G_{12}(f)}{G_{11}(f)}\right) \cdot X_1(f) \tag{3.33}$$

$$Y_{2\cdot1}(f) = Y(f) - L_{1y}(f) \cdot X_1(f) = Y(f) - \left(\frac{G_{1y}(f)}{G_{11}(f)}\right) \cdot X_1(f) \tag{3.34}$$

为了简化后续的推导过程，可定义条件功率谱为

$$G_{22\cdot1}(f) = \frac{E[X^*_{2\cdot1}(f)X_{2\cdot1}(f)]}{T} = G_{22}(f) - \frac{|G_{12}(f)|^2}{G_{11}(f)} \tag{3.35}$$

$$G_{yy\cdot1}(f) = \frac{E[Y^*_{y\cdot1}(f)Y_{y\cdot1}(f)]}{T} = G_{yy}(f) - \frac{|G_{1y}(f)|^2}{G_{11}(f)} \tag{3.36}$$

$$G_{2y\cdot1}(f) = \frac{E[X^*_{2\cdot1}(f)Y_{y\cdot1}(f)]}{T} = G_{2y}(f) - \frac{|G_{1y}(f)G_{21}(f)|^2}{G_{11}(f)} \tag{3.37}$$

其中，$G_{22\cdot1}(f)$ 为去掉 $x_1(t)$ 相关影响后 $x_2(t)$ 的条件(剩余)自谱；$G_{yy\cdot1}(f)$ 为去掉 $x_1(t)$ 相关影响后 $y(t)$ 的条件(剩余)自谱；$G_{2y\cdot1}(f)$ 为去掉 $x_1(t)$ 的相关影响后 $x_2(t)$ 和 $y(t)$ 的条件(剩余)互谱。

5. 偏相干分析

原相干函数仅仅适用于输入信号之间相互完全独立的情况，但在实际情况下，各个激励源并不是相互独立的，且具有一定的相关性。

在车身板件分析等情况下由于板件与板件之间相互耦合，利用常相干函数得到的结果并不准确，于是在此基础上，发展出了偏相干分析方法。偏相干分析方法采用最小二乘法消除了各个互相影响的输入之间的相互干扰，从而能够更准确地识别出输入对输出的贡献大小，更有效地解决了相互耦合的多输入单输出系统的贡献量识别问题。

对于某双输入单输出系统而言，在去掉 $x_1(t)$ 分别对 $x_2(t)$ 和 $y(t)$ 的线性相关影响以后，$x_2(t)$ 与 $y(t)$ 的偏相干函数 $\gamma^2_{2y\cdot1}(f)$ 定义为系统的条件(剩余)随机变量 $X_{2\cdot1}(f)$ 和 $Y_{y\cdot1}$ 之间的常相干函数，即

$$\gamma^2_{2y\cdot1}(f) = \frac{\left|G_{2y\cdot1}(f)\right|^2}{G_{22\cdot1}(f)G_{yy\cdot1}(f)} \tag{3.38}$$

联合式(3.38)，偏相干函数的一般表达式为

$$\gamma^2_{2y\cdot1}(f) = \frac{\left|G_{2y}(f)G_{11}(f) - G_{1y}(f)G_{21}(f)\right|^2}{G^2_{11}(f)G_{22}(f)[G_{yy}(f)(1-\gamma^2_{12})(1-\gamma^2_{1y})]} \tag{3.39}$$

如图 3.4 所示，$X_1, X_2, \cdots, X_q$ 表示按照特殊次序选择的输入记录的有限傅里叶变换。频率响应函数表示为 $H_{1y}, H_{2y}, \cdots, H_{qy}$，其中输入下标在输出下标的前面。偏离理想模型的所有可能偏差都计在外界输出噪声的有限傅里叶变换 N 中。改变输入次序或者选择不同的输出记录可以组成类似的模型。

为了更好地定义此类模型，需要其满足如下四个条件。

(1) 输入信号两两之间的相干函数不等于 1。这种规定可以把分布输入系统当作离散输入来研究。

(2) 任意一个输入信号与输出信号的偏相干函数值不等于 1，否则，模型就应该简单地当作单输入单输出模型来处理。

(3) 任何一个输入信号与其他的输入信号之间的重相干函数值不等于 1，否则该输入信号可由其他输入信号组合得到。

(4) 在实际情况中，输出信号与所有的输入信号之间的重相干函数值应该足够大，工程上一般需要大于等于 0.6，否则认为有重要的输入信号被遗漏。

用一组有序的条件输入代替原始的已知输入信号，就可以得到条件输入时的多输入单输出模型，如图 3.5 所示。

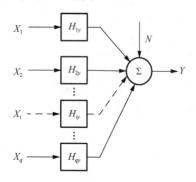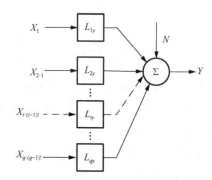

图 3.4　多输入单输出系统　　　　　　图 3.5　条件输入时的多输入单输出模型

图 3.5 中，$X_1, X_{2\cdot 1}, \cdots, X_{q\cdot(q-1)!}$ 表示按照特殊次序选择的条件输入信号的有限傅里叶变换。$X_{i\cdot(i-1)!}$ 表示去掉前面 $X_1, X_2, \cdots, X_{i-1}$ 影响下的 X_i，即用最小二乘法从 X_i 中去掉了 X_1 到 X_{i-1} 的线性影响。因此，在这个模型中，有序的条件输入信号将是两两互不相关的，而原始的已知输入信号一般不满足这个要求。最优线性频率响应函数表示为 $L_{1y}, L_{2y}, \cdots, L_{qy}$，其中输入下标在输出下标的前面。输入信号的顺序不同，可能有 $q!$ 个不同的模型。下面以一个特定的输入信号顺序作为基础进行分析，则条件输入时的多输入单输出系统又可以表示为

$$Y = \sum_{i=1}^{q} L_{iy} X_{i\cdot(i-1)!} + N \tag{3.40}$$

其中，噪声项 N 可以表示为

$$N_{iy} = Y - L_{iy} Y_{i\cdot(i-1)!} \tag{3.41}$$

对于多输入单输出系统而言，输出信号 $Y = X_{q+1}$ 可以表示为

$$X_{q+1} = \sum_{i=1}^{q} L_{iy} X_{i\cdot(i-1)!} + X_{(q+1)\cdot q!} \tag{3.42}$$

如果仅仅考虑前面 $r(r \leqslant q)$ 个有序条件输入的情况，那么可以得到一般公式，即

$$X_j = \sum L_{ij} X_{i\cdot(i-1)!} + X_{j\cdot r!} \tag{3.43}$$

对于式 (3.43)，若利用 $(r-1)$ 代替 r，则有

$$X_j = \sum L_{ij} X_{i\cdot(i-1)!} + X_{j\cdot(r-1)!} \tag{3.44}$$

将式(3.43)与式(3.44)相减，得

$$X_{j\cdot r!} = X_{j\cdot(r-1)!} - L_{rj} X_{r\cdot(r-1)!} \tag{3.45}$$

因此，将 X_i 的共轭 X_i^* 与式(3.44)相乘，然后等式两边取期望值再除以时间 T，则可求得条件谱密度函数的一般公式，即

$$G_{ij\cdot r!} = G_{ij\cdot(r-1)!} - L_{rj} G_{ir\cdot(r-1)!} \tag{3.46}$$

其中，频率响应函数 L_{ij} 可表示为

$$L_{ij} = \frac{G_{ij\cdot(i-1)!}}{G_{ii\cdot(i-1)!}} \tag{3.47}$$

$$\gamma_{iy\cdot(i-1)!}^2 = \frac{\left|G_{iy\cdot(i-1)!}\right|^2}{G_{ii\cdot(i-1)!} G_{yy\cdot(i-1)!}} \tag{3.48}$$

定义条件输入时多输入单输出系统的偏相干函数为条件互谱与相应的条件自谱的比值，则偏相干函数的一般计算表达式为

$$\gamma_{iy\cdot(i-1)!}^2(f) = \frac{\left|G_{iy\cdot(i-1)!}(f)\right|^2}{G_{ii\cdot(i-1)!}(f) G_{yy\cdot(i-1)!}(f)} \tag{3.49}$$

传统的重相干分析仅仅适用于输入信号间两两不相关的情况。当输入信号之间互不相关时，系统的重相干函数值可表示为每个输入信号与输出信号的常相干函数值之和。但在实际工程应用上，输入信号之间往往是相互耦合的，于是，需要对传统的重相干函数进行改进，利用偏相干分析剔除输入信号之间的耦合作用，再计算重相干函数，即可得到所有耦合的输入信号与输出信号的相干性。

任何多输入单输出模型的相干函数都可以用部分相干函数来确定。对于单输入单输出系统，有

$$\gamma_{y:1}^2(f) = 1 - \left(\frac{G_{yy\cdot1}(f)}{G_{yy}(f)}\right) = 1 - (1 - \gamma_{1y}^2) = \gamma_{1y}^2 \tag{3.50}$$

对于双输入单输出模型，有

$$\gamma_{y:2}^2(f) = 1 - \left(\frac{G_{yy\cdot2}(f)}{G_{yy}(f)}\right) = 1 - (1 - \gamma_{1y}^2)(1 - \gamma_{2y\cdot1}^2) \tag{3.51}$$

对于三输入单输出模型，有

$$\gamma_{y:3}^2(f) = 1 - \left(\frac{G_{yy\cdot3}(f)}{G_{yy}(f)}\right) = 1 - (1 - \gamma_{1y}^2)(1 - \gamma_{2y\cdot1}^2)(1 - \gamma_{3y\cdot2!}^2) \tag{3.52}$$

以此类推，对于多输入单输出系统，多重相干函数可以表示为

$$\gamma_{y:n!}^2(f) = 1 - \left(\frac{G_{yy\cdot n!}(f)}{G_{yy}(f)}\right) = 1 - \prod_{i=1}^{n}(1 - \gamma_{iy\cdot(i-1)!}^2) \tag{3.53}$$

其中，n 表示输入信号的个数。

在实际应用中，重相干函数多用于检查是否有重要的输入信号被遗漏。当 $\gamma_{y:x}^2 = 1$ 时，表

示输出信号完全是由输入信号引起的，即表明完全没有噪声源被遗漏；当$0<\gamma_{y:x}^2<1$时，$\gamma_{y:x}^2$越接近于 0 表示测试的输入信号对输出信号的影响越小，即表明有重要的输入信号被遗漏，$\gamma_{y:x}^2$越接近于 1 表示测试的输入信号对输出信号的影响越大，即表明所建立的多输入单输出模型越接近于真实系统；当$\gamma_{y:x}^2=0$时，表示输入信号与输出信号完全无关。在建立多输入单输出识别噪声源模型时，通常要求重相干系数越大越好，工程上通常需要满足$\gamma_{y:x}^2\geqslant0.6$。表 3.2 给出了常相干函数、重相干函数和偏相干函数的对比分析。

表3.2　各个相干函数的对比

函数	定义	特点	应用场合
常相干函数	$\gamma_{xy}^2(f)=\dfrac{\left\|G_{xy}(f)\right\|^2}{G_{xx}(f)G_{yy}(f)}$	表征输入与输出的相关程度	适用于单输入单输出系统
重相干函数	$\gamma_{yn!}^2(f)=1-\prod\limits_{i=1}^{n}(1-\gamma_{iy(i-1)!}^2)$	表征所有输入与输出的相关程度	可对多输入单输出系统的输入信号进行检测，以防止有重要信号被遗漏
偏相干函数	$\gamma_{iy\cdot(i-1)!}^2(f)=\dfrac{\left\|G_{iy\cdot(i-1)!}(f)\right\|^2}{G_{ii\cdot(i-1)!}(f)G_{yy\cdot(i-1)!}(f)}$	表征单个输入（去掉其他输入的相互影响后）与输出的相关程度	适用于多输入单输出系统，且各个输入之间相互影响，可用于噪声源识别以及贡献量分析

3.5.2　小波相干

小波相干分析方法包括交叉小波变换和小波相干分析两种手段，这两种方法都是基于小波变换而来的，因此在进行小波相干分析时也要选择合适的基函数。小波变换能够探究非稳态信号的内在规律，但是该方法只能针对单个非稳态信号进行分析，不能判别两个非稳态信号之间在时频域的相关关系。

1. 交叉小波变换

为了解决该问题，研究人员在此小波分析的基础上提出了交叉小波变换方法。交叉小波分析是结合小波变换和交叉谱分析的分析，可以分析两个信号中具有较高共能量区的幅值关系及其相位关系。

在交叉小波变换中，设$W_n^X(l)$和$W_n^Y(l)$分别是给定的两个非稳态信号$x(t)$和$y(t)$的连续小波变换，则定义它们的交叉小波功率谱为

$$W_n^{XY}=W_n^X(l)W_n^{Y*}(l) \tag{3.54}$$

其中，$W_n^X(l)$为信号$x(t)$的连续小波变换；$W_n^{Y*}(l)$为信号$y(t)$经过小波变换之后的复共轭；W_n^{XY}为信号$x(t)$和信号$y(t)$之间的交叉小波功率谱，该值的大小能够反映这两个信号之间是否具有共同的高能量区域，其值越大，表明两信号之间具有较多的共能量区域，相关性较大；W_n^{XY}的相位角表示两信号局部位置的相位之间的关系，通过计算W_n^{XY}的正切值可以得到某一频段内两个非稳态信号之间超前或者滞后的相位关系。

由于交叉小波变换结合了小波变换分析和交叉谱分析方法，因此只有交叉小波功率谱通过一定水平的显著性检验，才能确保得到的结果准确可靠。一般情况下是采用将信号的交叉功率谱与红噪声谱相对比的方法。红噪声的表达式为

$$P_k = \frac{1-\alpha^2}{\left|1-\alpha\mathrm{e}^{-2\mathrm{i}\pi k}\right|^2} \tag{3.55}$$

其中，k 为频率指数；α 为自回归方程中的相关系数。

假设两个非稳态信号 $x(t)$ 和 $y(t)$ 的期望谱 P_k^X 和 P_k^Y 均为红噪声谱，则两信号的交叉小波功率谱的置信度分布表达式为

$$D\left(\frac{\left|W_n^X(l)W_n^{Y*}(l)\right|}{\sigma_X\sigma_Y}<p\right) = \frac{Z_v(p)}{v}\sqrt{P_k^X P_k^Y} \tag{3.56}$$

其中，σ_X 和 σ_Y 分别为两个信号 $x(t)$ 和 $y(t)$ 的标准差；$Z_v(p)$ 是与概率 p 有关的置信度。本书在计算时采用的是 Morlet 小波，所以取自由度 $v=2$，在显著性水平 $\alpha=0.05$ 的情况下，$Z_2(95\%)=3.999$。进行显著性检验时选择两个 χ^2 分布积的平方根。

2. 小波相干分析

上述的交叉小波分析方法对两个有着共同的高能量区非稳态信号进行相关分析时，效果显著，但在揭示两个非稳态信号在低共能量区的相关关系方面还存在不足。而小波相干分析则可以很好地弥补交叉小波的缺陷，它在对两个非稳态信号的高共能量区进行处理时，也能兼顾两者的低共能量区，并且能够像交叉小波变换一样给出两个非稳态信号在不同时频域的相关关系和相位关系。

因此小波相干可以表征两个非稳态信号之间在时频域的局部相关程度。定义两个非稳态信号 $x(t)$ 和 $y(t)$ 的小波相干谱表达式为

$$R_n^2(s,\tau) = \frac{\left|S\left(l^{-1}W_n^{XY}(s,\tau)\right)\right|^2}{S\left(l^{-1}\left|W_n^X(s,\tau)\right|^2\right)\cdot S\left(l^{-1}\left|W_n^Y(s,\tau)\right|^2\right)} \tag{3.57}$$

式 (3.57) 表示两个非稳态信号在某一频率的振幅交叉积与各自的振幅乘积之比。其中 S 为平滑器，其表达式为

$$S(W) = S_s\left(S_t\left(W_n(s,\tau)\right)\right) \tag{3.58}$$

其中，S_t 和 S_s 分别表示在时间轴上和尺度轴上进行平滑，其具体表达式为

$$S_t(W) = W_n(s,\tau)\times c_1^{\frac{-t^2}{2s^2}} \tag{3.59}$$

$$S_s(W) = W_n(s,\tau)\times c_2\,\Pi(0.6(s,\tau)) \tag{3.60}$$

其中，c_1 为标准化的系数 1；c_2 为标准化的系数 2；Π 为矩形函数；t 为时间常数。$R_n^2(s,\tau)$ 是小波相干函数值，当 $R_n^2(s,\tau)=0$ 时，表明两非稳态信号 $x(t)$ 与 $y(t)$ 完全不相干；当 $0<R_n^2(s,\tau)<1$ 时，表明两非稳态信号 $x(t)$ 与 $y(t)$ 存在一定的相干关系，且系统是非线性的；当 $R_n^2(s,\tau)=1$ 时，表明两非稳态信号 $x(t)$ 与 $y(t)$ 完全相干，且系统是线性的。

小波相干计算同样是以小波变换为基础，因此在计算得出结果后也要在一定置信度水平下对其功率谱结果进行检验，常用的检验方法为蒙特卡罗法。

3.5.3 时频相干

1. 时频分析

时频分析方法有两种思路。第一种是变换的思路，即将原始信号在时域和频域上同时进

行变换。短时傅里叶变换、小波变换、检验小波变换是其中应用最广泛并具有代表性的方法。

第二种是分解的思路，即将原信号分解为具有各种特征和能量的分量。常用的方法包括希尔伯特-黄变换（HHT）、稀疏分解等。1998 年，美籍华裔科学家 Norden E. Huang 等提出了 HHT 方法，该方法已成为近年来发展迅速的一种处理非稳态信号和非线性信号的重要方法。相比于传统的时域和频域分析方法，其在时频分辨能力上有较大的提高，所以更适用于对非稳态信号和非线性信号进行分析。

2. 用希尔伯特-黄变换（HHT）分解

HHT 首先通过对信号进行 EMD，将信号分解为若干个频率由高到低变化且包含不同物理意义的本征模态函数（IMF）和一个残余分量。然后再对 IMF 分量进行 Hilbert 变换，可得到具有时间-能量-频率三维分布特征的 Hilbert 谱。

对于非稳态信号，直接进行 Hilbert 变换将在很大程度上丢失原有的物理意义。而经过 EMD 后得到的各个 IMF 分量反映了原信号不同频率成分的信息，对其进行 Hilbert 变换后可以得到准确地反映能量在频率及时间上的分布规律的 Hilbert 谱。其中具体的分析原理和分解步骤如下。

EMD 是 HHT 的核心，它可以将原信号分解为多个单一频率的分量和一个残余分量。通过这些分量可以观察时频平面上的能量分布规律。该方法克服了传统方法的缺陷，在非稳态信号处理上具有巨大的优势。

一组原始数据信号要同时满足以下三个条件才能进行 EMD：①数据至少包含一个极大值和一个极小值；②极值点之间的时间尺度决定数据的局部时域特性；③如果数据只有拐点但无极值点，可先微分若干次求得极值，再积分获得结果。其中 EMD 算法的具体分解过程如下。

(1)在指定的区域范围内寻找原信号 $x(t)$ 的极小值点和极大值点，并通过插值法来连接所取得的极值点，从而得到上下两组包络线，并计算出上、下包络曲线 $m_1(t)$，$x(t)$ 与局部极值间的差值 $h_1(t)$ 表达式为

$$h_1(t) = x(t) - m_1(t) \tag{3.61}$$

(2)由于 $h_1(t)$ 通常不是一个 IMF 分量序列，因此需要对它按上述过程重复 k 次，当所得到的均值趋于零时就可以符合 IMF 要求。最后得到第一个 IMF 分量 $c_1(t)$，它代表信号 $x(t)$ 中频率最高的分量。

$$h_{1(k-1)}(t) - m_{1k}(t) = h_{1k}(t) \tag{3.62}$$

$$c_1(t) = h_{1k}(t) \tag{3.63}$$

(3)将 $c_1(t)$ 从 $x(t)$ 中分离出来，即得到一个去掉高频分量的差值信号 $r_1(t)$：

$$r_1(t) = x(t) - c_1(t) \tag{3.64}$$

(4)将 $r_1(t)$ 作为原始数据重复以上步骤，得到第二个 IMF 分量 $c_2(t)$，重复 n 次，得到 n 个 IMF 分量，即

$$\begin{cases} r_1(t) - c_2(t) = r_2(t) \\ \qquad\vdots \\ r_{n-1}(t) - c_n(t) = r_n(t) \end{cases} \tag{3.65}$$

(5)当 $c_n(t)$ 或 $r_n(t)$ 满足终止条件时，结束循坏，由式(3.64)和式(3.65)两式可得

$$x(t) = \sum_{j=1}^{n} c_j(t) + r_n(t) \tag{3.66}$$

其中，$r_n(t)$ 表示残余项，代表信号的平均趋势。

各 IMF 分量 $c_1(t), c_2(t), \cdots, c_n(t)$ 分别代表不同时间特征尺度大小的成分，其尺度由小到大排列。

通过上述 EMD 的分解过程得到各阶 IMF 分量与残余信号 $r_n(t)$ 之后，还需对各阶 IMF 分量做 Hilbert 变换分析。其中残余分量仅代表数据整体的变化趋势，不要对其进行 Hilbert 变换。信号 $x(t)$ 的希尔伯特-黄变换 $\hat{x}(t)$ 的表达式为

$$\hat{x}(t) = \frac{1}{\pi} \int_{-\infty}^{\infty} \frac{x(\tau)}{t - \tau} \mathrm{d}\tau = x(t) * \frac{1}{\pi t} \tag{3.67}$$

信号 $x(t)$ 通过 Hilbert 变换得到了一个相位移动 $2/\pi$ 的 $\hat{x}(t)$。那么对于任意阶固有模态函数 IMF_j，其 Hilbert 变换 $\hat{c}_j(t)$ 的表达式为

$$\hat{c}_j(t) = \frac{1}{\pi} \int_{-\infty}^{\infty} \frac{c_j(\tau)}{t - \tau} \mathrm{d}\tau \tag{3.68}$$

由 $c_j(t)$ 及其 Hilbert 变换 $\hat{c}_j(t)$ 可以得到固有模态函数 IMF_j 的解析信号 $Z_j(t)$ 表达式为

$$Z_j(t) = c_j(t) + \hat{c}_j(t) = A_j(t)\mathrm{e}^{j\varphi_j(t)} \tag{3.69}$$

其中，幅值 $A_j(t)$ 和相位 $\varphi_j(t)$ 的表达式分别为

$$A_j(t) = \sqrt{c_j^2(t) + \hat{c}_j^2(t)} \tag{3.70}$$

$$\varphi_j(t) = \arctan\left[\frac{\hat{c}_j(t)}{c_j(t)}\right] \tag{3.71}$$

对瞬时相位求导得到信号的瞬时频率 $f_j(t)$ 表达式为

$$f(t) = \frac{1}{2\pi}\omega_j(t) = \frac{1}{2\pi} \times \frac{\mathrm{d}\phi_j(t)}{\mathrm{d}t} \tag{3.72}$$

另外，希尔伯特瞬时能量的表达式为

$$\mathrm{IE}_j(t) = \int_{\omega_j} \hat{x}^2(t)\mathrm{d}\omega_j \tag{3.73}$$

在傅里叶变换中，A 与 ω 为常数。但这里 A 与 ω 是代表时间的函数，因此 Hilbert 谱可以描绘一个非稳态序列在时间上的变化规律，希尔伯特瞬时能量可以反映信号能量随时间的变化情况。

HHT 算法是将原信号最终分解为有限个解析信号之和，并且每个 IMF 分量中包含瞬时频率及瞬时幅值信息。而傅里叶变换理论基础决定其不能像 HHT 一样获得非稳态信号的全部信息和不同时间段内不同频率信号的贡献量。尽管目前快速傅里叶变换、小波变换等基于傅里叶理论的方法同样能对非稳态信号进行处理，但从理论上来看 HHT 分析对于非稳态信号的处理针对性更强、处理效率更高。

3.5.4 多工况 HHT 包络分析

1. 包络分析法

包络分析法称为共振解调法，又称高频共振法，其主要原理是共振原理。由于减速器是

一个谐振体，当故障发生(该故障信号呈现调制现象)时，其冲击会把共振响应放大，这样可以通过包络法(对加速器的振动信号进行解调)处理将故障频率突出，找到故障频率，从而完成故障诊断。

Hilbert 包络解调技术的主要流程如图 3.6 所示。

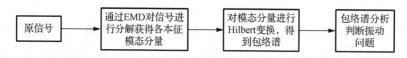

图 3.6　包络分析流程图

2. HHT 包络分析

HHT 包络分析是 HHT 的一个重要应用，用于分析非线性信号和非稳态信号的局部振幅特征。HHT 包络分析主要应用于信号处理、机械故障诊断、生物医学、地震学等方面。HHT 包络分析和 HHT 之间的关系是密切的，通过对 HHT 包络分析的结果进行进一步分析，可以更好地理解信号的各个方面，包括其频率、振幅和趋势。

为了研究国产减速器在振动性能方面不佳的问题，针对某减速器进行多次对比测试，分别测试输入轴转速为 605r/min、1210r/min，对额定负载的不同百分比进行试验，测试的工况如表 3.3 所示。该减速器内部部分零件的啮合和自转频率如表 3.4 所示。

表 3.3　减速器振动的试验工况

输入轴转速/(r/min)	额定负载的不同百分比						
	0%	25%	50%	75%	100%	125%	150%
605	√	√	√	√	√	√	√
1210	√	√	√	√	√	√	√

注：√表示满足试验工况要求。

表 3.4　某减速器的主要激振频率

项目名称	数值	
输入轴转速/(r/min)	605	1210
驱动轴频率/Hz	10.0	20.0
行星齿轮啮合频率/Hz	87.3	175.5
摆线轮啮合频率/Hz	3.2	6.4
针齿啮合频率/Hz	6.5	13.0
针齿壳特征频率/Hz	0.2	0.3
摆线轮自转频率/Hz	0.1	0.2
行星轮自转频率/Hz	3.2	6.4

为了找寻减速器上能够准确地表现减速器振动性能的测点数据，将所有测点的数据整理并绘制成表 3.5。

表 3.5 负载不同转速下传感器 1、2 点在 *xyz* 方向的加速度值

转速	值	1-*x*	1-*y*	1-*z*	2-*x*	2-*y*	2-*z*
605r/min	最大值	0.21372	0.24929	0.17479	0.18092	0.26650	0.20067
	最小值	−0.2284	−0.2346	−0.1801	−0.1599	−0.2193	−0.1721
	平均值	−0.0018	0.00868	0.00196	−0.0016	0.01494	0.00974
	均方根	0.03112	0.03886	0.02628	0.02805	0.03434	0.02554
1210r/min	最大值	0.45401	0.78510	0.41195	0.59738	0.91590	0.39546
	最小值	−0.5167	−0.7287	−0.4299	−0.4960	−0.9271	−0.4306
	平均值	−0.0014	0.00913	0.00213	−0.0013	0.01555	0.00670
	均方根	0.06810	0.10114	0.05157	0.07930	0.10096	0.05640

以下部分列出了典型测点位置 *x* 方向在各种工作状态下的分解结果，其他测点的分解结果没有展示。图 3.7(a) 和图 3.8(a) 分别给出了测点 *x* 方向在转速为 605r/min 时在空载和满载状态下采集信号的 EMD 的分解结果，其中 IMF 表示分解出的 9 阶分量，RES 表示剩余的分量。

从图 3.7(b) 中可以看出，IMF1 的频谱图没有明显的规律出现，从 IMF2～IMF5 的频谱图中可以看出该频段内，在 605r/min 空载状态时于 180Hz、120Hz、50Hz、55Hz 等出现了振动高幅值。

从图 3.8(b) 中可以发现，605r/min 满载状态时 IMF2～IMF5 于 170Hz、190Hz、140Hz、50Hz 等出现了峰值。

由 EMD 的分解结果可知，对于减速器振动信号的 EMD 分解共分为 9 层，其中每一层的相关系数如表 3.6 所示。由于每个分解的第 9 个 IMF 的相关性已经特别小，在作图时将 IMF9 的频谱图省略，列出前 8 个 IMF 的频谱分析结果。其中相关系数越接近 1 则相关性越大，相关系数越小说明两个序列之间的关系越弱。

表 3.6 减速器在各种状态下 IMF 分量和原始振动信号的相关系数

工况	转速	相关系数/%								
		IMF1	IMF2	IMF3	IMF4	IMF5	IMF6	IMF7	IMF8	IMF9
空载	605r/min	61.82	61.53	38.30	20.21	10.95	0.75	0.29	−0.01	0.01
满载	1210r/min	85.89	36.81	23.61	9.83	8.25	0.66	0.09	0.09	0.03

由各个 EMD 分解出来的 IMF 与原信号的相关系数可知，总体来看 IMF6～IMF9 的相关性相对较小，但 IMF1～IMF5 的相关系数较大，是主要成分，对原信号的影响最大。研究者发现包络法能够有效地解决机械振动中频率调制的问题，通过对各个 IMF 的结果进行包络，得到包络图如图 3.9 和图 3.10 所示。

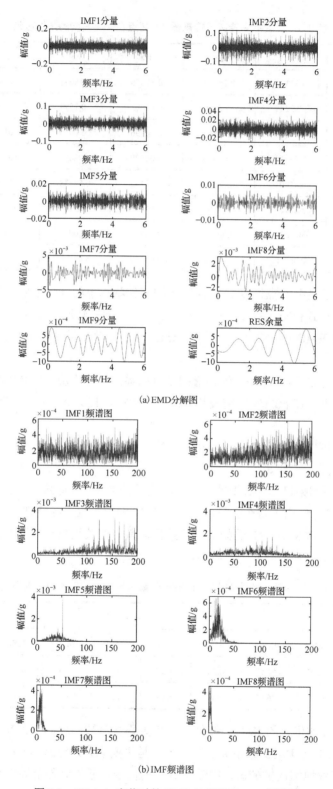

图 3.7　605r/min 空载时的 EMD 分解图和 IMF 频谱图

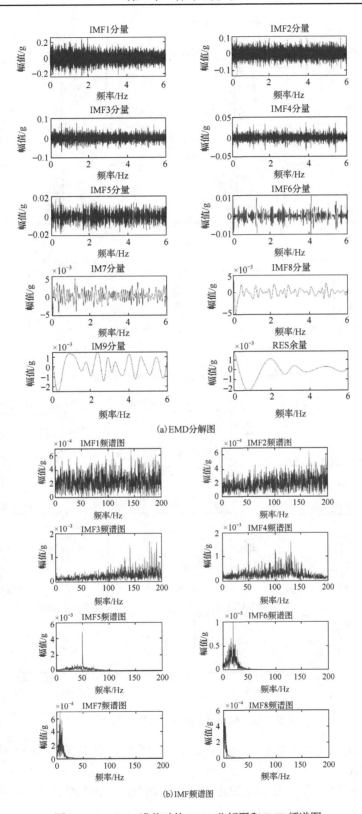

(a) EMD分解图

(b) IMF频谱图

图 3.8 605r/min 满载时的 EMD 分解图和 IMF 频谱图

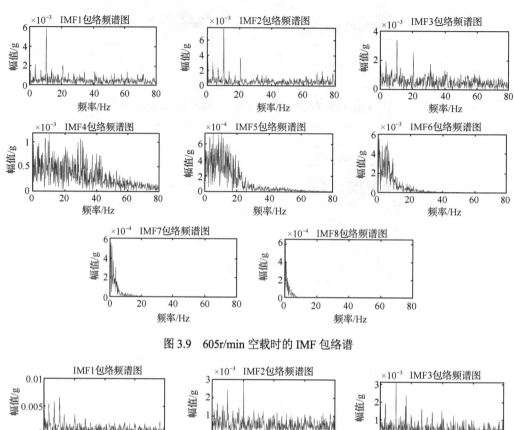

图 3.9 605r/min 空载时的 IMF 包络谱

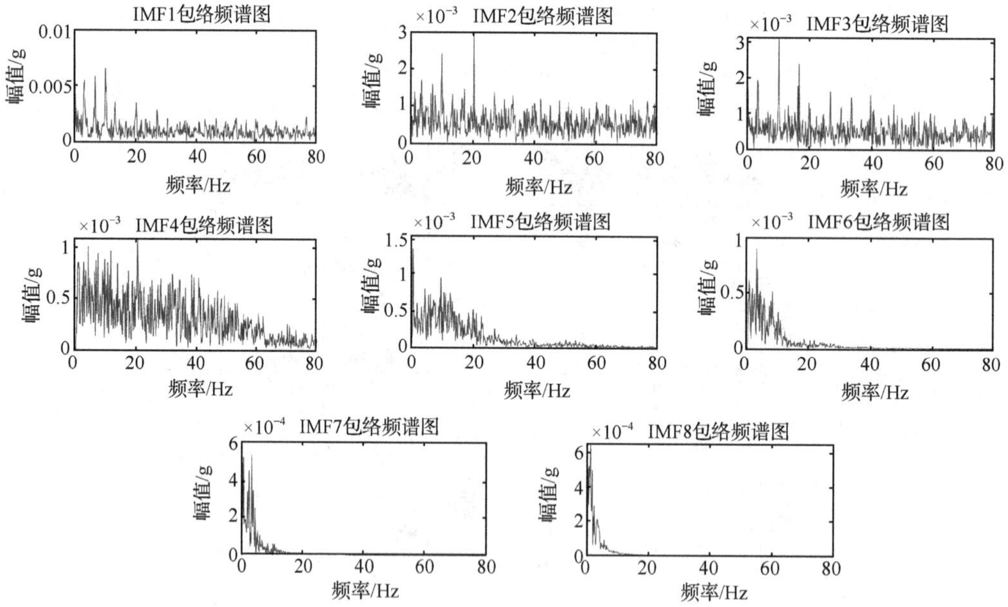

图 3.10 605r/min 满载时的 IMF 包络谱

从图 3.9 中可以看出,当运行工况在 605r/min 空载时,在 IMF1~IMF5 中得到高幅值的频率有 10Hz、20Hz。

从图 3.10 中可以看出,当运行工况在 605r/min 满载时,在 IMF1~IMF5 中得到高幅值的频率有 3.6Hz、7.1Hz、10Hz、20Hz。

通过图 3.9 和图 3.10 中空载和满载时 605r/min 下的包络谱可以看出,经过包络后的频谱图呈现出较为清晰的振动特性。

通过对该减速器的试验数据进行处理和分析后发现:对待分析信号进行 EMD 分解后的第一层细节信号进行 Hilbert 包络谱分析,较低频率成分被得到,而且一般情况下还会出现倍频的成分;而对于 EMD 分解得到的高层细节信号进行 Hilbert 包络谱分析以后,高频成分被得到,而这些高频成分大多为振动固有频率(由滚动轴承本身决定)。

3.5.5 相关案例

案例:试验车辆保持不变,试验路况为同一条道路,试验时周围没有环境干扰,试验工况为 60km/h 加速至 70km/h,使用 LMS 设备进行信号采集,车辆运行时设置软件的采样频率为 6400Hz,通过调取 LMS 软件内部配置的处理板块,可以在采集车内噪声信号和板件振动信号的同时采集车辆的运行速度。车辆在行驶时,软件采集到的车速随时间的变化情况如图 3.11 所示。

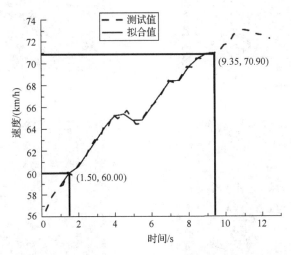

图 3.11　速度随时间的变化

由于卡车驾驶室的板件众多,因此在进行测试时,在左侧围和右侧围各选两个测点来代替,其他划分好的板件只选取一个最能代表板件振动的位置进行粘贴传感器,以传感器粘贴位置所采集的信号代替传感器所在板件的振动。振动测点位置如表 3.7 所示。

表 3.7　振动测点位置

测点序号	测点所在板件	测点序号	测点所在板件	测点序号	测点所在板件	测点序号	测点所在板件
1	前风挡玻璃	3	左前侧围	5	右车门玻璃	7	左后侧围
2	左车门玻璃	4	右前侧围	6	后板	8	右后侧围

采用小波相干对采集到的车身板件振动信号与驾驶员右耳的声压信号进行处理。选取 0～8s 时间段内的测试数据,得到各个振动测点与声压信号的小波相干图如图 3.12 所示。

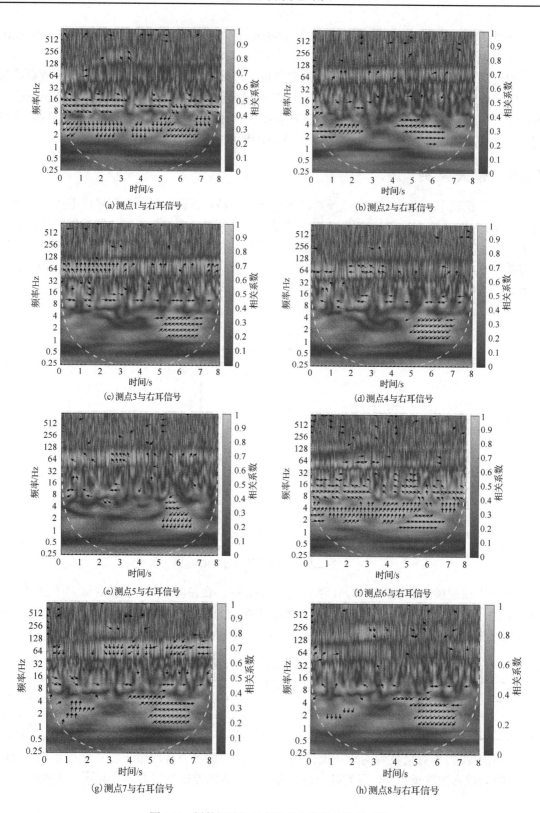

(a)测点1与右耳信号

(b)测点2与右耳信号

(c)测点3与右耳信号

(d)测点4与右耳信号

(e)测点5与右耳信号

(f)测点6与右耳信号

(g)测点7与右耳信号

(h)测点8与右耳信号

图 3.12　板件振动与车内噪声之间的小波相干图

由图 3.12 可知，在 16Hz 以下，所有板件上的测点在 4~8s(对应车速为 65~70km/h)时间段内都在 1~4Hz 频率段与驾驶员右耳声压信号有明显的相关关系，推测是因为车身板件上的所有测点受到外界激励而产生低频振动，进而对右耳声压造成影响。利用偏相干中稳态分析的结果，着重对车身的左侧围和车身后板进行分析。

左前侧围测点 3 在 0~4s(对应车速为 60~65km/h)时间段内，在以 64Hz 为中心的频段内与右耳声压信号有着强相关关系，数值大小超过了 0.6。左后侧围测点 7 在 4~8s(对应车速为 65~70km/h)时间段内，在 64Hz 频段内与右耳声压信号有着强相关关系，数值大小超过了 0.6；在 2~4Hz 频段内与右耳声压信号有着强相关关系，数值大小超过了 0.6。后板测点 6 在整个时间段内(对应车速为 60~70km/h)都与右耳声压有着较为明显的相关关系，经过观察发现在后板粘贴传感器区域靠近车辆进气管路的位置，当发动机工作吸气时，后板板件容易受到进气噪声的影响而振动，进而对车内噪声造成影响。

故障诊断案例
——台架试验

对采集到的车身非稳态信号进行小波相干分析，结果表明车身板件的左侧围在受到低频激励时，对车内驾驶员右耳的贡献量最大。

3.6 面向大数据的统计特征提取

面向大数据的统计特征提取是指在大规模数据集上提取有代表性的统计特征，以揭示数据的关键特征和潜在模式。在大数据环境下，由于数据量庞大，传统的特征提取方法可能会面临计算复杂度高和内存消耗大的问题。因此，针对大数据场景，通常需要采用高效的特征提取方法。

常见的面向大数据的统计特征提取方法有：直方图特征、统计量特征、相关性特征、时间序列特征、频域特征等。此外，还有一些高级的特征提取方法，如主成分分析(principal component analysis，PCA)、独立成分分析(independent component analysis，ICA)、非负矩阵分解(nonnegative matrix factorization，NMF)等，这些方法可以对高维数据进行降维，提取出最具代表性的特征。

综上所述，面向大数据的统计特征提取方法能够帮助揭示大规模数据的内在规律和特征，并为后续的数据分析和建模提供有效的基础。

3.6.1 基于回归的机器学习

1. 回归问题

回归问题是机器学习三大基本模型中很重要的一环，其功能是建模和分析变量之间的关系。回归问题多用来预测一个具体的数值，如预测房价、未来的天气情况等。例如，我们根据一个地区的若干年的 $PM_{2.5}$ 数值变化来估计某一天该地区的 $PM_{2.5}$ 数值大小，预测值与当天实际数值大小越接近，回归分析算法的可信度越高。

2. 回归方法

回归方法是一种对数值型连续随机变量进行预测和建模的监督学习算法，多用于房价预测、股票走势预测或成绩测试等连续变化的案例。回归任务的特点是标注的数据集具有数值型的目标变量，即每一个观察样本都有一个数值型的标注真值以监督算法。

(1) 线性回归。

线性回归是处理回归任务最常用的算法之一。该算法的形式十分简单，它期望使用一个超平面拟合数据集（只有两个变量的时候就是一条直线）。如果数据集中的变量存在线性关系，那么其就能拟合得非常好。

(2) 回归树。

回归树通过将数据集重复分割为不同的分支而实现分层学习，分割的标准是最大化每一次分离的信息增益。这种分支结构让回归树很自然地学习到非线性关系。

(3) 深度学习。

深度学习是指能学习极其复杂模式的多层神经网络。该算法使用在输入层和输出层之间的隐含层对数据的中间表征建模。

(4) 最近邻算法。

最近邻算法是"基于实例的"，这就意味着其需要保留每一个训练样本观察值。最近邻算法通过搜寻最相似的训练样本来预测新观察样本的值。这种算法是内存密集型，对高维数据的处理效果并不是很好，并且还需要高效的距离函数来度量和计算相似度。在实践中，使用线性回归或回归树是最好的选择。

3.6.2 聚类方法

1. 聚类定义

聚类是按照某个特定标准（如距离）把一个数据集分割成不同的类或簇，使得同一个簇内的数据对象的相似性尽可能大，同时不在同一个簇中的数据对象的差异性也尽可能地大，即聚类后同一类的数据尽可能聚集到一起，不同类的数据尽量分离。聚类是一种无监督学习任务，该算法基于数据的内部结构寻找观察样本的自然族群，一般应用于细分客户、新闻聚类、文章推荐等案例。

2. 数据聚类方法

数据聚类方法主要可以分为划分式聚类方法、基于密度的聚类方法、层次化聚类方法等。

1) 划分式聚类方法

划分式聚类方法需要事先指定簇类的数目或者聚类中心，通过反复迭代，直至最后实现"簇内的点足够近，簇间的点足够远"的目标。经典的划分式聚类方法有 k-means 及其变体 k-means++、bi-kmeans、kernel k-means 等。本节主要介绍 k-means 算法。

k-means 聚类是一种通用目的的算法，聚类的度量基于样本点之间的几何距离（即在坐标平面中的距离）。集群是围绕在聚类中心的族群，而集群呈现出类球状并具有相似的大小。

聚类算法是我们推荐给初学者的算法，因为该算法不仅十分简单，而且足够灵活以面对大多数问题都能给出合理的结果。

k-means 聚类是最流行的聚类算法，因为该算法足够快速、简单。但该算法需要指定集群的数量，而 k 值的选择通常都不是那么容易确定的。另外，如果训练数据中的真实集群并不是类球状的，那么 k-means 聚类会得出一些比较差的集群。

2）基于密度的聚类方法

k-means 算法对于凸性数据具有良好的效果，能够根据距离将数据分为球状类的簇，但对于非凸形状的数据点就无能为力。此时需要用到基于密度的聚类方法，该方法需要定义两个参数 ξ 和 M，它们分别表示密度的邻域半径和邻域密度阈值。

DBSCAN 算法就是其中典型的算法。DBSCAN 算法有以下几个特点：①需要提前确定密度的邻域半径 ξ 和聚类的邻域密度阈值 M 值；②不需要提前设置聚类的个数；③对初值选取敏感，对噪声不敏感；④对密度不均的数据的聚合效果不好。

3）层次化聚类方法

层次化聚类方法的主要思想是通过构建数据点之间的层次关系来进行聚类。在层次聚类中，数据点首先被视为单个聚类，然后根据它们之间的相似性逐步合并或分裂，最终形成一个层次结构的聚类结果。本节主要介绍 Agglomerative 层次聚类算法。Agglomerative 层次聚类是一种自下而上的聚类方法，其主要思想是从每个数据点作为一个单独的聚类开始，然后通过计算不同聚类之间的相似性来逐步合并最相似的聚类，直到所有数据点最终合并为一个大的聚类。在这个过程中，聚类之间的相似性通常使用某种距离度量来衡量，如欧氏距离、曼哈顿距离或相关性度量等。通过不断合并相似的聚类，最终形成一个聚类层次结构，可以根据需要在不同的层次上停止并得到不同数量的聚类。

3.6.3　主成分分析方法

1. 相关背景

在许多领域的研究与应用中，通常需要对含有多个变量的数据进行观测，收集大量数据后进行分析寻找规律。多变量大数据集无疑会为研究和应用提供丰富的信息，但是也在一定程度上增加了数据采集的工作量和问题分析的复杂性。因此需要找到一种合理的方法，在减少需要分析的指标的同时，尽量减少原指标包含信息的损失，以达到对所收集的数据进行全面分析的目的。由于各变量之间存在一定的相关关系，因此可以考虑将关系紧密的变量变成尽可能少的新变量，使这些新变量是两两不相关的，那么就可以用较少的综合指标分别代表存在于各个变量中的各类信息。

数据降维的算法有很多，如奇异值分解（SVD）、主成分分析（PCA）、因子分析（FA）、独立成分分析（ICA）等。

2. PCA 原理详解

PCA，即主成分分析，是一种使用最广泛的数据降维算法。PCA 的主要思想是将 n 维特征映射到 k 维上，这 k 维是全新的正交特征也称为主成分，是在原有 n 维特征的基础上重新构造出来的 k 维特征。

由于求解协方差矩阵的特征值和特征向量有两种方法：特征值分解协方差矩阵、奇异值分解协方差矩阵，因此 PCA 算法有两种实现方法：基于特征值分解协方差矩阵实现 PCA 算法、基于 SVD 分解协方差矩阵实现 PCA 算法。

1）基于特征值分解协方差矩阵实现 PCA 算法

输入：数据集 $X = \{x_1, x_2, x_3, \cdots, x_n\}$，需要降到 k 维。

① 去平均值（即去中心化），即每一个特征值减去各自的平均值。

② 计算协方差矩阵 $\dfrac{1}{n}XX^{\mathrm{T}}$。

③ 用特征值分解方法求协方差矩阵 $\dfrac{1}{n}XX^{\mathrm{T}}$ 的特征值与特征向量。

④ 对特征值从大到小排序，选择其中最大的 k 个。然后将其对应的 k 个特征向量分别作为行向量组成特征向量矩阵 P。

⑤ 将数据转换到 k 个特征向量构建的新空间中，即 $Y = PX$。

2）基于 SVD 分解协方差矩阵实现 PCA 算法

输入：数据集 $X = \{x_1, x_2, x_3, \cdots, x_n\}$，需要降到 k 维。

① 去平均值，即每一个特征值减去各自的平均值。

② 计算协方差矩阵。

③ 通过 SVD 计算协方差矩阵的特征值与特征向量。

④ 对特征值从大到小排序，选择其中最大的 k 个，将其对应的 k 个特征向量分别作为列向量组成特征向量矩阵。

⑤ 将数据转换到 k 个特征向量构建的新空间中。

3.6.4　基于马尔可夫链的特征提取

马尔可夫链是一种数学模型，用于描述具有马尔可夫性质的随机过程。它是依赖于当前状态的概率转移过程，即未来状态只与当前状态有关，而与过去的状态无关。

马尔可夫链在许多领域中具有重要作用和意义，包括概率论和统计学、自然语言处理、金融学和经济学、生物学和遗传学、机器学习和人工智能等方面。这些模型可用于序列建模、语音识别、图像处理等任务。马尔可夫链在各个领域中都具有重要作用，它提供了一种描述状态转移的数学工具，有助于理解和预测随机过程的行为和性质。

1. 马尔可夫链的定义

马尔可夫链是一组具有马尔可夫性质的离散随机变量的集合。具体地，对概率空间内以一维可数集为指标集的随机变量集合 $X = \{X_n : n > 0\}$，若随机变量的取值都在可数集内：$X = s_i, s_i \in s$，且随机变量的条件概率满足如下关系：

$$P(X_{t+1} \mid \cdots X_{t-2}, X_{t-1}, X_t) = P(X_{t+1} \mid X_t) \tag{3.74}$$

则 X 称为马尔可夫链，可数集 $s \in \mathbb{Z}$ 称为状态空间，马尔可夫链在状态空间内的取值称为状态。

某一时刻状态转移的概率只依赖于它的前一个状态，我们只要能求出系统中任意两个状态之间的转换概率，这个马尔可夫链模型就能确定。每一个状态都以一定的概率转化到下一个状态，这个状态概率转化图可以用矩阵的形式表示。这就是我们常说的马尔可夫链模型状态转移矩阵。

2. 马尔可夫链模型状态转移矩阵的性质

从不同初始概率分布开始，代入马尔可夫链模型状态转移矩阵，最终状态概率分布趋于同一个稳定的概率分布，也就是说马尔可夫链模型状态转移矩阵收敛到的稳定概率分布与初始状态概率分布无关。

这个性质对离散状态、连续状态都成立。

3. 基于马尔可夫链采样

如果得到了某个平稳分布所对应的马尔可夫链模型状态转移矩阵，就很容易得到样本集。

假设任意初始的概率分布是 $\pi_0(x)$，经过第一轮马尔可夫状态转移后的概率分布是 $\pi_1(x)$，第 i 轮的概率分布是 $\pi_i(x)$。假设经过 n 轮后马尔可夫链收敛到平稳分布 $\pi(x)$，即

$$\pi_n(x) = \pi_{n+1}(x) = \pi_{n+2}(x) = \cdots = \pi(x) \tag{3.75}$$

对于每个分布 $\pi_i(x)$，有

$$\pi_i(x) = \pi_{i-1}(x)P = \pi_{i-2}(x)P^2 = \pi_0(x)P^i \tag{3.76}$$

现在可以开始采样了，首先基于初始任意简单概率分布如高斯分布 $\pi_0(x)$ 采样得到状态值 x_0，然后基于条件概率分布 $P(x|x_0)$ 采样得到状态值 x_1，一直进行下去，当状态转移进行到一定的次数时，如到 n 次时，可以认为此时的采样集 $(x_n, x_{n+1}, x_{n+2}, \cdots)$ 是符合平稳分布的对应样本集，可以用来做蒙特卡罗模拟求和了。

4. 马尔可夫链采样过程

(1) 输入马尔可夫链模型状态转移矩阵 P，设定状态转移次数值 n_1，需要的样本个数 n_2。

(2) 从任意简单概率分布采样得到初始状态值 x_0。

(3) $t = 0$ 到 $n_1 + n_2 - 1$：从条件概率分布 $P(x|x_t)$ 中采样得到样本 x_{t+1}，样本集 $(x_{n_1}, x_{n_1+1}, \cdots, x_{n_1+n_2-1})$ 即为我们需要的平稳分布对应的样本集。

3.7 本 章 小 结

本章首先介绍了幅域、阶次域和能量域的特征参量提取方法，验证了特征提取在数据分析中的重要性；其次通过小波相干、时频相干和包络分析等多信号特征提取的分析方法，探讨了关联性分析的方法和原理，并应用具体案例证明其有效性；最后提出回归方法、聚类方法、主成分分析、马尔可夫链等面向大数据的特征提取方法以及它们在大数据分析中的作用，旨在帮助读者理解如何实现从复杂的数据中提取有效的特征以支持后续分析和决策。特征提取是数据分析中的重要环节，通过本章的学习，读者能够掌握特征提取的基本原理和常用方法，以及相关分析在数据关联性分析中的应用。同时，大数据统计特征提取技术为处理大规模数据提供了有效的手段和工具。

习   题

3-1   什么是幅频域特征？如何提取幅频域特征？

3-2   什么是小波相干？怎样根据小波相干函数估算两个信号之间的相位差？

3-3   小波相干分析在信号处理中有哪些实际应用？请分别举例说明。

3-4   如何利用小波相干分析多通道信号之间的相关性？

3-5   简述 HHT 的步骤。

3-6   对于某信号 $x(t) = 0.8\cos(20\pi t)$，试提取该信号的能量域特征指标。

3-7   随机写出两个非稳态信号，试求出两信号的交叉小波功率谱和小波相干函数值。

3-8   给出 3.5.4 节中分别为空载和满载状态下减速器在测点 x 方向、1210r/min 时信号的 EMD 分解结果。

3-9   简述主成分分析法的原理和实现方法。

3-10   请搜集资料对比三种不同数据聚类方法的优缺点。

第4章 基于浅层学习的智能故障诊断

4.1 引　言

工程现场的科研人员需要的不仅是经信号处理所给出的设备运行状态的各种特征参数，还要求明确给出分析结果，从而实现直观的、自动的、智能的设备健康状态管理。在这种需求背景下并依托人工智能技术的快速发展，诊断技术已开始进入一个新阶段，即智能化诊断阶段。智能故障诊断技术是故障诊断与智能方法相结合的产物，其综合运用多种人工智能技术和现代信号处理技术为工业设备持续正常运行提供良好的技术支撑。

早期的智能故障诊断理论与方法以浅层机器学习模型为主，即模型结构不含隐含层（非线性特征变换过程）或仅含一个隐含层。机器学习的本质是基于数据训练模型，通过各种算法从数据中学习如何完成任务，并以此来分析新数据，如人工神经网络、支持向量机、随机森林和极限学习机等。由于这些浅层模型结构简单、易于训练，因而在智能故障诊断中得到广泛应用。一般而言，基于浅层模型的智能故障诊断方法主要包括以下3个环节。

(1) 人工特征提取：诊断专家利用先进的信号处理技术解析设备监测信号的特性，设计相关算法提取特征，表征设备的故障信息。

(2) 特征降维：若提取特征的维度过高，需要利用特征选择或特征抽取等降维手段对故障特征进行优选，克服维数灾难问题。

(3) 健康状态识别：以得到的故障特征为输入，采用浅层机器学习模型识别设备的健康状态。

本章将重点介绍人工神经网络、支持向量机和随机森林等经典浅层机器学习模型的基础理论和核心公式，以及这三种模型的智能故障诊断算例。

4.2　基于人工神经网络的智能故障诊断

4.2.1　人工神经网络的基础理论

人工神经网络最早起源于20世纪40年代的M-P(McCulloch and Pitts)模型，它是人工智能领域的重要发现，同时也是人类在计算工具领域取得的标志性成果。人工神经网络的工作原理与真实的生物神经系统(人脑)的工作过程较为相似，这让它具有了类似于人脑的信息加工与处理能力，它借助计算机软件通过不断迭代的数字化运算，来完成现实中复杂的非线性目标任务。

人工神经网络实际上是由大量仿生的人工神经元构成的，其实质是对真实生物神经元特征的简化和抽象。人工神经元是集信息存储、转换、处理为一体的神经网络基础单元，它具有时间上并行处理、空间上分布存放的特点。并行处理能力使神经网络具有较快的运行速度，并呈现出功能的多样化；分布式存放能力使神经网络具有了优异的容错性能，即当网络中的部分神经元输入信号出现模糊或变形时，有效的真实信息仍可在其他神经元中获得并给出逼近解，这类似于人脑回忆时从某些信息片段恢复到接近信息全貌的能力。因此，这些特征使得人工神经网络具有了自组织、自适应、分布式记忆(存储)以及并行处理复杂信息的能力。

1. 人工神经元的基本模型

人工神经元又称为节点，各节点之间通过权值进行连接。人工神经元的基本模型结构如图 4.1 所示。

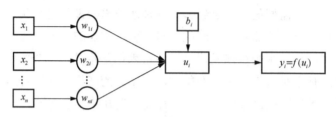

图 4.1　人工神经元的基本模型结构

图 4.1 中，$x_1, x_2, \cdots, x_n$ 表示神经元接收的 n 个输入信号，形成的输入矩阵记为 $\boldsymbol{X} = (x_1, x_2, \cdots, x_n)^{\mathrm{T}}$；$w_{1i}, w_{2i}, \cdots, w_{ni}$ 表示连接权值，权值矩阵记为 $\boldsymbol{W} = (w_{1i}, w_{2i}, \cdots, w_{ni})^{\mathrm{T}}$；$b_i$ 为阈值；u_i 表示神经元的激活状态(输入信号的汇总值与阈值的差)，u_i 可表示为

$$u_i = \sum (w_{ni} * x_n) - b_i \tag{4.1}$$

其中，当 u_i 大于 0 时，当前神经元被激活；当 u_i 小于 0 时，当前神经元被抑制。y_i 表示输出层第 i 个节点的输出值，但该输出值仍可作为其后一层的某个节点的输入值，该输出值可表示为

$$y_i = f(u_i) \tag{4.2}$$

式中，$f(\cdot)$ 表示层间的连接函数(激活函数或激励函数)，该函数的功能是对输入的信号进行变换。此外，该函数的性能往往会对神经网络的收敛速度以及输出信号的质量有着重要的影响。

目前，常用的激励函数类型主要有阶跃函数、线性函数以及非线性函数 3 大类。

1)阶跃函数

阶跃函数又称作阈值函数，当目标任务仅用来判断是或非问题时，常用此函数。其一般的表示形式为

$$f(u_i) = \begin{cases} 1, & u_i > 0 \\ 0, & u_i \leqslant 0 \end{cases} \tag{4.3}$$

2)线性函数

该类型的函数是一类较为简单的激励函数，其主要作用是将神经元接收到的输入信号进行线性的调整(放大或缩小)。这类激励函数一般只能处理一些简单的具有线性相关性或线性可分的样本，而对于非线性的样本，一般难以进行有效的处理。其一般的表示形式为

$$f(u_i) = k u_i \tag{4.4}$$

式中，k 为常数。

3）非线性函数

S 形函数是应用最为广泛的非线性函数，该函数又称为压缩函数。其一般的表示形式如下：

$$f(u_i) = \frac{1}{1 + e^{-u_i}} \tag{4.5}$$

目前，该类型的激励函数是应用最为广泛的。它的广泛应用主要基于以下两点优势：①对输入的信号具有良好的增益响应；②自身具有良好的非线性转换、传导能力。

神经网络的种类较多且分类方法也不尽相同，其中较为典型的神经网络类型主要有：应用最为广泛的 BP（back propagation）神经网络、具有优异的局部逼近能力的 RBF（radial basis function）神经网络以及具有优异的循环优化反馈能力的 Hopfield 神经网络。本节将对 BP 神经网络进行详细介绍。

2. BP 神经网络概述

BP 神经网络，是由 Rumelhart 和 McCelland 在 1986 年共同提出的一种典型的多层前馈型（通常为三层）人工神经网络。从结构上讲，它由输入层、隐含层和输出层构成且各层内均有节点，相邻层节点之间由权值连接，但各层内的节点之间相互独立。在实际应用中单隐含层的 BP 神经网络同样能很好地满足计算的需要。该类型的神经网络模型主要应用于优化计算、函数逼近、图像处理和数值预测等多个领域，是目前应用最为广泛的神经网络模型。BP 神经网络的结构简图如图 4.2 所示。

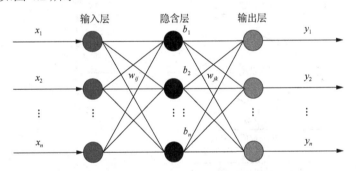

图 4.2　BP 神经网络的结构

图 4.2 中，$x_1, x_2, \cdots, x_n$ 为输入的变量，w_{ij} 为输入层与隐含层之间的连接权值，w_{jk} 为隐含层与输出层之间的连接权值，$b_1, b_2, \cdots, b_n$ 为隐含层的输出值，$y_1, y_2, \cdots, y_n$ 为输出层的输出值。

3. BP 神经网络的架构

BP 神经网络算法的精髓是误差梯度下降法。其核心思想是：首先将学习样本的输入信号（一般会进行归一化操作）送至输入层，而后经隐含层传递到输出层，经输出层的计算后，输出对应的预测值。当预测值和真实值（期望值）间的误差达不到预设的目标精度要求时，网络会从输出层逐层向输入层反馈该误差信息，并调整各层间的权值、阈值，通过反复循环迭代逐步降低网络的输出值与样本的期望输出值之间的误差，直至满足设定的循环次数或精度要求，此时网络的学习过程结束，并获取到优化后的权值、阈值（内在关系），而后以该内在关系为基础，提取未知样本的输入信息，即可获得对未知样本的映射（预测）。

BP 神经网络的运行框架具体可分为以下几个部分。

(1)网络拓扑结构的确定(输入-隐含-输出)及相关参数的初始化。

(2)BP 神经网络的学习,信息由输入层经隐含层传递到输出层,经输出层计算后输出该过程网络的实际输出。

(3)计算网络数据实际输出与样本数据期望输出之间的误差,并依据得到的误差信息反向传播到输入层,同时调整各层之间的权值、阈值。

(4)循环迭代步骤(1)和(2)两个过程,逐步降低计算误差,直到误差达到设定的目标误差或循环迭代次数达到设定的最大次数。

(5)获取到最优的权值、阈值。

(6)提取测试样本的输入信息,借助步骤(5)获取到的最优的权值、阈值,便可计算出测试样本的预测输出。

其运算过程的流程如图 4.3 所示。

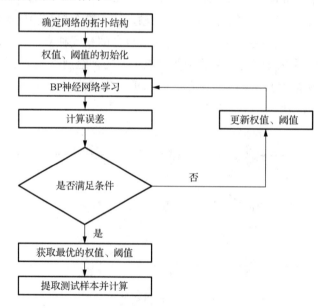

图 4.3 BP 神经网络的运算过程

4. BP 神经网络的运行机制

BP 神经网络的运行机制主要分为两大部分,即网络输入信息的正向传递、网络计算误差信息的反向传播。

1)网络输入信息的正向传递(输入层-输出层)

输入层第 i 个节点的输出为 x_i,隐含层第 j 个节点的输出为 y_j,正向传递具体的数学表达过程为

$$y_j = f_1\left(\sum_{i=1}^{p} w_{ij} * x_i + b_j\right), \qquad j = 1, 2, \cdots, p \tag{4.6}$$

式中, p 为隐含层节点数量; $f_1(\cdot)$ 为隐含层的激励函数。

输出层第 k 个节点的输出为 y_k，其表达式为

$$y_k = f_2 \left(\sum_{j=1}^{s} w_{jk} * y_j + b_k \right), \quad k = 1, 2, \cdots, s \tag{4.7}$$

式中，s 为输出层节点数量；$f_2(\cdot)$ 为输出层节点的激励函数。

2) 网络计算误差信息的反向传播(输出层-输入层)

误差信息的反向传播的数学表达过程如下：

$$E = \frac{1}{2} \sum_{k=1}^{s} e_k^2 \tag{4.8}$$

式中，E 为网络误差；e_k 为输出层第 k 个节点的误差。

网络的计算误差首先反馈到隐含层，并调整输出层与隐含层之间的权值和阈值。修正的方向为 E 与 w_{jk} 之间的负(反)梯度。修正量 $\Delta w_{jk}(n)$ 的表达式为

$$\Delta w_{jk}(n) = -\eta \frac{\partial E(n)}{\partial w_{jk}(n)} \tag{4.9}$$

式中，η 为网络的学习率；n 为网络的迭代次数。

由偏导数的链式法可得

$$\frac{\partial E(n)}{\partial w_{jk}(n)} = \frac{\partial E(n)}{\partial e_k(n)} \frac{\partial e_k(n)}{\partial y_k(n)} \frac{\partial y_k(n)}{\partial v_k(n)} \frac{\partial v_k(n)}{\partial w_{jk}(n)} \tag{4.10}$$

式中，v_k 为输出层的输入变量在第 k 个输出层节点上的加权求和。

逐项求导如下：

$$\frac{\partial E(n)}{\partial e_k(n)} = e_k(n); \quad \frac{\partial e_k(n)}{\partial y_k(n)} = -1; \quad \frac{\partial y_k(n)}{\partial v_k(n)} = f_2'(w_k(n)); \quad \frac{\partial v_k(n)}{\partial w_{jk}(n)} = y_j(n) \tag{4.11}$$

修正量 $\Delta w_{jk}(n)$ 可表示为

$$\Delta w_{jk}(n) = -\eta \frac{\partial E(n)}{\partial w_{jk}(n)} = \eta e_k(n) f_2'(v_k(n)) y_j(n) = \eta \delta_k y_j(n) \tag{4.12}$$

式中，δ_k 为输出层的误差梯度。

调整后的权值 $w_{jk}(n+1)$ 可表示为

$$w_{jk}(n+1) = w_{jk}(n) + \Delta w_{jk}(n) \tag{4.13}$$

同理可得，阈值 $b_k(n)$ 的修正量 $\Delta b_k(n)$ 可表示为

$$\Delta b_k(n) = -\eta \frac{\partial E(n)}{\partial b_k(n)} = -\eta \frac{\partial E(n)}{\partial e_k(n)} \frac{\partial e_k(n)}{\partial y_k(n)} \frac{\partial y_k(n)}{\partial v_k(n)} \frac{\partial v_k(n)}{\partial b_k(n)} = \eta e_k(n) f_2'(v_k(n)) = \eta \delta_k \tag{4.14}$$

调整后的阈值 $b_k(n+1)$ 可表示为

$$b_k(n+1) = b_k(n) + \Delta b_k(n) \tag{4.15}$$

计算误差经隐含层传递到输入层，并调整输入层与隐含层之间的权值和阈值。输入层到隐含层之间的权值修正量 $\Delta w_{ij}(n)$ 的表达式为

$$\Delta w_{ij}(n) = -\eta \frac{\partial E(n)}{\partial w_{ij}(n)} \tag{4.16}$$

由偏导数的链式法可得

$$\frac{\partial E(n)}{\partial w_{ij}(n)} = \frac{\partial E(n)}{\partial e_k(n)} \frac{\partial e_k(n)}{\partial y_j(n)} \frac{\partial y_j(n)}{\partial v_j(n)} \frac{\partial v_j(n)}{\partial w_{ij}(n)} \tag{4.17}$$

式中，v_j 为隐含层的输入变量在第 j 个隐含层节点上的加权求和。

逐项求导如下：

$$\frac{\partial y_j(n)}{\partial v_j(n)} = f_1'\big(v_j(n)\big); \qquad \frac{\partial v_j(n)}{\partial w_{ij}(n)} = x_i(n) \tag{4.18}$$

修正量 $\Delta w_{ij}(n)$ 如下：

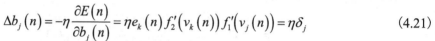

$$\Delta w_{ij}(n) = -\eta \frac{\partial E(n)}{\partial w_{ij}(n)} = \eta e_k(n) f_2'\big(v_k(n)\big) w_{jk}(n) f_1'\big(v_j(n)\big) x_i(n) = \eta \delta_j x_i(n) \tag{4.19}$$

式中，δ_j 为隐含层的误差梯度。

调整后的权值 $w_{ij}(n+1)$ 可表示为

$$w_{ij}(n+1) = w_{ij}(n) + \Delta w_{ij}(n) \tag{4.20}$$

同理可得，阈值 $b_j(n)$ 的修正量 $\Delta b_j(n)$ 为

$$\Delta b_j(n) = -\eta \frac{\partial E(n)}{\partial b_j(n)} = \eta e_k(n) f_2'\big(v_k(n)\big) f_1'\big(v_j(n)\big) = \eta \delta_j \tag{4.21}$$

调整后的阈值 $b_j(n+1)$ 可表示为

$$b_j(n+1) = b_j(n) + \Delta b_j(n) \tag{4.22}$$

神经网络
反向传播
原理

从上面的推导过程可以看出，权值及阈值的调节主要与学习率 η、误差信号以及输入信号这三个因素有关。此外，还能够得出结论：使用的激励函数必须是连续可微的；BP 神经网络的权值、阈值的调整幅度与其误差梯度存在直接关系，即当误差梯度较小时，调整幅度较小，当误差梯度较大时，调整幅度较大；BP 神经网络的权值、阈值的调整幅度与学习率成正比，即当学习率较大时，调整幅度较大，当学习率较小时调整幅度较小。

5. BP 神经网络的优缺点

1) BP 神经网络的优点

BP 神经网络自诞生后就得到了学术界极大的关注，并极大地推动了人工神经网络的发展，更是在很多领域得到了较为广泛的应用，这得益于其拥有的以下优点。

（1）良好的非线性映射能力。

BP 神经网络无须提前揭示事务具体的数理关系，仅通过输入可能对结果有影响的变量，便能有效地构建出对输出结果的非线性的映射关系，这使得它在求解某些内部过程十分复杂的问题时具有先天的优势。

（2）优异的自学习能力。

BP 神经网络通过大量学习样本数据可以自动地提取或探索出隐藏在这些数据中的某种"合理的解规则"，这就表明它具有优异的自学习能力。

（3）良好的泛化能力。

BP 神经网络的泛化能力主要体现在自学习过程中探索到的解规则对未知样本的外推能

力，即其对学习样本先行探索出数据间隐藏的解规则，而后借助该规则求解出其他未知的样本结果。

(4) 优异的容错能力。

BP 神经网络能够将网络接收到的输入信息随机分配到连接层间节点的多个权值之中，若其中一个或一部分输入信息出现异常，不会对神经网络的整体稳定运行造成严重的负面影响。正是基于此，BP 神经网络在对数据计算或分析时拥有了较强的容错能力。

2) BP 神经网络的缺点

纵然 BP 神经网络自身具有优异的自学习能力、容错能力、泛化能力以及众多的现实应用案例，但它并不是完美的，还存在一定的不足之处。

(1) 学习率参数的选取。

通过上述机制分析可以得出，学习率是 BP 神经网络的重要参数，其参数数值的选取对 BP 神经网络具有很大的影响；但遗憾的是到目前为止，对于该参数的选取仍然缺乏行之有效的方法。目前，实际使用的学习率数值通常为 0~1。

(2) 收敛速度慢。

从数学角度看，其本质上是误差梯度下降法，该算法在求解复杂问题时，其运算过程势必会出现类似于"锯齿形"的振荡过程，造成计算的收敛速度缓慢。更重要的是，网络在学习过程中也存在出现误差梯度接近 0，甚至等于 0 的情况，当网络进入这些区域后，网络对权值、阈值的修正会很小，甚至会出现一些平坦区，使整个学习过程陷入停顿。

(3) 易陷入局部极小值点。

BP 神经网络算法也可被视为是局部优化的搜索算法，因此，它很有可能会陷入局部极值的陷阱，最终造成学习失败。BP 神经网络的这个缺点也是造成它不能以较高精度逼近目标输出的"罪魁祸首"。复杂的多维非线性问题的误差特征往往会是一个不规则的多维曲面，此外，在这个不规则的误差曲面中往往还隐藏着很多陷阱（局部极小值点）。BP 神经网络在计算这类问题时极有可能会陷入这些埋伏的"陷阱"之中。传统的 BP 神经网络算法一旦陷入这些隐藏的局部极小值点，就难以自行逃出该陷阱，最终会导致 BP 神经网络不能有效地逼近目标输出。

(4) 网络自身结构的选取（输入-隐含-输出节点数量）。

建立一个 BP 神经网络模型即确定网络结构并对问题进行求解，最主要的内容就是确定神经网络的层数和节点的数量，所设计的网络的结构将直接影响网络诊断结果的可靠性。

输入层起缓冲存储器的作用，即把数据加到神经网络上。如果输入节点数过多会导致网络过于庞大，不可避免地引入更多噪声，过少则不能保证网络所需要的信息量，因此选择网络的输入节点是建模的重要任务。神经网络的输入层节点数取决于输入特征向量的个数，即这些节点能够代表每个数据源，如果数据源中含有大量的未经处理的或者虚假的信息数据，那么必将会妨碍对网络的正确训练，所以，要剔除那些无效的数据，确定出数据源的合适数目。

由于希望能够直接从输出结果得到故障模式的判断，所以输出层的节点数取决于输出特征向量的个数。例如，采用二进制编码方式，滚动轴承的故障编码即 BP 神经网络的期望输出。根据滚动轴承的主要故障类型，确定其 4 种工作状态编码，分别为正常状态 (0,0,0)；外圈故障 (1,0,0)；内圈故障 (0,1,0)；滚动体故障 (0,0,1)。只需 4 个输出节点，因此确定神经网络的输出层节点数为 4。

到目前为止，隐含层节点数的选取缺乏统一而有效的理论指导。隐含层节点数的选取只能由人为经验进行选定，故 BP 神经网络的结构选择有时也被称为是一种选择的艺术。隐含层节点数的选取不仅仅是网络结构的不同，更重要的是它的选取会直接影响整个网络的性能表现（学习能力、推广能力）。因此，在实际应用中，如何有效地针对具体问题选择一个合适的网络结构是一直以来所探讨的问题。目前，隐含层的节点数主要基于以下三种经验公式进行选取：

$$j = \sqrt{n_1 + n_2} + a \tag{4.23}$$

$$j = \log_2 (n_1 + n_2) \tag{4.24}$$

$$\sum_{i=0}^{n_1} C_j^{n_1} > m \tag{4.25}$$

式中，j 代表隐含层的节点数；n_1、n_2 分别代表输入层、输出层的节点数；a 为常数；m 代表学习样本的个数。

上述的三类经验公式，可以为隐含层节点数的选取提供一个参考范围，而在实际问题的应用中，一般还是会通过试错法来确定出最终的隐含层节点数。

4.2.2　人工神经网络的智能故障诊断算例

1. 人工神经网络的智能故障诊断流程

人工神经网络用于故障诊断，就是对对象进行模式分类。在应用之前必须经过学习，这就需要足够的训练样本用以训练网络，这些训练样本不仅要包括对特征量的描述，还应有它们各自对应的模式类别的表示。所以，人工神经网络诊断系统进行故障诊断一般遵循以下步骤。

步骤 1：收集诊断对象不同故障状态下的原始监测信号，如振动加速度信号，明确已收集数据的故障模式，赋予数据标签信息。

步骤 2：预处理原始监测信号，提取时域、频域或时频域等特征并做归一化处理，结合归一化特征数据及其标签信息以构造足够数量的训练样本和一定数量的测试样本，作为后续 BP 神经网络的输入。

步骤 3：构造 BP 神经网络的智能故障诊断模型，根据输入特征向量的维度和输出标签的维度依次确定神经网络的输入层节点数和输出层节点数，确定合适的隐含层节点数、激活函数类型、学习率、迭代次数等模型超参数。

步骤 4：初始化 BP 神经网络模型权值和阈值参数，输入预处理及特征处理后的样本训练模型，直到误差达到设定的目标误差或循环迭代次数达到设定的最大次数，得到最优的权值和阈值。

步骤 5：将测试样本输入已训练的 BP 神经网络智能故障诊断模型，得到测试样本的诊断结果，评估诊断性能。

基于 BP 神经网络的智能故障诊断流程主要由训练 BP 神经网络和通过训练后的 BP 神经网络诊断故障两部分组成。智能故障诊断流程如图 4.4 所示。

2. 试验台以及试验数据介绍

本算例的试验数据来自美国凯斯西储大学轴承数据中心网站。该数据集是一个常用的轴承故障数据集，用于故障诊断和预测的研究。该数据集包含了来自不同故障模式和工作条件下的轴承振动数据。

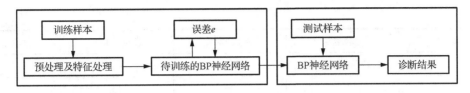

图 4.4　基于 BP 神经网络的滚动轴承故障诊断流程

数据集描述的是在旋转机械系统中使用的轴承的振动信号数据。轴承是旋转机械中的重要组件，常常承受着高速和高负荷的工作环境，因此容易发生故障。自身内部的缺陷有很多种像在加工生产时产生的或者在组装过程中导致的形变，外部环境所导致的故障也有很多种，如变形、磨损、裂变等。通过监测轴承的振动信号，可以获得关于轴承运行状态的信息，进而进行故障诊断和预测。通过在电机壳体的驱动端、风扇端和基座上放置加速度计，可以获取到三个不同位置的振动数据。这些数据的区别在于它们所测量的振动信号反映的是不同的物理现象和特征，因而可以提供不同的信息用于故障诊断和监测。试验轴承采用电火花加工制造人工故障，数据保存为*.mat 格式。

本算例选择的试验设置如表 4.1 所示，将采集的电机壳体驱动端滚动轴承数据作为研究。所选被测滚动轴承损伤直径是 0.007in（1in=2.54cm）。该振动加速度信号包括正常状态无故障信号，内圈故障、滚子故障和外圈 3 点钟、6 点钟和 12 点钟三个方向的故障信号，共 6 种类型。

表 4.1　试验条件

轴承型号	电机转速/(r/min)	负载/hp(马力)	采样频率/kHz
6205-2RS	1730	3	12

注：1hp≈0.735kW。

将滚动轴承的 6 种工作状态类型设置相应的分类标签：正常状态（100.mat）称为状态 1，其对应标签为 1；内圈故障（108.mat、172.mat、212.mat）为状态 2，对应标签为 2；滚子故障（121.mat、188.mat、225.mat）为状态 3，对应标签为 3；外圈 3 点钟（147.mat）、6 点钟（133.mat、200.mat、237.mat）和 12 点钟（160.mat）三个方向的故障分别为状态 4、5、6，其对应标签为 4、5、6。然后，按照 9∶1 随机抽取训练样本和测试样本。6 种工作状态与对应文件名如表 4.2 所示，训练数据和测试数据分配如表 4.3 所示。

表 4.2　本算例选取的试验数据说明

正常（文件名）	内圈故障 （文件名）	滚子故障 （文件名）	外圈故障（文件名）		
			3:00	6:00	12:00
100.mat	108.mat	121.mat	147.mat	133.mat	160.mat
	172.mat	188.mat		200.mat	
	212.mat	225.mat		237.mat	

表 4.3　试验数据分配

轴承状态	总样本数	训练样本数	测试样本数	样本标签
1	100	90	10	1
2	100	90	10	2

续表

轴承状态	总样本数	训练样本数	测试样本数	样本标签
3	100	90	10	3
4	100	90	10	4
5	100	90	10	5
6	100	90	10	6
样本总数	600	540	60	—

3. 特征提取及故障诊断结果

1) 信号特征提取

采用 BP 神经网络诊断滚动轴承故障的关键工作之一,即为在采集滚动轴承的振动信号的时域或频域特征参数中,选取合适的故障特征参数用作神经网络的输入。

为了得到各个类型信号完整的振动信息又不明显增加信息处理的时间,研究分别截取 6 种类型信号的前 120000 个数据点进行分析,将每种类型的数据进行切片处理,每个切片包含 1200 个数据点,得到 600 个切片。

由滚动轴承原始振动信号得到 600 个数据切片,提取每个切片的时域特征、频域特征和小波包分解特征。其中提取的时域特征包括最大值、平均值、峰峰值、方差等 10 个;提取的频域特征包括中心频率和频率方差;提取的小波包分解特征是振动信号经过 3 层小波包分解后各频带的相对能量值。其中小波包分解采用的小波基函数是 DB3,分解后得到 8 个频带。将提取得到的特征参数组合成每份样本的特征向量,每份样本得到一个 20 维的向量。

2) 故障诊断结果

为保证数据运算时的稳定,消除不同量纲之间的差别,需要对所有样本数据进行归一化,这里采用线性归一化方式,将数据转换到[0,1]之间。基于归一化后的时域、频域、时频域特征,采用三层(输入层、隐含层、输出层)BP 神经网络结构来实现滚动轴承的故障诊断。根据样本包含的 20 个特征向量,确定神经网络的输入层神经元个数为 20;样本分为 6 种工况,确定输出层神经元个数为 6。根据经验公式(4.23)计算隐含层的神经元个数, a 是[1,10]之间的常数。取 a =5,确定隐含层的神经元个数为 10。

将归一化后的数据通过已建立的 BP 神经网络进行故障诊断。最大迭代次数设置为 600 步,目标误差设置为 10^{-2}。试验结果用准确率记录,准确率为识别正确的样本个数除以测试样本个数。

试验重复 5 次,每次试验的试验结果如表 4.4 所示。从试验结果可以看出,BP 神经网络对于滚动轴承正常、内圈故障、滚子故障、外圈三个方向故障的识别准确率较高,故障诊断能力较好。

表 4.4　重复试验 5 次的诊断结果

试验次数	1	2	3	4	5
准确率/%	95.92	95.33	96.59	94.78	96.16

4.3　基于支持向量机的智能故障诊断

4.3.1　支持向量机的基础理论

支持向量机(SVM)是在统计学习理论的基础上发展起来的一种机器学习方法，其本质就是一种二类分类模型。支持向量机的基本模型是定义在特征空间上的间隔最大的线性分类器。支持向量机理论还包括了核函数的使用，这使它在非线性分类中成为可能。

支持向量机学习方法包含构建由简至繁的模型：线性可分 SVM、线性 SVM 及非线性 SVM。当训练数据线性可分时，通过硬间隔最大化，学习一个线性的分类器，即线性可分支持向量机，又称为硬间隔支持向量机；当训练数据近似线性可分时，通过软间隔最大化，也学习一个线性的分类器，即线性支持向量机，又称为软间隔支持向量机；当训练数据线性不可分时，通过使用核技巧及软间隔最大化，学习非线性支持向量机。当输入空间为欧氏空间或离散集合、特征空间为希尔伯特空间时，核函数表示将输入从输入空间映射到特征空间得到的特征向量之间的内积。通过使用核函数可以学习非线性支持向量机，等价于隐式地在高维的特征空间中学习线性支持向量机，这样的方法称为核技巧。核方法是比支持向量机更为一般的机器学习方法。

1. 支持向量机二分类算法原理

1) 间隔最大化

假设给定一个特征空间上的训练数据集为

$$T = \left\{ (x_1, y_1), (x_2, y_2), \cdots, (x_n, y_n) \right\} \tag{4.26}$$

式中，$x_i \in \mathbf{R}^n$；$y_i \in \mathbf{R}^n$，$i = 1, 2, \cdots, n$，x_i 代表第 i 个特征向量，也称为第 i 个实例；y_i 是 x_i 的类标记，当 $y_i = +1$ 时，x_i 称为正例；当 $y_i = -1$ 时，x_i 称为负例，(x_i, y_i) 称为样本点。

定义了符合线性可分条件的数据集后，通过间隔最大化方法求解得到的分离超平面为

$$w^* \cdot x + b^* = 0 \tag{4.27}$$

以及相应的分类决策函数为

$$f(x) = \mathrm{sgn}\left(w^* \cdot x + b^* \right) \tag{4.28}$$

式中，w 为超平面对应的法向量(或称权向量)；b 为偏移量。

SVM 模型有两个目标，一是最大化间隔，二是最小化错分程度。为了把这两个目标综合为一个目标，引进了惩罚因子来综合这两个目标的权重。

定义：所涉及的间隔最大化如图 4.5 所示。

对于给定的训练数据集 T 和超平面 (w, b)，数据集中任一点 $A(x_i, y_i)$ 到超平面的几何间隔为

$$\gamma_i = y_i \left(\frac{w}{\|w\|} \cdot x_i + \frac{b}{\|w\|} \right) \tag{4.29}$$

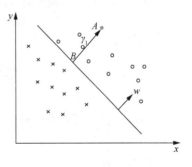

图 4.5　几何间隔

定义：超平面(w,b)关于训练数据集T的几何间隔即为超平面(w,b)关于训练数据集T中所有样本点的几何间隔的最小值，为

$$\gamma = \min_{i=1,2,\cdots,n} \gamma_i \tag{4.30}$$

因此，求一个几何间隔最大的分离超平面，即最大间隔分离超平面。具体地，这个问题可以表示为下面的约束最优化问题：

$$\max_{w,b} \quad \gamma$$
$$\text{s.t.} \quad y_i\left(\frac{w}{\|w\|} \cdot x_i + \frac{b}{\|w\|}\right) \geqslant \gamma, \quad i=1,2,\cdots,n \tag{4.31}$$

即希望最大化超平面(w,b)关于训练数据集的几何间隔γ最大化，而约束条件表示的是超平面(w,b)关于每个训练样本点的几何间隔至少是γ。

定义：对于给定的训练数据集T和超平面(w,b)，数据集中任一点$A(x_i,y_i)$到超平面的函数间隔为

$$\hat{\gamma}_i = y_i(w \cdot x_i + b) \tag{4.32}$$

定义：超平面(w,b)关于训练数据集T的函数间隔为超平面(w,b)关于训练数据集T中所有样本点的几何间隔的最小值，即

$$\hat{\gamma} = \min_{i=1,2,\cdots,n} \hat{\gamma}_i \tag{4.33}$$

由式(4.29)和式(4.32)可以看出，几何间隔和函数间隔的关系式为

$$\gamma_i = \frac{\hat{\gamma}_i}{\|w\|} \tag{4.34}$$

那么式(4.31)可以改写为

$$\max_{w,b} \quad \frac{\hat{\gamma}_i}{\|w\|}$$
$$\text{s.t.} \quad y_i(w \cdot x_i + b) \geqslant \hat{\gamma}_i, \quad i=1,2,\cdots,n \tag{4.35}$$

由于函数间隔$\hat{\gamma}$的取值并不影响最优化问题的解，即对解式(4.31)中的约束函数和目标函数没有任何影响，也就是说它产生了一个等价的最优化问题。所以，可以取$\hat{\gamma}=1$且考虑到求解最大化$\frac{1}{\|w\|}$和求解最小化$\frac{1}{2}\|w\|^2$是等价的，于是就得到下面的线性可分支持向量机学习的最优化问题：

$$\min_{w,b} \quad \frac{1}{2}\|w\|^2$$
$$\text{s.t.} \quad y_i(w \cdot x_i + b) - 1 \geqslant 0, \quad i=1,2,\cdots,n \tag{4.36}$$

由此求得分离超平面和分类决策函数即为最大间隔法，最大间隔分离超平面是存在且唯一的。

2) 对偶算法

为了求解线性可分支持向量机的最优化问题式(4.36)，引入拉格朗日对偶性。然后通过求解对偶问题来得到原始问题的最优解，这就是线性可分支持向量机的对偶算法。这种算法

的优点在于：对偶问题往往更容易求解；自然引入核函数，进而推广到非线性分类问题。

运用对偶算法首先要构建拉格朗日函数，为此，对式(4.36)中每一个不等式约束引进拉格朗日(Lagrange)乘子 $\alpha_i \geqslant 0$，$i = 1, 2, \cdots, n$，定义拉格朗日函数为

$$L(w, b, \alpha) = \frac{1}{2}\|w\|^2 - \sum_{i=1}^{n} \alpha_i y_i (w \cdot x_i + b) + \sum_{i=1}^{n} \alpha_i \tag{4.37}$$

根据拉格朗日对偶性，原始问题的对偶问题其实就是极大值、极小值问题：

$$\max_{\alpha} \min_{w, b} L(w, b, \alpha) \tag{4.38}$$

由式(4.38)可以看出，为了得到对偶问题的解，需要先求 $L(w, b, \alpha)$ 对 w, b 的极小值，再求对 α 的极大值，最终得到与式(4.36)等价的对偶最优化问题为

$$\min_{\alpha} \quad \frac{1}{2} \sum_{i=1}^{n} \sum_{j=1}^{n} \alpha_i \alpha_j y_i y_j (x_i \cdot x_j) - \sum_{i=1}^{n} \alpha_i$$

$$\text{s.t.} \quad \sum_{i=1}^{n} \alpha_i y_i = 0 \tag{4.39}$$

$$0 \leqslant \alpha_i \leqslant C, \quad i = 1, 2, \cdots, n$$

求解得到的最优解为

$$\alpha^* = \left(\alpha_1^*, \alpha_2^*, \cdots, \alpha_n^*\right)^{\mathrm{T}} \tag{4.40}$$

$$w^* = \sum_{i=1}^{n} \alpha_i^* y_i x_i \tag{4.41}$$

$$b^* = y_j - \sum_{i=1}^{n} \alpha_i^* y_i (x_i \cdot x_j) \tag{4.42}$$

考虑原始最优化问题(4.36)及其对偶最优化问题(4.39)，把训练数据集 T 中对应于 $\alpha_i \geqslant 0$ 的样本点 (x_i, y_i) 的实例 $x_i \in \mathbf{R}^n$ 称为支持向量。不难发现，根据这一定义，支持向量一定在间隔边界上。

3) 线性不可分情况的推广

如图 4.6 所示，实线代表分离超平面 (w, b)，虚线代表最大分离间隔，则在间隔上的样本点即为支持向量。而在间隔内的样本点即为不能满足线性可分条件的样本点，即不能满足函数(4.36)中的约束条件。

为了解决这个问题，对每个样本点 (x_i, y_i) 引进一个松弛变量 $\xi_i \geqslant 0$，使函数间隔加上松弛变量后能够满足大于等于 1 的条件。这样，式(4.36)的最优化问题就变为

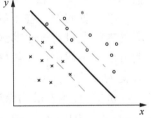

图 4.6　线性不可分情况

$$\min_{w, b, \xi} \quad \frac{1}{2}\|w\|^2 + C\sum_{i=1}^{n} \xi_i$$

$$\text{s.t.} \quad y_i (w \cdot x_i + b) \geqslant 1 - \xi_i \tag{4.43}$$

$$\xi_i \geqslant 0, \quad i = 1, 2, \cdots, n$$

式中，C 为惩罚参数且 $C \geqslant 0$，一般由应用问题决定具体大小。当 C 值较大时对错误分类的样本点惩罚增大，构造的分类超平面的推广能力差；C 值较小时对误差分类的惩罚减小，构

造的分类超平面的推广能力好。式(4.43)的最小化目标函数包含两层含义：一是使 $\frac{1}{2}\|w\|^2$ 尽量小即训练函数集的几何间隔尽量大，二是使错误分类样本点的个数尽量小，惩罚系数 C 则是调和二者的系数。

引入拉格朗日函数：

$$L(w,b,\xi,\alpha,\mu) = \frac{1}{2}\|w\|^2 + C\sum_{i=1}^{n}\xi_i - \sum_{i=1}^{n}\alpha_i\left(y_i\left(w\cdot x_i + b\right) - 1 + \xi_i\right) - \sum_{i=1}^{n}\mu_i\xi_i \tag{4.44}$$

式中，$\alpha_i \geqslant 0$；$\mu_i \geqslant 0$。则式(4.43)表示的原始最优化问题变为

$$\min_{\alpha}\quad \frac{1}{2}\sum_{i=1}^{n}\sum_{j=1}^{n}\alpha_i\alpha_j y_i y_j\left(x_i\cdot x_j\right) - \sum_{i=1}^{n}\alpha_i$$

$$\text{s.t.}\quad \sum_{i=1}^{n}\alpha_i y_i = 0 \tag{4.45}$$

$$C - \alpha_i - \mu_i = 0$$

$$\alpha_i \geqslant 0$$

$$\mu_i \geqslant 0,\ \ i = 1,2,\cdots,n$$

利用等式约束条件消去参数 μ_i 后，线性不可分情况的对偶算法的最优化问题变为

$$\min_{\alpha}\quad \frac{1}{2}\sum_{i=1}^{n}\sum_{j=1}^{n}\alpha_i\alpha_j y_i y_j\left(x_i\cdot x_j\right) - \sum_{i=1}^{n}\alpha_i$$

$$\text{s.t.}\quad \sum_{i=1}^{n}\alpha_i y_i = 0 \tag{4.46}$$

$$0 \leqslant \alpha_i \leqslant C,\ \ i = 1,2,\cdots,n$$

4) 非线性分类情况的推广

假设给定一个特征空间上的训练数据集 $T = \left\{(x_1,y_1),(x_2,y_2),\cdots,(x_n,y_n)\right\}$，其中，$x_i \in \mathbf{R}^n$ 为输入空间。如果能用空间 $\mathbf{R}^n$ 中的一个超曲面将正负例分开，则这个问题为非线性可分问题。

非线性问题往往不好求解，所以希望能用求解线性可分情况的方法解决这个问题。所采取的方法是进行一个非线性变换，将非线性问题变换为线性问题，通过解变换后的线性问题的方法求解原来的非线性问题，即将原来的输入空间映射到一个新的高维的特征空间中，使其变为线性可分情况。

例如，图 4.7(a)为原空间 χ，$\chi \subset \mathbf{R}^2$，$x = (x^{(1)},x^{(2)})^{\mathrm{T}} \in \chi$，图 4.7(b)为新空间 H，$H \subset \mathbf{R}^2$，$z = (z^{(1)},z^{(2)})^{\mathrm{T}} \in H$，则从原空间 χ 到新空间 H 的映射为

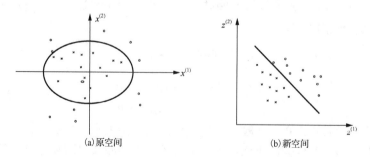

(a)原空间　　　　　　　　(b)新空间

图 4.7　非线性可分情况输入空间转换

$$z = \phi(x) = \left((x^{(1)})^2, (x^{(2)})^2 \right)^{\mathrm{T}} \tag{4.47}$$

选用适当的核函数 $K=(x_i, x_j)$ 和适当的处罚系数，则非线性可分问题的最优化问题就变为

$$\min_{\alpha} \quad \frac{1}{2} \sum_{i=1}^{n} \sum_{j=1}^{n} \alpha_i \alpha_j y_i y_j K(x_i, x_j) - \sum_{i=1}^{n} \alpha_i$$

$$\text{s.t.} \quad \sum_{i=1}^{n} \alpha_i y_i = 0 \tag{4.48}$$

$$0 \leqslant \alpha_i \leqslant C, \quad i = 1, 2, \cdots, n$$

选择式(4.48)求出的 α^* 中一个正分量 α_j^*，计算得

$$b^* = y_j - \sum_{i=1}^{n} \alpha_i^* y_i K(x_i, x_j) \tag{4.49}$$

则决策函数为

$$f(x) = \text{sign}\left(\sum_{i=1}^{n} \alpha_i^* y_i (x_i \cdot x) + b^* \right) \tag{4.50}$$

5) 核函数

假设 χ 是输入空间(欧氏空间 $\mathbf{R}^n$ 的子集或离散集合)，又设 H 为特征空间 (希尔伯特空间)，如果存在一个从 χ 到 H 的映射：

$$\phi(x): \chi \to H \tag{4.51}$$

对所有 $x, z \in \chi$，函数 $K(x, z)$ 满足条件：

$$K(x, z) = \phi(x) \cdot \phi(z) \tag{4.52}$$

式中，$K(x, z)$ 为核函数；$\phi(x)$ 为映射函数；$\phi(x) \cdot \phi(z)$ 为 $\phi(x)$ 和 $\phi(z)$ 的内积。一般所说的核函数都是正定核，即满足条件：假如 $K: \chi \times \chi \to \mathbf{R}$ 是对称函数，那么对 $\forall x_i \in \chi$，$i = 1, 2, \cdots, m$，$K(x, z)$ 对应的 Gram 矩阵是半正定矩阵。这个条件是一个充要条件。

$$K = \left[K(x_i, x_j) \right]_{m \times m} \tag{4.53}$$

常用的核函数有以下几种。

(1) 线性核函数：

$$K(x, z) = (x, z) \tag{4.54}$$

对应的支持向量机是一个线性分类器。在此情形下，分类决策函数为

$$f(x) = \text{sign}\left(\sum_{i=1}^{n_s} \alpha_i^* y_i (x_i \cdot x) + b^* \right) \tag{4.55}$$

(2) 多项式核函数：

$$K(x, z) = (x \cdot z + 1)^p \tag{4.56}$$

对应的支持向量机是一个 p 次多项式分类器。在此情形下，分类决策函数为

$$f(x) = \text{sign}\left(\sum_{i=1}^{n_s} \alpha_i^* y_i (x_i \cdot x + 1)^p + b^* \right) \tag{4.57}$$

（3）高斯核函数：

$$K(x,z) = \exp\left(-\frac{\|x-z\|^2}{2\sigma^2}\right) \tag{4.58}$$

高斯核函数也称为径向基核函数，对应的支持向量机是高斯径向基函数分类器。在此情形下，分类决策函数为

$$f(x) = \text{sign}\left(\sum_{i=1}^{n_s} \alpha_i^* y_i \exp\left(-\frac{\|x_i-x\|^2}{2\sigma^2}\right) + b^*\right) \tag{4.59}$$

（4）Sigmoid 核函数：

$$K(x,z) = \tanh\left[b(x \cdot z) - c\right] \tag{4.60}$$

对应的支持向量机是一个 p 次多项式分类器。在此情形下，分类决策函数为

$$f(x) = \text{sign}\left(\sum_{i=1}^{n_s} \alpha_i^* y_i \tanh\left[b(x_i \cdot x) - c\right] + b^*\right) \tag{4.61}$$

2. 支持向量机多分类算法原理

在现实生活中，分类问题往往并不是简单的二分类问题，而经常是多分类情况。支持向量机本身作为一个二分类器，应用到多分类问题中，就需要加入其他的组合法则或算法。

最主要的支持向量机多分类算法有：一对一、一对多。

1）一对一

"一对一"算法是分别选取 2 个不同类别构成一个支持向量机二值分类器，这样共有 $k(k-1)/2$ 个支持向量机二值分类器。在构造类别 i 和类别 j 的支持向量机二值分类器时，从样本数据集挑选属于类别 i 和类别 j 的样本数据作为训练样本数据，并将属于类别 i 的数据标记为正，将属于类别 j 的数据标记为负。换句话说，即同样要构建不同的 $k(k-1)/2$ 个支持向量机二值分类器对应的子训练样本。"一对一"算法需要解决如下的最优化问题：

$$\min_{w^{ij},b^{ij},\xi^{ij}} \quad \frac{1}{2}\left(w^{ij}\right)^{\text{T}} w^{ij} + C\sum_t \xi_t^{ij}$$

$$\text{s.t.} \quad \left(w^{ij}\right)^{\text{T}} \phi(x_t) + b^{ij} \geq 1 - \xi_t^{ij}, \quad y_t = i \tag{4.62}$$

$$\left(w^{ij}\right)^{\text{T}} \phi(x_t) + b^{ij} \leq -1 + \xi_t^{ij}, \quad y_t = j$$

$$\xi_t^{ij} \geq 0, \quad t = 1, 2, \cdots, k$$

"一对一"算法的优点是其训练速度较快，缺点是分类器的数目随类数 k 急剧增加，导致在决策训练时速度很慢，且可能存在不可分区域。"一对一"算法是一种较好的多分类方法，比较适合于实际工程应用。

2）一对多

"一对多"算法是支持向量机多分类识别最早使用的算法。为得到多类分类机，通常的方法是构造一系列二值分类机，其中的每一个二值分类机都能把其中的一类同余下的各类分划开。然后据此推断某个输入 x 的归属。"一对多"算法对于 k 类分类问题需要构造 k 个支持向量机二值分类器。在构造第 i 个支持向量机二值分类器时，将属于第 i 类别的样本数据标记为正类，不属于第 i 类别的样本数据标记为负类。测试时，对测试数据分别计算各个二值分类器

的决策函数值，并选取最大函数值所对应的类别作为测试数据的暂时类别。第 i 个支持向量机需要解决下面的最优化问题：

$$\min_{w^i,b^i,\xi^i} \quad \frac{1}{2}\left(w^i\right)^{\mathrm{T}} w^i + C\sum_{j=1}^{i} \xi_j^i$$

$$\text{s.t.} \quad \left(w^i\right)^{\mathrm{T}} \phi\left(x_j\right) + b^i \geqslant 1 - \xi_j^i, \quad y_j = i \tag{4.63}$$

$$\left(w^i\right)^{\mathrm{T}} \phi\left(x_j\right) + b^i \leqslant -1 + \xi_j^i, \quad y_j \neq i$$

$$\xi_j^i \geqslant 0, \quad j = 1,2,\cdots,k$$

计算后，得到 k 个决策函数：

$$\left(w^1\right)^{\mathrm{T}} \phi(x) + b^1$$

$$\left(w^2\right)^{\mathrm{T}} \phi(x) + b^2$$

$$\cdots \tag{4.64}$$

$$\left(w^k\right)^{\mathrm{T}} \phi(x) + b^k$$

将待测样本 x 输入 k 个决策函数中，每个 x_i 得到 k 个暂时类别，选取得到最大值的函数对应的类别为样本 x_i 最终所属类别。

"一对多"算法的优点在于：只需要训练 k 个二值分类支持向量机，个数（k 个）较少，测试分类速度相对较快。而缺点在于：每个分类器的训练都是将全部的样本作为训练样本，这样需要求解 k 个 n 个变量的凸二次规划问题，这就造成每个支持向量机的训练速度随着训练样本数目的增加急剧减慢，因此，这种方法的训练时间较长；再者，实际应用中，"一对多"算法是不对称的，因此建立分类器时数据不平衡度较大，分类性能就较差。

3. 支持向量机回归算法

1）损失函数

损失函数指的是样本实际值与预测值之间的误差大小，通常有线性 $\varepsilon\_$不敏感损失函数、二次损失函数（最小二乘损失函数）和 Huber 损失函数等。

（1）线性 $\varepsilon\_$不敏感损失函数：

$$e\left(f(x) - y\right) = \max\left(0, \left|f(x) - y\right| - \varepsilon\right) \tag{4.65}$$

（2）二次损失函数：

$$e\left(f(x) - y\right) = \left(f(x) - y\right)^2 \tag{4.66}$$

（3）Huber 损失函数：

$$e\left(f(x) - y\right) = \begin{cases} \varepsilon\left|f(x) - y\right| - \dfrac{\varepsilon^2}{2}, & f(x) - y > \varepsilon \\ \dfrac{1}{2}\left(f(x) - y\right)^2, & \text{其他} \end{cases} \tag{4.67}$$

在数据分布未知的情况下，Huber 损失函数是具有最佳特性的鲁棒回归函数。如果已知噪声密度是一个对称函数，则对回归最小最大估计最好的（最坏的噪声环境下对模型最好的估计）损失函数为最小模损失函数。线性 $\varepsilon\_$不敏感损失函数具有对对偶变量的稀疏性，其他的损失函数不具有稀疏性，故线性 ε_{-} 不敏感损失函数被广泛应用。下面也以线性 ε_{-} 不敏感损失函数为损失函数构建回归预测模型。

2) 回归算法

支持向量机的回归算法实质上还是二分类的问题，所以思路与分类问题中十分相似。假设给定训练样本集 $T = \{(x_1, y_1), (x_2, y_2), \cdots, (x_n, y_n)\}$，$x_i, y_i \in \mathbf{R}$，首先考虑用线性回归函数：

$$f(x) = w \cdot x + b \tag{4.68}$$

借鉴分类情形的最优化问题目标函数(4.43)，为了保证式(4.68)的平坦性，必须要寻找到最小的 w 解，表示成凸优化问题，即为

$$\min \quad \frac{1}{2}\|w\|^2 \tag{4.69}$$

引入损失函数后，其约束条件为

$$\begin{cases} y_i - w \cdot x_i - b \leqslant \varepsilon \\ w \cdot x_i + b - y_i \leqslant \varepsilon \end{cases} \tag{4.70}$$

如图 4.8 所示，考虑到存在有超出约束带的点，即图中实心点，故引入松弛因子 $\xi_i, \xi_i^* \geqslant 0$ 分别表示正负两个方向上的误差。

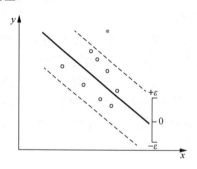

图 4.8　支持向量机回归算法引入松弛因子

参考线性不可分情况下的分类器思想，得到此时的回归估计问题的最优化问题变型为

$$\min \quad \frac{1}{2}\|w\|^2 + C\sum_{i=1}^{n}\left(\xi_i + \xi_i^*\right) \tag{4.71}$$

$$\begin{cases} y_i - w \cdot x_i - b \leqslant \varepsilon + \xi_i \\ w \cdot x_i + b - y_i \leqslant \varepsilon + \xi_i^* \\ \xi_i, \xi_i^* \geqslant 0 \end{cases} \tag{4.72}$$

引入拉格朗日对偶函数后，式(4.71)和式(4.72)变为

$$\min \quad \frac{1}{2}\sum_{i,j=1}^{n}\left(\alpha_i - \alpha_i^*\right)\left(\alpha_j - \alpha_j^*\right)\left(x_i \cdot x_j\right) + \varepsilon\sum_{i=1}^{n}\left(\alpha_i + \alpha_i^*\right) - y_i\sum_{i=1}^{n}\left(\alpha_i - \alpha_i^*\right) \tag{4.73}$$

$$\text{s.t.} \quad \sum_{i=1}^{n}\left(\alpha_i - \alpha_i^*\right) = 0 \tag{4.74}$$

$$\alpha_i, \alpha_i^* \in [0, C]$$

求解出 α_i, α_i^* 后，可按任一支持向量 (x_i, y_i) 继续解得预测函数中的参数解：

$$w = \sum_{i=1}^{n} \left(\alpha_i - \alpha_i^* \right) x_i \tag{4.75}$$

$$b = \varepsilon + y_i - w \cdot x_i \tag{4.76}$$

从而可得对未来样本的预测函数为

$$f\left(x, \alpha_i, \alpha_i^*\right) = \sum_{i=1}^{n} \left(\alpha_i - \alpha_i^* \right) \left(x_i \cdot x \right) + b \tag{4.77}$$

扩展到非线性回归,与分类问题同理,首先使用一非线性映射把数据映射到一个高维特征空间,再在高维特征空间进行线性回归,从而取得在原空间非线性回归的效果。因此,在最优分类面中只要选用适当的核函数 $K(x_i, x_j)$ 就可以实现某一非线性变换后的线性回归,在此不加赘述。

4.3.2　支持向量机的智能故障诊断算例

1. 支持向量机的智能故障诊断流程

基于 SVM 的智能故障诊断流程的主要步骤如下。

步骤 1:收集诊断对象不同故障状态下的原始监测信号,如振动加速度信号,明确已收集数据的故障模式,赋予数据标签信息。

步骤 2:预处理原始监测信号,提取时域、频域或时频域等特征并做归一化处理,结合归一化特征数据及其标签信息以构造一些训练样本和一定数量的测试样本,作为后续 SVM 的输入。

步骤 3:构造 SVM 的智能故障诊断模型,设置 SVM 模型超参数,包括核函数类型和核参数等。

步骤 4:输入训练样本训练 SVM 模型,直至获得最优的分类决策函数。

步骤 5:将测试样本输入已训练的 SVM 神经网络智能故障诊断模型中,得到测试样本的诊断结果,评估诊断性能。

2. 试验台以及试验数据介绍

轴承作为旋转机械中关键的零部件,其运行健康状态直接影响到整个旋转机械的运转。选用的轴承故障模拟试验平台如图 4.9 所示,主要由驱动电机、负载盘、轴承座、变速箱和制动器组成,传感器的采样频率为 25.6 kHz,数据采集系统为 LMS。试验依次采集了三种转速下(1500 r/min、1800 r/min 和 2000 r/min)轴承正常状态(NC)、外圈故障(OF)、内圈故障(IF)和滚轮故障(RF)的加速度信号,其中每种故障模式类型均设置了 0.2 mm、0.4 mm 和 0.6 mm 三种不同的损伤程度。图 4.10 所示的是轴承的三种故障模式(0.2 mm)。

图 4.9　轴承故障模拟试验平台

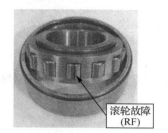

图 4.10　轴承的三种故障模式

本算例选用的数据集为转速 1500r/min 时采集的原始时域振动信号样本。试验测得轴承的各类故障状态的原始时域振动信号和原始时域声音信号，采样时间为 16s，采样点数为 537600。图 4.11 中展示了由 1024 个采样点组成的信号段。

首先对每种故障状态的原始时域振动信号和原始时域声音信号各自进行集合经验模态分解，依次得到 6 个分量成分，然后将所有的分量信号各自划分为 100 个样本，其中训练样本若干个，剩余为测试样本，每个样本为 1024 个采样点组成的信号段；然后提取统计特征参数，对每个信号分解得到的分量成分提取包括均值、方差、均方根、峰峰值、歪度、峭度等 10 个时域参数以及包含均值频率、频率方差和均方根频率等 7 个频域参数，具体见附录；不同特征之间各自归一化，范围为 0～1，将得到的归一化后的特征数据集输入 SVM 模型进行轴承振动信号的故障诊断。

3. 故障诊断结果

选择准确率作为此次案例分析的定性指标，其具体公式为

$$\text{Acc} = \frac{\text{TP} + \text{TN}}{N} \tag{4.78}$$

式中，N 为样本数量，样本总数 $N = \text{TP} + \text{TN} + \text{FP} + \text{FN}$，其中 TP 为真正类样本被模型正确预测为正类的数量，TN 为真负类样本被模型正确预测为负类的数量，FP 为真负类样本被模型错误预测为正类的数量，FN 为真正类样本被模型错误预测为负类的数量；预测正确的样本数为 $\text{TP} + \text{TN}$。

该案例共分为四次不同的试验：试验 1，训练样本 70 个，测试样本 30 个；试验 2，训练样本 75 个，测试样本 25 个；试验 3，训练样本 80 个，测试样本 20 个；试验 4，训练样本 85 个，测试样本 15 个。四次试验的具体结果如表 4.5 所示。

表 4.5　轴承故障智能诊断的准确率

试验编号	训练样本	测试样本	准确率/%
1	70	30	97.5
2	75	25	97.0
3	80	20	97.5
4	85	15	98.3

信号识别流程

这里以试验 1 为例具体介绍参数设置，SVM 的核函数选为最通用的多项式函数(RBF 核函数)，其惩罚参数 c 和核函数参数 g 可暂定设置为 2 和 2，得到的准确率为 97.5%，由此可见 SVM 对轴承智能诊断有比较理想的结果。四次试验的混淆矩阵如图 4.12 所示。

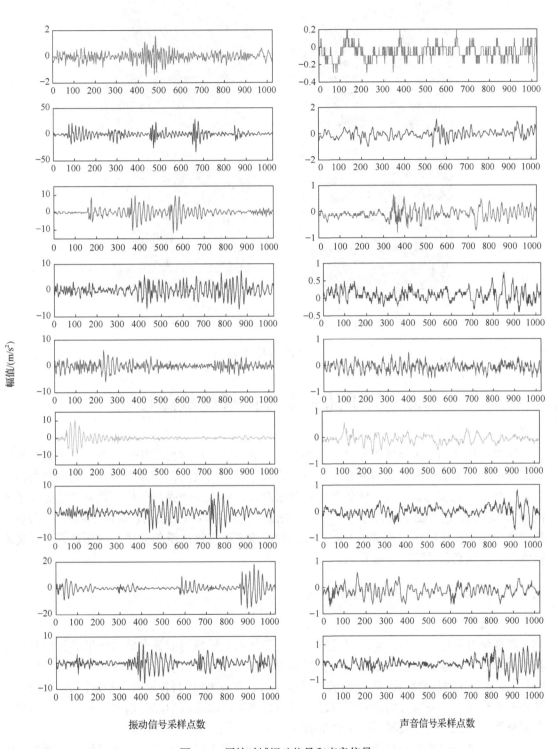

振动信号采样点数　　　　　　　　　　声音信号采样点数

图 4.11　原始时域振动信号和声音信号

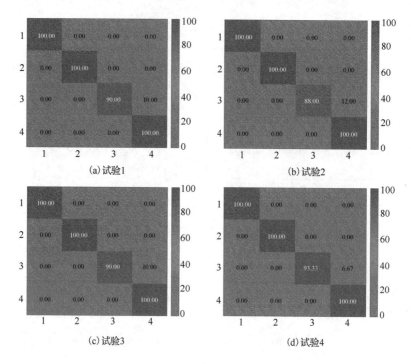

图 4.12　混淆矩阵

4.4　基于随机森林的智能故障诊断

随机森林是利用多棵树进行分类预测的一种分类器，每棵树都作为一个决策者，参与到决策过程中，虽然可能每棵树的分类预测能力并不是那么突出，但是当多棵树共同参与决策时，就会彼此之间扬长避短、优势互补、博采众长，形成一个强分类器，使整体的分类预测能力大大提高。所以随机森林作为一个数据挖掘方法，从本质上看，它是属于集成学习范畴。集成学习由于在机器学习算法中有相对较高的准确率而得到广泛的应用，如图像识别、文本检索、语音识别、故障诊断等领域。

4.4.1　随机森林的基础理论

1. 集成学习

集成学习是使用一系列学习器进行学习，并使用某种规则把各个学习结果进行整合从而获得比单个学习器具有更优效果的一种机器学习方法。总的来说，集成学习并不是一个分类器，而是多个分类器的组合。传统的机器学习方法是在假设空间(各种有可能的函数映射集合)寻找一个最接近、最拟合解决实际问题的映射分类器，而集成学习是通过一定手段学习出多个弱分类器，把这些分类器进行组合从而强化分类效果的机器学习方法。

集成分类器的好处是显而易见的，单个分类器的能力极为有限，在处理问题时更容易出现失误，但是当把这些弱监督模型整合起来，一个模型犯错，其他模型可以帮忙纠正，极大地提高了决策的科学性、严谨性，集成学习对实际问题进行综合评判，增强了分类效果。

1)集成学习的有效性

目前机器学习方法的研究主要分为四大方向:①学习复杂的随机模型;②强化学习;③扩大学习规模;④通过集成学习方法来提高学习准确率。那么集成学习是如何实现的呢?为了更好地理解集成学习的有效性,需要先来了解一下强可学习和弱可学习的概念。

(1)强可学习的定义。

令 c 表示概念,这是从样本空间 X 到标记空间 Y 的映射,决定示例 x 的真实标记 y,若对任何样例 (x,y) 有 $c(x)=y$ 成立,则称 c 为目标概念;所有希望学得的目标概念的集合称为概念类,这里用 C 表示。$\forall c \in C$,对输入空间上的任意分布数据集 D,$\forall \delta \in \left(0, \dfrac{1}{2}\right]$ 和 $\forall \varepsilon \in \left(0, \dfrac{1}{2}\right)$,如果存在一个算法 A,其输出假设 $h \in H$ 满足:

$$P\big(\mathrm{err}(h) \leqslant \varepsilon\big) \geqslant 1-\delta \tag{4.79}$$

则称概念 C 在假设空间 H 下是强可学习的,其中,$\mathrm{err}(h)$ 为错误分类的概率。

(2)弱可学习的定义。

$\gamma > 0$,$\forall c \in C$,对输入空间上的任意分布数据集 D 以及 $\forall \delta \in \left(0, \dfrac{1}{2}\right)$,如果存在一个算法 A,其输出假设 $h \in H$ 满足:

$$P\left(\mathrm{err}(h) \leqslant \frac{1}{2} - \gamma\right) \geqslant 1-\delta \tag{4.80}$$

则称概念 C 在假设空间 H 下是弱可学习的。

从上面的定义看,一个概念是强可学习,那么其学习错误概率几乎可以很小;一个概念是弱可学习,那么其学习正确概率也不高,只是比随机猜测好那么一点点。目前,已经证明了强可学习与弱可学习是等价的,那么这就为集成学习算法提供了理论基础。即当在学习过程中有弱学习算法时,便可以将其组合从而得到分类效果更好的强学习算法。

(3)集成学习算法的有效性体现具体可归为三个方面。

① 表示上的体现:传统机器学习的目的是从事先给定的假设空间(各种有可能的函数映射集合)中学习到那一个最能拟合样本、最符合实际的映射分类器,把输入空间映射到对应的正确的类标集输出,但是这里是有假设前提的,只能从事先给定好的假设空间中学习出分类映射。在实际应用中,实际目标假设不一定就包含在事先指定的假设空间中。但是如果采用集成学习方式,该集成学习运算不封闭,将多个分类器进行组合,可能就能生成不在原始给定的假设空间中的假设,相当于杂交出了一个新品种,这样就能大大增加寻找到最能拟合实际样本、最贴近实际目标假设的分类器的概率,这是集成学习有效性在表示上的体现。

② 统计上的体现:在用传统机器学习方法解决实际问题时,针对某个训练集,训练学习到了一个很好的满足这个训练集的假设,但是在这个过程中可能存在一个过拟合问题。当把学习得到的分类器应用到实际案例中时,可能就并不那么有效了。或者说给定的假设空间太大,但是用来训练的样本有限,导致无法学习得到一个能精确反映输入输出的映射分类器,但是因为并不事先知道学习得到的映射不精确这个结果,所以任由其训练学习,最终得到了一系列看似都能拟合训练集的映射分类器,如果只挑一个分类器,该分类器对训练集有效,

对实际案例就一筹莫展了，因为局限性太大，所以这时把多个分类器联合起来，就可以提升分类表现，强化分类效果，这是集成学习有效性在统计上的体现。

③ 计算上的体现：因为在实际应用场合中，给定的假设空间很大，想要在如此巨大的假设空间中寻找到那个最优的假设任务量是很繁重的，所以很多分类器模型在实际应用中都会存在着计算复杂度的问题，这限制了分类器模型的发展，因此迫切需要以开拓性的思维寻找一种能降低寻找目标假设计算复杂度的方式，但是这和寻找最优解是相悖的，在降低了计算复杂度之后，学习寻找得到的目标假设往往不是最优解，分类效果降低，此时集成学习算法就体现出它的有效性和重要性了，在这种困难的局面下，果断降低寻找目标假设的计算复杂度，牺牲分类器的部分性能，将这些性能削弱的分类器联合起来，共同决策形成强分类器，达到不失分类精度情况下降低计算复杂度的效果，这是集成学习有效性在计算上的体现。

(4) 集成学习算法有效性的前提条件。

集成学习方法并非在所有条件下都适用，虽然它作为一种手段，在很多方面得到了应用并取得了很好的效果，但是它并不是万能的，它的有效性是有前提条件的，主要归为以下两点。

① 每一个弱分类器必须具备一定的准确性，即每个分类器的分类精度要大于 0.5，可以理解为每个弱分类器虽然分类性能不强，但是要比抛硬币随机猜好那么一点点，只有这样才认为弱分类器在参与决策的时候有所贡献。

② 弱分类器与弱分类器之间要有差异性，不能千篇一律，如果太相似，则每个弱分类器决策的结果都大致相同，那么组合起来的分类效果也不会好到哪里去。只有基分类器满足准确性和差异性两个条件，集成学习的有效性才能得到保证。

2) 集成学习的分类

集成学习算法可以说是一个大家族，方法种类很多，很难给一个明确的归类。目前主流的分类方式有两种。一种是按照组成集成分类器的元分类器是否是同类型分类，集成学习可分为异态集成学习和同态集成学习。异态集成学习是指组成集成分类器的元分类器是不同类型的分类器，主要代表有堆叠学习法和元学习法。堆叠学习法的基本思想是事先把各基学习器分布在各个层次上，然后利用第一层训练输出结果作为第二层的输入，以此类推，可以说是一种串行的方式。元学习法的基本思想是训练出一个元分类器来对所有的基本学习器的输出结果进行处理，从而预测问题的最终结果。元学习法主要包括仲裁法和合并法两种，仲裁法顾名思义就是从所有基分类器的输出结果中按照某种方式挑选合理的分类结果作为最终的分类预测结果，合并法就是通过一些手段把每个基分类器的分类结果进行组合合并，从而得到问题输出。同态集成学习就是指组成集成分类器的个体分类器类型相同，只不过参数设置可能有所不同，主要代表有贝叶斯集、决策树集、K-NN 集、人工神经网络集等；除了这种方式，还有按照组成集成分类器的各元分类器之间是否有依赖关系分类，南京大学的周志华教授在 *Ensemble Learning* 一文中就提出了这个分类框架，主要是基于 Bagging 算法的并行方式，如随机森林算法，还有基于 Boosting 算法的串行方式，代表方法有自适应增强(adaptive boosting, AdaBoost)算法和渐进梯度回归树(gradient boosted regression tree, GBRT)算法。

3) 集成学习基分类器的获取与整合

(1) 基分类器的获取。

如前所述，集成学习有效性的前提是各个基分类器具有一定的准确性和差异性。那么如何获得具有差异性的基分类器呢？对于异态集成学习，本来基分类器类型就不同，但是有效的基分类器种类毕竟有限，如何使同种类型的基分类器产生不同实例，衍生出具有差异性的不同基分类器才是关键，主要方式有对训练数据进行处理、对输入特征进行处理、对输出结果进行处理、引入随机扰动等。这里主要介绍对训练数据进行处理的 Bagging 算法和 Boosting 算法。

Bagging 算法是 Leo Breiman 在 1996 年提出的一种集成学习算法，它是对原始数据集采用随机有放回重采样方法抽取得到多个大小一样的不同训练集样本，每个训练集都进行训练学习得到分类器，对于分类问题，最终输出由各分类器投票决定；对于回归问题，采用简单平均法对新实例进行判别。其具体过程如下。

对于给定的原始数据集样本 X，大小为 N，从 X 中随机有放回地抽取 N 次，产生一个新的数据集，大小与原始数据集一样，记为 T_1；重复上述过程，从而得到多个大小与原始数据集样本一样的不同训练集；对每一个训练集都进行训练学习，从而得到不同的分类器，对于分类问题，最终分类结果由各个分类器独自判别的输出结果投票决定。

Boosting 算法初始设定原始训练集各样本权重相等，其基本思路是先对初始训练集进行训练学习一轮，第一轮训练结束后对训练集样本所占权重进行调整，具体操作为增大第一轮训练分类失败的样本的权重，降低训练成功样本所占的权重，目的是让学习算法在后轮训练学习中更偏向于对较难训练样本的学习，以此来强化分类效果。

Bagging 算法和 Boosting 算法的区别在于，Bagging 算法的训练集是原始数据集通过随机有放回重采样产生的，各训练集之间是独立的、没有关联的，不存在依赖关系，学习算法对不同训练集单独训练产生独立的多个分类器，分类器可以并行生成，相互之间没有干扰，所以时效性好；Boosting 算法的第一轮训练集就是原始数据集，只不过其中样本被赋予了初始权重，并且后续根据前轮训练结果还会对样本权重进行调整，所以每一轮的训练集之间并不是相互独立的，是存在依赖关系的，分类结果受上轮训练结果影响，因此只能串行按顺序生成分类器，相比于 Bagging 算法会消耗大量时间。Bagging 算法和 Boosting 算法都可以有效提高分类精度，在大多数数据集中，Boosting 算法的准确性比 Bagging 算法要高，但是 Boosting 算法存在一个问题，就是在某些数据集中会引起退化即过拟合。

(2) 基分类器的整合。

对于不同分类器的不同输出应该怎么处理，如何根据不同分类器的预测结果得到问题的最终输出呢？这就需要对各个分类器的输出结果进行整合，否则相互意见不一，得不出一致结论。基分类器的整合方式有抽象、排位、度量三个层次，具体可归为以下四种方式。

① 简单投票方式：每个分类器都进行预测输出结果，最终结果由投票决定，最常见的投票方式是少数服从多数原则。

② 贝叶斯投票方式：和简单投票方式不同的是，简单投票方式中每个分类器作为决策者的权利是平等的，但是在贝叶斯投票方式中，分类器投票贡献是不一样的，主要是由之前该分类器的预测表现决定，根据表现好坏给每个分类器一个投票权值再进行投票。

③ 基于 D-S 证据理论整合方式：该理论是 Ahmed Al-Ani 等提出的整合方法，其基本思想是通过识别率、拒绝率等参数计算每个目标的分类范围，从而分析得到最终的预测输出。

④ 对基于不同特征自己得到的基分类器的整合：主要有线性整合、Winner Take ALL 和证据推理等几种整合方式。

2. 决策树

随机森林本质上是集成学习算法，也就是说随机森林算法是由多个弱分类器进行组合，对每个弱分类器预测输出进行综合评判从而得到强分类器的分类效果。随机森林从字面上可拆分为"随机"和"森林"两个词语，随机主要是指训练集的随机选取和分类特征的随机选取，森林就是强分类器，是弱分类器——树的整合，这里的树就是指的决策树。决策树作为一种预测模型，它就是形成强分类器——随机森林的单元。

1) 决策树简介

(1) 树模型与线性模型。在介绍决策树之前需要先了解树模型与线性模型的区别，树模型是对特征依次进行处理，线性模型是对所有特征赋予权重从而得到一个新的输出值。线性模型对应的逻辑回归分类就是事先设定一个概率阈值，然后将所有特征值转化为概率值，并与概率阈值进行比较以达到分类目的，其为线性分割方式，而树模型能够很好地表达非线性关系，进行的是非线性分割。

(2) 节点。节点主要分为根节点、中间节点(决策节点)、叶节点；从字面意思也很好理解，根节点作为决策树的根，它标识整个初始训练样本，会被进一步分割成一个或多个子节点，而中间节点指的是能够进一步分裂的子节点，叶节点是指不能分割的节点，也称为终端节点，代表最终输出(类标)，非叶节点代表样本输入属性；还有父节点和子节点的关系：被分割成子节点的节点成为子节点的父节点，子节点是父节点的孩子节点。

(3) 剪枝与拆分。剪枝是指将部分中间节点的子节点全部删去，剩下的中间节点作为叶节点的过程，是对决策树的检验与修正；拆分是指一个节点分割成两个或多个子节点的过程。

典型算法包括：Hunt 在 1966 年提出了最原始的决策树算法 CLS。在这基础上，Quinlan 分别在 1973 年和 1993 年提出了 ID3 算法和改进的 C4.5 算法。决策树就是将许多无规则的样本进行区分，并以树的形式展现的方法，本质上是一种归纳划分方法。决策树分类首先利用训练集来训练学习树模型，然后将训练得到的决策树模型对其他实例进行预测分类。决策树的构建其实就是建树与剪枝的过程。建树是指对选取的部分训练样本，根据特定的分裂原则选择最有分裂特征属性对样本进行分类，使子节点分裂成两个或多个子节点，建立树的分支，直到输出为类标签，即叶节点(每个叶节点的样本为同一类标签)；剪枝过程就是用未参与决策树模型训练的剩余样本对训练得到的模型进行修正检验，防止过拟合现象的发生。

2) 决策树的生成

决策树思想，实际上就是寻找最纯净的划分方法，这个最纯净在数学上称为纯度，纯度通俗点理解就是目标变量要分得足够开($y=1$ 和 $y=0$ 混到一起就会不纯)，另一种理解是分类误差率的一种衡量。

决策树生成的数学表示如下：

$$G(X) = \sum_{t=1}^{T} q_t(X) g_t(X) \tag{4.81}$$

式中，t 表示某一个叶节点；$g_t(X)$ 表示某一样本 X 进入树形结构中得到的数值；$q_t(X)$ 为判定函数，判断 X 是否落到该叶节点上，是即为 1，否则为 0。

具体的迭代公式为

$$G(X) = \sum_{c=1}^{C} \text{if}(b(X) == c) * G_c(X) \tag{4.82}$$

$$\text{终止时 } G_c(X) = g_t(X)$$

式中，$G_c(X)$ 表示某一棵子树；$\text{if}(b(X) == c)$ 表示判定，判定输入 X 是否落在某一子树上，若是则返回 1，否则返回 0。基于该层数据集，如果达到条件则返回基函数 $g_t(X)$（叶子函数），否则学习生成分支条件，基于该分支条件，把原始数据集拆分成 C 份，每一份符合条件 c 依次生成子树 G_c，然后重复上述步骤。具体决策树生成结构如图 4.13 所示。

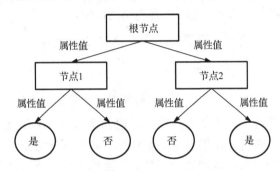

图 4.13　决策树生成结构

决策树要达到寻找最纯净划分的目的需要做两件事情，即建树和剪枝，缺一不可。

(1) 节点分裂时属性的选择。

决策树在生成过程中，每个节点(叶节点除外)在分裂的时候，不同数据样本是按照属性特征进行分类的，那么就存在一个问题：应该先选取哪一个特征属性进行分类?这就需要对特征属性进行重要度排序，因此设立了一个评判标准来对这些特征属性变量进行排序，这个标准就是纯度增益 Gain。

决策树就是为了找到使原始数据样本集划分最纯净的方法，在决策树算法中定义了不纯度 $i(t)$，纯度增益 Gain 的表达式为

$$\Delta i(t) = i(t_p) - E[i(t_c)] \tag{4.83}$$

式中，$i(t_p)$ 为父节点的不纯度；$E[i(t_c)]$ 为子节点的不纯度平均值。

不纯度的表现方式主要有三种，也对应着三种不同的决策树算法，ID3 算法用信息增益代表不纯度；C4.5 算法用信息增益率代表不纯度；CART 算法使用基尼系数代表不纯度，下面重点介绍该种算法。在算法实际操作过程中，每次节点分裂时，模型会将所有剩下的特征属性都计算出它相应的纯度增益，即通过穷举选择产生纯度增益最大的属性作为该节点的分裂属性特征，这样就会使每次都有最好的分类效果。

(2) 训练样本最优分割点的选择。

在通过纯度增益确定每个节点的分裂属性后，该属性如何对样本进行划分便成为关键所在，寻找每个属性对于该节点样本集的最优分割点依旧是通过不纯度准则进行的。这里具体介绍 1984 年由 Breiman 等提出的 CART 算法(分类回归树)。CART 算法既可以做分类，也可以做回归，只能形成二叉树。由于这里主要是对故障模式识别进行讲解，所以只介绍其针对

目标标量为离散标量的分类树算法。在确定某节点的分裂属性后，每一个分割点就可以将节点的输入样本集分为两类，通过离散穷举分割点得到所有分割方式下的两类样本，计算不同分割点分割后的数据集的不纯度，不纯度越低，则对应的分割点越优。由于采用的是 CART 算法，因此用基尼(Gini)系数来反映数据集的不纯度。基尼系数是指，如果从样本集中随机选择两个样本点，如果该样本集是纯的，那么这两个样本点属于相同的类的概率是 1。

基尼指标的数学定义：假设数据集包含 k 个类别的样本，基尼指标的表达式为

$$\text{Gini}(t) = 1 - \sum_{j=1}^{k} \left[p\left(j|t\right) \right]^2 \tag{4.84}$$

式中，$p\left(j|t\right)$ 为类别 j 在某一节点 t 处占所有类别的比例。

如果样本集合分成 m 个部分，则进行这个划分的 Gini 指数为

$$\text{Gini}_{\text{split}}\left(T\right) = \sum_{i=1}^{m} \frac{n_i}{n} \text{Gini}(i) \tag{4.85}$$

式中，m 是子节点的数目；n_i 是子节点 i 处的样本数；n 是父节点处的样本数。

决策树建树分裂总要停止，不能无限生长，遇到这六种情况便会停止分裂：节点中所有样本属于同类别；节点中所有样本的属性取值相同；树的深度达到了事先设定好的阈值；节点所含观测值小于设定的父节点观测数的阈值；节点的子节点所含观测数小于设定的阈值；没有属性能满足设定的分裂准则的阈值。

为了防止树完全长成产生过拟合现象或者分裂生成不必要的分支，需要用未参与训练的样本集对决策树进行剪枝，移除一些不必要的节点，控制决策树的规模。

3. 随机森林原理概述

随机森林是由 Breiman 和 Cutler 创建的监督式机器学习算法，通过集成学习的思想将多棵决策树的输出结合起来以得出单一的结果。随机森林分类器被认为是数据挖掘领域的重要参考，其基本分类器(决策树)的构建过程主要基于数据和特征的随机化过程；并根据使用经典精确概率的分解标准来量化信息的收益。随机森林算法以分类回归树作为基础分类器，通过 Bagging 算法(即 Boostrap 简单随机有放回重采样策略)产生不同训练集，训练得到具有差异性的分类器(不同的决策树)，将不同决策树的决策结果进行投票表决得到最终类标签输出，其是一种泛化性能很好的组合分类器方法。

1) 随机森林的定义与算法步骤

随机森林是树分类器的集合，表征为如下形式：

$$\{h(x, \beta_k), \quad k = 1, 2, 3, \cdots, n_{\text{tree}}\} \tag{4.86}$$

式中，$h(x, \beta_k)$ 代表通过 CART 算法得到的决策树基础分类器，x 是输入变量，β_k 是独立同分布的随机变量，决定了单棵决策树的生长过程；n_{tree} 是决策树的数量。

算法步骤如下。

步骤 1：训练样本的随机：假设森林规模为 n，即最终的元分类器决策树个数为 n，从初始数据样本集中通过 Boostrap 方法随机有放回地抽取得到 n 个自助训练集，每个自助训练集的大小与初始数据集一样，假设均为 N 个样本。

步骤 2：特征分裂属性的随机：假设所有属性个数为 M，每次节点分裂时从所有属性中随机选取 m 个候选属性($m \ll M$)，然后按照基尼指标最小分裂原则选择最优特征和对应的最

佳样本分割点进行分裂，生成分类回归决策树。

步骤 3：重复上述步骤 n 次，得到 n 棵分类回归决策树，生成规模为 n 的随机森林。

步骤 4：每棵分类回归决策树独立地对新的未知样本进行预测输出，针对分类问题，输出结果通过投票产生最终类标签输出。

类标签是所有决策树的分类结果综合而成的，利用投票法，对于测试集 X，预测类标签 C，可以得到：

$$C_p = \mathrm{argmax}\, C_n^1 \sum_{i=1}^{n} w_{in_{h_i}}^{n_{h_i},C} \tag{4.87}$$

式中，n 是森林的规模；n_{h_i},C 是决策树分类结果；n_{h_i} 是树 h_i 的叶节点数；w_i 是森林中第 i 棵决策树决策结果的权重。

随机森林

2）带外数据与特征重要度

随机森林算法通过对原始样本集在产生自助训练集时，会有大约三分之一的原始样本没有被抽到来进行分类器的训练，把原始样本集中未被抽到的这部分样本称为带外数据。为什么大约有三分之一的样本未被抽到呢？这可以通过数学推导计算得到。

假设有原始数据集 X，其样本个数为 N，因为随机森林是基于 Bagging 算法的，自助训练集的产生是通过 Boostrap 随机有放回重采样得到的，自助训练集大小要与原始数据集大小一致，相当于每产生一个自助训练集要抽取 N 次，所以每个样本在 N 次抽取过程中均未被抽取到的概率易得到，为

$$P = \left(1 - 1/N\right)^N \tag{4.88}$$

利用高等数学中的重要极限 $\lim_{x \to \infty}\left(1 + \dfrac{1}{x}\right)^x = \mathrm{e}$，可以对式 $P = \left(1 - \dfrac{1}{N}\right)^N$ 进行推导，当 N 足够大时，$\lim_{x \to \infty} P = \lim_{x \to \infty}\left(1 - \dfrac{1}{N}\right)^N = \dfrac{1}{\lim_{x \to \infty}(1 + (-1/N))^{(-N)}} = \dfrac{1}{\mathrm{e}} \approx \dfrac{1}{3}$。

从上面的推导可以看出，当原始样本集足够大时，会有约三分之一的样本未被抽到，但是这部分带外数据（out of band，OOB）不参与决策树的训练不是说就废弃了，它们还另有妙用，可以用来估计随机森林的泛化误差，并且在决策树构建的同时通过 OOB 计算组合分类器的泛化误差要比用交叉验证当时估计泛化误差计算量小得多。OOB 还可以用来评估特征重要度，其具体步骤主要分为三步。

步骤 1：用每一棵决策树的相应 OOB 数据计算它的带外数据误差，这里记作 errOOB1。

步骤 2：随机地对 OOB 数据的所有样本的特征属性变量 X 加入噪声干扰，再计算相应的带外数据误差，这里记作 errOOB2。

步骤 3：特征属性变量 X 的特征重要度表征为

$$\mathrm{Importance}(X) = \sum\left(\mathrm{errOOB2} - \mathrm{errOOB1}\right)/n_{\mathrm{tree}}$$

式中，n_{tree} 代表随机森林的规模大小。

3）随机森林的泛化误差

一个机器学习模型的泛化误差，是一个描述学生机器在从样品数据中学习之后，与教师机器之间的差距的函数。使用这个名字是因为这个函数表明一个机器的推理能力，即从样品

数据中推导出的规则能够适用于新的数据的能力。在训练出来一个模型之后，模型参数已经定了下来，然后用新的未知的数据集去测试这个模型，泛化误差就是测试的时候的误差。

随机森林泛化误差表示为

$$PE^* = P_{x,y}\left(mg(x,y) < 0\right) \tag{4.89}$$

式中，PE^* 为随机森林算法对测试集的分类错误率；$mg(x,y)$ 为边缘函数，并且根据大数定律可以推导出泛化误差会趋近于一个上界：

$$PE^* \leqslant \frac{\overline{\rho}\left(1 - s^2\right)}{s^2} \tag{4.90}$$

式中，$\overline{\rho}$ 为随机森林算法中决策树与决策树之间的平均相关性系数；s 代表决策树的分类能力。

分析式(4.90)的单调性可知，$\overline{\rho}$ 越小，s 越大，随机森林泛化误差越小，即各棵决策树之间的相关性越小，每棵决策树的分类性能越好，随机森林的泛化误差越小，这与前面集成学习有效性的前提(各个弱分类器要具有一定的准确性和差异性)是相呼应的，因为随机森林本质上是集成学习算法，所以也必然满足集成学习的某些特性，这是从数学层面的反映求证。另外，还可以看出，随着建树规模的扩大，随机森林泛化误差有上限，所以当决策树的数目足够的时候，可以认为随机森林不会产生过拟合现象。由于其卓越的性能，随机森林学习算法被认为是一个参考分类器。它的成功基于决策树生成的规则的多样性，而决策树是通过随机化实例和功能的过程构建的。

4.4.2　随机森林的智能故障诊断算例

1. 基于随机森林的智能故障诊断流程

本算例提出的基于随机森林的智能故障识别模型构建的流程可概括如下。

步骤 1：对于待诊断的原始故障振动信号，利用双树小波包变换对原始故障数据进行分解得到多个子频带。

步骤 2：每个子频带都作为一个样本，对每个样本进行多个、多域特征提取(时频域统计特征(包括均值、峰值、峭度以及频率均值等 16 个特征)、能量矩、排列熵)，将多维特征进行整合得到高维样本集，对高维样本集进行归一化处理，就完成了高维特征样本集的设计。

步骤 3：将设计的高维特征样本集输入 PCA 算法中，进行线性特征约简(PCA 算法为一种特征约简的方法，通过删除不重要或不相关的特征，减少特征数量并且降低维度)。

步骤 4：将经线性特征约简后的特征样本集作为初始训练集，通过 Bagging 算法生成多个大小相等、样本成分各不相同的训练集，学习训练生成多棵决策树，随机森林根据多棵决策树的预测输出综合评判，得到最终的故障模式分类，并观察其分类准确率。

2. 试验数据介绍以及其预处理

为了构建足够多类故障样本模式以验证本算例中的故障识别模型，这里通过把凯斯西楚轴承振动数据不同故障深度、不同故障位置、不同传感器布置方向的信号样本进行组合，得到 15 类不同故障模式样本，类标签分别对应设置为1,2,…,15。每个样本长度选取为 1024 个点，每类故障模式都选取 70 个样本，50 个作为训练样本，剩余 20 个作为测试样本。15 类故障模式样本罗列说明如表 4.6 所示。

表 4.6　分类样本罗列说明

轴承故障类型（故障直径）	训练/测试样本	数据标签
正常状态（0in）	50/20	1
滚动体故障（0.007in-0）	50/20	2
滚动体故障（0.007in-1）	50/20	3
滚动体故障（0.014in-0）	50/20	4
滚动体故障（0.021in-0）	50/20	5
滚动体故障（0.028in-0）	50/20	6
内圈故障（0.007in-0）	50/20	7
内圈故障（0.007in-1）	50/20	8
内圈故障（0.014in-0）	50/20	9
内圈故障（0.021in-0）	50/20	10
内圈故障（0.028in-0）	50/20	11
外圈故障（0.007in-0-@3）	50/20	12
外圈故障（0.014in-0-@6）	50/20	13
外圈故障（0.021in-0-@12）	50/20	14
外圈故障（0.007in-0-@3）	50/20	15

注：故障深度后缀为故障类型的载荷模式以及故障方向，例如，0.007in-0-@3 中，0 表示 0 载荷模式，@3 表示故障在 3 点钟方向。

　　表 4.6 中所展示的前四种不同状态（正常状态（0in）、滚动体故障（0.007in-0）、滚动体故障（0.007in-1）以及滚动体故障（0.014in-0））的轴承原始振动信号时域波形如图 4.14 所示，其中横坐标表示时间（单位为 s），纵坐标表示幅值（单位为 m/s^2）。

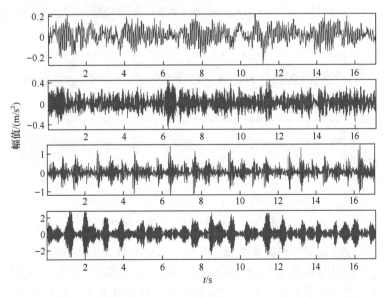

图 4.14　原始振动信号时域波形

　　以某个样本为例，经过双树复小波变换后得到的 8 个子频带信号如图 4.15 所示，其中横坐标表示时间（单位为 s），纵坐标表示幅值（单位为 m/s^2）。进一步，将每个子频带视为一个样本，对每个样本提取时频域统计特征、能量矩和排列熵多个特征。其中提取的时频域统计特征总共有 16 种：时域统计特征包括均值、绝对平均值、峰峰值、均方根、方根幅值、歪度、峭度、方差、波形指标、峰值指标、脉冲指标、裕度指标、峭度指标以及歪度指标；频域统计特征包括频率均值和频率标准差。

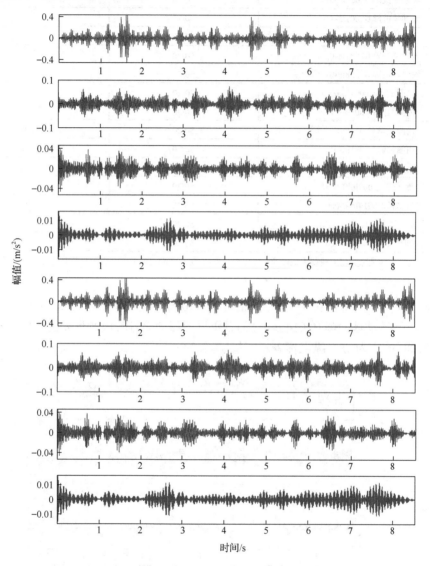

图 4.15　双树复小波包 3 层分解子带

最后，整合这些特征得到原始高维样本集，对原始高维样本集进行 PCA 降维并做归一化处理作为后续随机森林模型的输入。本算例对高维特征样本集进行归一化采用 Min-max 函数，该函数的优点在于对原始数据进行归一化处理后可以在不改变原始数据的分布特性情况下有效统一不同传感器数据的数值范围，避免了由原始数据信号均值和数据范围差异造成的错误分类。

3. 基于随机森林的轴承故障识别模型结果分析

为了更好地证明本算例所提方法的可行性，每次都随机选取每类样本中的 50 个作为训练样本，余下的 20 个样本作为测试样本，重复 10 次试验。每次试验时，随机森林模型的基分类器数量设为 400。方法的平均诊断准确率如表 4.7 所示。

表 4.7 基于随机森林的故障诊断模型识别准确率

故障诊断模型	输入特征	平均诊断准确率
随机森林	经过 PCA 约简后的特征	93.57%（2807/3000）

试验结果表明，随机森林通过多棵决策树结合最后输出一个结果的方法，在处理大量的输入变量的时候，往往能维持较高的准确率。对于随机森林，经 PCA 约简特征集，以其中某次的分类结果为依据，做出其混淆矩阵分别如图 4.16 所示。其中横坐标为故障的真实类别，纵坐标为故障的预测类别。

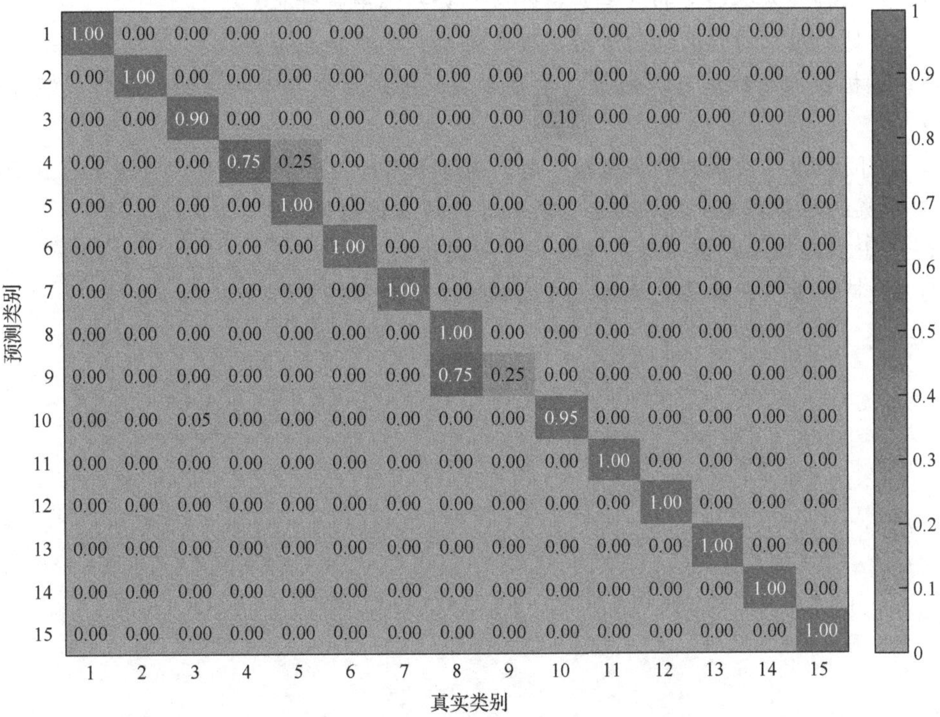

图 4.16 基于随机森林故障诊断模型的分类混淆矩阵

由混淆矩阵可以看出每个样本的分类准确率以及它被错分为哪几类。从图 4.16 所示的基于随机森林模型的混淆矩阵图中可以看出：模型的整体分类能力较强，在大部分类别中准确率较高。分类错误率主要来源于第 4 和第 9 两类，这是由于这两种工况下的振动信号比较复杂，故障信号振动特征非常相似，不易区分。由此可以证明，在复杂工况干扰因素较多的情况下，随机森林算法具有一定的局限性。

4.5　本章小结

本章首先介绍了浅层机器学习模型的智能故障诊断方法的一般流程，然后详述了人工神经网络、支持向量机和随机森林这 3 类经典浅层机器学习模型的基础理论和核心公式，最后依次介绍了人工神经网络、支持向量机和随机森林的智能故障诊断算例，包括多个试验数据集和诊断结果描述。

习　题

4-1　人工神经网络组成的三要素是什么？分别作用是什么？

4-2　常见的人工神经网络的激活函数有哪些？各自特点是什么？

4-3　随机森林的结构与其他集成学习方法的区别表现在哪些方面？怎样提高随机森林的精度？

4-4　当随机森林决策树的个数较多时，训练所需的空间和时间会大大增加，且面对噪声较大的样本集的时候容易出现过拟合，怎样才能解决这些问题？

4-5　BP 神经网络的优缺点有哪些？请简要论述。

4-6　支持向量机的作用是什么？常见的核函数有哪些类型？

第 5 章　基于深度学习的智能故障
诊断及剩余寿命预测

5.1　引　　言

人工神经网络、支持向量机和随机森林等浅层机器学习模型的诊断性能严重依赖于所提特征的质量。换言之，需保证提取特征的正确性和敏感性，才能使它们发挥良好的作用。遗憾的是，浅层机器学习模型中的特征提取工作基本都是靠人工手动设计的，主要存在以下不足之处：①由于实际采集非稳态信号的复杂性，特征提取往往依赖于各种先进的信号处理技术，且从原始特征集中挑选敏感的特征往往费时费力，并需要较丰富的工程实践经验；②特征提取与选择的可移植性不高，当解决不同的诊断任务时，往往需要重新提取特征。因此，人工特征设计始终不是一条具有生命力的途径。

2006 年，机器学习界的泰斗、多伦多大学教授 Hinton 先生在世界顶尖期刊 *Science* 上发表了一篇关于深度神经网络的数据降维文章，正式揭开了深度学习(deep learning, DL)研究的序幕。自此，深度学习很快受到了学术界和工业界的广泛关注。2014 年，深度学习被《麻省理工科技评论》评为 2013 年全球十大突破性技术之首。2015 年，为了纪念人工智能提出 60 周年，另一个世界最顶尖期刊 *Nature* 专门邀请 LeCun、Bengio 和 Hinton 联合发表名为 "Deep Learning" 的综述文章，被评为人工智能史上最权威的综述。2017 年，国家发展改革委批复正式成立中国深度学习技术及应用国家工程实验室，这是首个国字号背景的深度学习实验室，被称为 "人工智能国家队"。近年来相继问世的 Alpha Go、Alpha Zero、Alpha Fold、ChatGPT、Transformer 和 Sora 等先进方法和产品的核心技术均与深度学习密切相关。目前，Google、Microsoft、OpenAI、Amazon、Apple、百度、腾讯、华为、阿里巴巴等知名公司竞相投入大量资源，力争占领深度学习的技术制高点。

深度学习的动机在于建立和模拟人脑进行分析学习的深层神经网络，旨在研究如何从原始输入数据内部自动地提取其多层特征。其核心思想是基于数据驱动的方式，经过一系列非线性变换，从原始数据中直接提取由具体到抽象、由低层到高层的特征。深度学习彻底改变了传统的浅层机器学习方法，有效克服了浅层学习模型固有的不足，目前已在音频识别和图像处理等领域取得了突破性的进展，并逐渐被应用于智能故障诊断与剩余寿命预测等领域。

本章将重点介绍深度置信网络(deep belief network, DBN)、堆叠自动编码器(stacked auto-encoder, SAE)、卷积神经网络(convolutional neural network, CNN)和循环神经网络(recurrent neural network, RNN)这四类经典深度学习模型的基础理论和核心公式，以及它们的智能故障诊断和剩余寿命预测算例。

5.2　基于深度置信网络的智能故障诊断

深度置信网络模型以受限玻尔兹曼机为基础，通过组合较低层次特征来形成更加抽象的高层表示(特征或属性类型)，从而捕获原始输入数据的分布式特征表示。它具备在少量输入样本集之中自动学习原始数据本质特征的强大能力。本节将深入介绍受限玻尔兹曼机模型和深度置信网络模型的基本理论及算法实现。

5.2.1　受限玻尔兹曼机基础理论

受限玻尔兹曼机(restricted Boltzmann machine, RBM)是一种可通过输入数据集学习概率分布的随机生成神经网络，其限制是不同层单元之间具有对称连接，并且同层的单元之间互不相连。本节将重点介绍受限玻尔兹曼机的基础理论和核心公式。

1. 受限玻尔兹曼机的模型定义

在 Hinton 等提出的深度学习模型中，学习策略一般是这样的：在深度网络模型全局学习之前，先将多层神经网络分解成多个受限玻尔兹曼机的叠加，随后逐层地训练各个受限玻尔兹曼机。因此受限玻尔兹曼机是深度学习中一个十分常用的基础模型，也是一个非常重要的预处理单元，其本质是使所学习的模型产生符合条件的样本的概率最大。

受限玻尔兹曼机的基本原理来自经典热力学理论和热传递理论，经典热力学认为，粒子的能量(温度)状态与其所处的概率成反比关系，换句话说，能量越高则概率越低；反之，能量越低则概率越高。从概率的角度上说，正常情况下随着系统状态的演变，一个系统总是朝着能量减小的方向进行，所以系统最后总是能稳定在能量的极小值点或其附近。图 5.1 是受限玻尔兹曼机的 S 形函数随温度的变化曲线图。由图可知，在较高的温度 T_1 时，曲线比较平坦，即各状态出现概率的差异不大，此时比较容易跳出局部极小值点进入全局极小值附近。在较低的温度 T_2 时，曲线比较陡峭，即各状态出现概率的差别逐渐被拉大，接着继续降低温度，S 形函数便趋于二值函数，随机网络便退化为确定性网络。

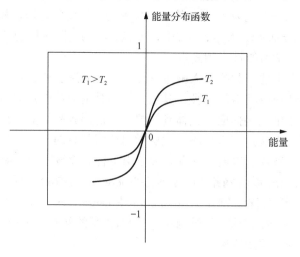

图 5.1　受限玻尔兹曼机的 S 形函数随温度 T 的变化曲线

　　然而，由于受限玻尔兹曼机是一个随机网络模型，因此，即使在能量极小值点附近，也不会停止于某个固定的状态。由于神经节点状态按概率取值，有些神经节点状态可能会按小概率取值，从而会使系统能量增加，在某些情况下，这对跳出局部极值是有好处的，这也是受限玻尔兹曼机区别于其他神经网络的一个明显不同之处。受限玻尔兹曼机正是借鉴了一个系统总是朝着能量减小的方向进行的这个物理规律，因此它是一个基于能量状态的概率模型，是对全连通的玻尔兹曼机进行限制简化后的生成式的随机神经网络。针对基于能量状态的概率模型，一般是通过能量函数来定义其概率分布。

　　如图 5.2 所示，受限玻尔兹曼机可以被视为一个无向二分图模型。概率无向图模型，又称为马尔可夫随机场，是一个可以由无向图表示的联合概率分布。也就是说，对于一个概率无向图模型，实际上我们更关心的是如何求其联合概率分布。受限玻尔兹曼机网络模型由一些可视节点(对应可视变量，即输入数据样本)和一些隐含节点(对应隐含变量)构成。为了描述容易，假设每一个可视变量和隐含变量都是二元变量，即其状态取值都在集合 $\{0,1\}$ 中，即 $\forall i,j$，$v_i \in \{0,1\}$，$h_j \in \{0,1\}$。除此以外，假定只有可视节点和隐含节点之间有连接，可视节点之间以及隐含节点之间都没有连接。其中 $\boldsymbol{h}=(h_1,h_2,h_3,\cdots,h_m)$ 为隐含层节点状态，相当于特征提取器，$\boldsymbol{v}=(v_1,v_2,v_3,\cdots,v_n)$ 为可视层节点状态，用于表示输入数据样本，$W_{n \times m}$ 为层与层之间的连接权值矩阵，这几个参数决定了受限玻尔兹曼机网络将一个 n 维的样本编码成 m 维，这 m 维的编码也可以认为是抽取了 m 个特征的样本。

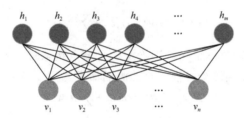

图 5.2　受限玻尔兹曼机概率无向图模型

　　一个拥有 n 个可视层节点和 m 个隐含层节点的受限玻尔兹曼机，对于一组给定的状态 $(\boldsymbol{v},\boldsymbol{h})$，受限玻尔兹曼机作为一个系统所具备的能量定义为

$$E(\boldsymbol{v},\boldsymbol{h})=-\sum_{i=1}^{n}a_iv_i-\sum_{j=1}^{m}b_jh_j-\sum_{i=1}^{n}\sum_{j=1}^{m}v_iw_{ij}h_j \tag{5.1}$$

式中，$\theta=\{w_{ij},a_i,b_j\}$ 是受限玻尔兹曼机的模型参数，它们均为正实数，各个参数的具体定义如下：

v_i——可视层中第 i 个节点的状态；

a_i——可视层中第 i 个节点的偏置；

h_j——隐含层中第 j 个节点的状态；

b_j——隐含层中第 j 个节点的偏置；

w_{ij}——可视层中第 i 个节点与隐含层中第 j 个节点的连接权值。

　　当所有参数给定时，基于式(5.1)的能量函数，可以得到一组给定的状态 $(\boldsymbol{v},\boldsymbol{h})$ 的联合概率分布为

$$P(\boldsymbol{v}, \boldsymbol{h} | \theta) = \frac{1}{Z(\theta)} \mathrm{e}^{-E(\boldsymbol{v}, \boldsymbol{h} | \theta)}$$

$$Z(\theta) = \sum_{\boldsymbol{v}, \boldsymbol{h}} \mathrm{e}^{-E(\boldsymbol{v}, \boldsymbol{h} | \theta)} \tag{5.2}$$

式中，$Z(\theta)$ 为配分函数，又称归一化因子。对于很多实际问题，往往最关心的便是由受限玻尔兹曼机模型所定义的关于观测数据(输入数据)的分布，即联合概率分布的边际分布，也称为似然函数。受限玻尔兹曼机模型分配给可视向量 $\boldsymbol{v}$ 的概率 $P(\boldsymbol{v}|\theta)$ 为

$$P(\boldsymbol{v}|\theta) = \frac{1}{Z(\theta)} \sum_{\boldsymbol{h}} \mathrm{e}^{-E(\boldsymbol{v}, \boldsymbol{h}|\theta)} \tag{5.3}$$

式(5.2)和式(5.3)要经过 2^{m+n} 次的计算量才能完成 $Z(\theta)$ 的计算，尤其当可视节点和隐含节点较多时，计算量更是复杂庞大。然而，由受限玻尔兹曼机的特殊结构可知(层间有连接，层内无连接)，当给定某一层节点状态时，另一层节点之间的条件分布相互独立，即

$$P(\boldsymbol{v}|\boldsymbol{h}) = \prod_{i=1}^{n} P(v_i | \boldsymbol{h})$$

$$P(\boldsymbol{h}|\boldsymbol{v}) = \prod_{j=1}^{m} P(h_j | \boldsymbol{v}) \tag{5.4}$$

当给定可视节点状态时，各个隐含节点的激活状态之间是相互独立的。此时，第 j 个隐含节点的激活概率为

$$P(h_j = 1 | \boldsymbol{v}) = \sigma\left(b_j + \sum_i v_i w_{ij}\right) \tag{5.5}$$

基于受限玻尔兹曼机的对称结构，当给定隐含节点状态时，各个可视节点的激活状态之间也是相互独立的。此时，第 i 个可视节点的激活概率为

$$P(v_i = 1 | \boldsymbol{h}) = \sigma\left(a_i + \sum_j h_j w_{ij}\right) \tag{5.6}$$

式中，$\sigma(x) = 1/(1 + \exp(-x))$ 为神经元的非线性作用函数。

2. 受限玻尔兹曼机的训练与调节

受限玻尔兹曼机的调节是整个深度网络非常重要的组成部分，基于深度网络逐层堆叠的结构特点，它便是以层层递增的方式来调节每相邻两层间的连接权值，进一步地来初始化整个深度网络的权值。因此，受限玻尔兹曼机的调节对整个深度网络至关重要。一般而言，在传统的神经网络的学习和训练过程中，一个最难解决的问题便是如何选择该网络合适的初始化参数，当这个初始化参数选择不好时，往往会严重影响整个神经网络的训练和测试效果。

通常而言，网络训练的目的是通过给出的一组输入样本，经训练后得到各个神经元节点之间的连接权值。训练受限玻尔兹曼机的根本任务就是求出模型的参数 $\theta = \{w_{ij}, a_i, b_j\}$，使该模型能最好地拟合给定训练样本的训练数据并对相关的测试数据有较强的泛化能力。本书利用最大化受限玻尔兹曼机在训练集上的对数似然函数的方法(最大似然估计)来求解模型参数，即相当于求解最大化目标函数 $\log_2 P(\boldsymbol{v}; \theta)$。

假定对一组满足独立同分布的训练样本集合 $V = \{v^{(1)}, v^{(2)}, \cdots, v^{(k)}\}$ (包含 k 个训练样本)，求其对数似然最大化以获取参数 θ，其计算过程为

$$L(\theta) = \sum_{i=1}^{k} \log_2 P(v^{(i)}|\theta)$$

$$= \sum_{i=1}^{k} \left(\log_2 \sum_{\boldsymbol{h}} \exp[-E(v^{(i)}, \boldsymbol{h}|\theta)] - \log_2 \sum_{v} \sum_{\boldsymbol{h}} \exp[-E(v, \boldsymbol{h}|\theta)] \right) \quad (5.7)$$

$$\frac{\partial L(\theta)}{\partial \theta} = \sum_{i=1}^{k} \frac{\partial}{\partial \theta} \left(\log_2 \sum_{\boldsymbol{h}} \exp[-E(v^{(i)}, \boldsymbol{h}|\theta)] - \log_2 \sum_{v} \sum_{\boldsymbol{h}} \exp[-E(v, \boldsymbol{h}|\theta)] \right)$$

$$= \sum_{i=1}^{k} \left[\left\langle \frac{\partial[-E(v^{(i)}, \boldsymbol{h}|\theta)]}{\partial \theta} \right\rangle_{P(v^{(i)}, \boldsymbol{h}|\theta)} - \left\langle \frac{\partial[-E(v, \boldsymbol{h}|\theta)]}{\partial \theta} \right\rangle_{P(v, \boldsymbol{h}|\theta)} \right] \quad (5.8)$$

式中，$<\cdot>_P$ 表示关于分布 P 的数学期望。根据正负号将式(5.8)中的两项分为正项和负项。$P(v^{(i)}, \boldsymbol{h}|\theta)$ 表示的是可视节点限定为已知训练样本 $v^{(i)}$ 时，隐含层的概率分布，这一项比较容易计算求解。而 $P(v, \boldsymbol{h}|\theta)$ 表示的是可视节点和隐含节点之间的联合概率分布，由于归一化因子 $Z(\theta)$ 的存在，这一项不是线性可计算的。因此，通常采用吉布斯(Gibbs)采样方法来获取其近似值。一般从理论上讲，如果要想得到负项的较精确近似值，不仅需要经过足够步数的 Gibbs 采样使训练样本满足目标的概率分布，还需要非常大的样本数量，然而很明显，这些在大大增加了受限玻尔兹曼机学习的计算量的同时也降低了效率。即当 $t \to \infty$ 时，样本 $(v^{(t)}, h^{(t)})$ 满足分布 $P(v, \boldsymbol{h})$。此时，受限玻尔兹曼机网络模型的连接权值更新准则为

$$\Delta w_{ij} = \frac{\partial \log_2 P(v|\theta)}{\partial w_{ij}} = <v_i h_j>^0 - <v_i h_j>^\infty \quad (5.9)$$

值得注意的是，在最大化似然函数过程中，为了尽可能地加快计算速度，式(5.8)的偏导数在每一个迭代计算中一般只是基于一部分训练样本而不是针对所有的训练样本进行的。

为进一步加快受限玻尔兹曼机的学习效率，对比散度(contrastive divergence)算法被提出并取得了很好的实际应用效果，只经过一步吉布斯采样后的对比散度算法在很多应用中即可取得相当好的效果。此时，受限玻尔兹曼机网络模型的连接权值更新准则为

$$\Delta w_{ij} = \frac{\partial \log_2 P(v|\theta)}{\partial w_{ij}} \approx <v_i h_j>^0 - <v_i h_j>^1 \quad (5.10)$$

受限玻尔兹曼机每两层间(每一对隐含层和可视层)的具体调节过程如下：首先是可视层向隐含层转换，即已知输入 v 时，通过 $P(\boldsymbol{h}|v)$ 得到隐含层 $\boldsymbol{h}$，经过了这次转换后，再对隐含层进行 Gibbs 采样，得到隐含层中各节点的状态，紧接着再由隐含层 $\boldsymbol{h}$ 向可视层反向转换，即得到隐含层 $\boldsymbol{h}$ 后，通过 $P(v^{(1)}|\boldsymbol{h})$ 又能得到可视层 $v^{(1)}$，最后再进行一次由可视层到隐含层的转换，即得到 $v^{(1)}$ 后，通过 $P(h^{(1)}|v^{(1)})$ 得到 $h^{(1)}$。这三次转换为受限玻尔兹曼机的参数调节提供了目标，这便是要进行三次转换的最重要原因。

完成了这三次转换之后，可以同时得到可视层的重构目标 $v^{(1)}$ 和隐含层的重构目标 $h^{(1)}$，便可以通过降低重构对象和原始对象之间的差异来达到调节参数的最终目的。通过调整参数，最主要的目标就是使从隐含层重构得到的可视层 $v^{(1)}$ 与原始可视层 v 一样，那么得到的隐含层就可以作为可视层的另一种表达，也就是说，隐含层可以被用来作为可视层输入数据的特征。此时，就相当于用 data 和 recon 来简记式(5.8)中正项和负项这两个概率分布，且学习速率为 η，则对数似然函数关于各参数的更新准则为

$$\Delta w_{ij} = \eta(<v_i h_j>_{\text{data}} - <v_i h_j>_{\text{recon}})$$
$$\Delta a_i = \eta(<v_i>_{\text{data}} - <v_i>_{\text{recon}}) \tag{5.11}$$
$$\Delta b_j = \eta(<h_j>_{\text{data}} - <h_j>_{\text{recon}})$$

3. 受限玻尔兹曼机的吉布斯采样

Gibbs 采样是一种基于马尔可夫链蒙特卡罗策略的采样方法，因此是一种随机抽样技术，将其用于每一个受限玻尔兹曼机的训练非常有效。对于一个 K 维随机向量（样本）$X = (X_1, X_2, \cdots, X_K)$。假设现在无法直接求得关于 X 的联合概率分布 $P(X)$，但是却知道这个给定 X 的其他分量的条件概率，即吉布斯采样时需要知道样本中一个属性在其他所有属性下的条件概率来分布产生各个属性的样本值。其第 K 个分量 X_k 的条件概率分布为

$$P(X_k | X_1, X_2, \cdots, X_{k-1}, X_{k+1}, \cdots, X_K) = \frac{P(X_1, X_2, \cdots, X_k)}{P(X_1, X_2, \cdots, X_{k-1}, X_{k+1}, \cdots, X_K)} \propto P(X_1, X_2, \cdots, X_K) \tag{5.12}$$

在其他变量条件概率分布已知的情况下，对某一个变量进行抽样，直到最后抽取出所有的样本。换句话说，对样本 $X = (X_1, X_2, \cdots, X_K)$ 的第 k 个变量，是从概率分布 $P(X_k | X_1, X_2, \cdots, X_{k-1}, X_{k+1}, \cdots, X_K)$ 中抽取的，直到抽取出所有的 K 个样本。综上所述，吉布斯采样算法的具体步骤如下。

步骤 1：给定一个初始样本 $X^{(0)} = \{X_1^{(0)}, X_2^{(0)}, \cdots, X_n^{(0)}\}$。

步骤 2：已知一个样本的当前状态 $x^{(i)} = \{x_1^{(i)}, x_2^{(i)}, \cdots, x_n^{(i)}\}$，对于 $X_1^{(i+1)}$ 进行抽样产生 $X_1^{(i+1)} \sim P(X_1 | x_2^{(i)}, \cdots, x_n^{(i)})$。

步骤 3：对于 $X_2^{(i+1)}$ 进行抽样，产生 $X_2^{(i+1)} \sim P(X_2 | x_1^{(i)}, x_3^{(i)}, \cdots, x_n^{(i)})$。

步骤 4：以此类推，最后对于 $X_n^{(i+1)}$ 进行抽样，产生 $X_n^{(i+1)} \sim P(X_n | x_1^{(i)}, x_2^{(i)}, \cdots, x_{n-1}^{(i)})$。

步骤 5：经过步骤 2～4 可以得到 X 的一个样本，然后操作就可以不断得到 X 的样本。

基于受限玻尔兹曼机模型的对称结构，以及其中各节点状态间的条件独立性，就可以采用吉布斯采样方法依次得到满足受限玻尔兹曼机定义分布的随机样本。在受限玻尔兹曼机中执行 k 步吉布斯采样的具体算法为：用一个训练样本（可视层的任何随机化状态）初始化可视层的状态 v_0，交替进行如下采样：

$$
\begin{aligned}
h_0 &\sim P(h|v_0) \\
v_1 &\sim P(v|h_0) \\
h_1 &\sim P(h|v_1) \\
v_2 &\sim P(v|h_1) \\
&\vdots \\
v_{k+1} &\sim P(v|h_k)
\end{aligned}
\tag{5.13}
$$

4. 受限玻尔兹曼机的评估

一般而言，对于一个正在学习过程中的或者已经完成学习的受限玻尔兹曼机，其对训练数据样本（假设包含 K 个训练样本）的对数似然函数就是其最为直接的评价标准。但是由于归一化因子 $Z(\theta)$ 的存在，直接求出其对数似然函数的近似值基本不现实。所以，一般都采用重构误差来评估受限玻尔兹曼机模型学习的优劣。重构误差的定义是：以训练数据作为初始状

态，根据受限玻尔兹曼机的分布，进行一步吉布斯采样后所得样本与原始数据样本之间的差异。通过不断调节相关参数以及循环迭代次数，便可以使受限玻尔兹曼机的重构误差达到预期设定的目标。

受限玻尔兹曼机的重构误差计算十分简单，代价也很小，可以基本完成受限玻尔兹曼机模型的性能评估，然而可靠性还有待进一步提高。在受限玻尔兹曼机模型构建过程中，在无法直接求取似然函数近似值或者求取过程中代价很大时，重构误差的实际应用仍然是具有相当价值的，足以较理想地完成对受限玻尔兹曼机的简单评估。

深度学习
算法梯度
消失问题

5.2.2　深度置信网络模型

深度置信网络在深度学习中占有重要地位，并被视为开启深度学习时代的关键算法之一，它由多个堆叠的受限玻尔兹曼机组成，进行逐层预训练和全局微调训练。本节将重点介绍深度置信网络的基础理论和构建方法。

1. 深度置信网络模型的定义

如果把一个受限玻尔兹曼机当作一组原始数据样本的理想模型，那么更高层的"数据"完全由与其相对应级别的权值矩阵构建而成。然而，多数情况下，仅靠一个受限玻尔兹曼机是无法较理想地对一组原始数据完成建模的，这时便需要更深层次的网络模型对这组原始数据进行建模。将一系列受限玻尔兹曼机依次堆叠组成了一个典型的深度置信网络。深度置信网络是一个由多个随机变量组成的高度复杂的有向无环图，也是一个由多隐含层构成的深层概率模型，每个上下两层间存在连接，但各层内的节点间不存在连接。最上面的两层具有无向对称连接，下面的各层得到来自上一层的自顶向下的有向连接，每一个低层的受限玻尔兹曼机作为输入数据被当作其高一层的受限玻尔兹曼机的输入。整个网络的最底层节点状态便是可视层输入数据。Hinton 等推导了一个有 l 个隐含层的深度置信网络，可视层输入矢量 v 和第 l 个隐含层矢量 h^l 之间的联合概率分布关系为

$$P(v, h^1, h^2, \cdots, h^l) = \left(\prod_{k=0}^{l-2} P(h^k | h^{k+1}) \right) P(h^{l-1}, h^l) \tag{5.14}$$

式中，$v = h^0$；$P(h^{k-1} | h^k)$ 是第 k 层受限玻尔兹曼机中可视层与隐含层之间的条件分布。因此，深度置信网络学习的便是式(5.14)中的这个联合概率分布，在机器学习中，联合概率分布表示的意义是生成模型。因此，深度置信网络模型是一个基于概率的生成模型，相比于传统判别模型的神经网络，生成模型的机理是建立一个观测数据和标签之间的联合分布，由观测数据学习联合概率分布，然后求出条件概率分布用于预测分类，而判别模型则是由观测数据直接学习条件概率分布用于预测分类。图 5.3 展示了一个拥有三个隐含层的深度置信网络结构，除了最高的两层仍保留无向图模型外，其余各层都是有向图模型(即定向置信网络)，且方向均是自上而下。

2. 深度置信网络的训练和构建

多隐含层的深度网络的全局优化往往是十分困难的，为了解决这个弊端，贪婪算法(即逐层的优化思想)被提出并已得到成功应用。根据无监督贪婪逐层学习算法，首先采用无监督学习算法对第一个受限玻尔兹曼机的可视层输入 v 进行训练，生成第一个隐含层的输出 h^1；然后将 h^1 作为下一个受限玻尔兹曼机的可视层输入，同样采用无监督学习算法用于训练产生新

的隐含层输出 h^2，同理，依次得到 h^3，最终生成深度置信网络模型，这一系列过程便称为预训练(pre-training)。

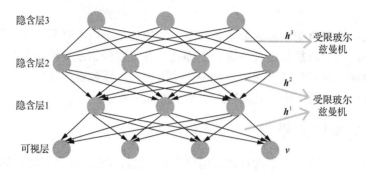

图5.3　拥有三个隐含层的深度置信网络结构

　　无监督预训练完成之后，再把可视层的原始训练数据作为标签数据(监督数据)，以最大似然函数为目标函数，对整个深层网络进行微调，使整个网络达到最优。最高两层的权值被连接在一起，这样设计的原因是使低层的输出为顶层提供一个可参考的线索(关联)，从而将其与自己的记忆内容联系在一起。向上的权值用来"识别"，向下的权值用来"生成"。首先通过层与层之间的向上连接，进行识别模型的构建过程，即通过外界的特征和向上的识别权值产生每一层的抽象表示(节点状态)，并且采用反向传播算法修改每两层间的向下生成的权值。也就是说，一个深度置信网络模型的连接是通过自上而下的生成权值来指导和确定的，与传统神经网络相比，这样更易于连接权值的学习和更新。相比于浅层模型中单纯的反向传播算法而言，其更有利于网络的训练，主要是因为单纯的反向传播算法不适合直接用于多隐含层的学习模型的训练，一是计算各参数的偏导数困难，二是收敛速度慢，三是容易受不合适的随机初始化参数而陷入局部最优，而非全局最优。向上识别这个构建过程结束之后，得到了原始输入样本各个层的抽象表示，然后再通过各层之间的反向连接来进行生成模型的构建，通过顶层表示和向下的权值，生成较低层的状态，同时修改每两层间向上的权值，以此完成各个层抽象表示的重构。

　　综上所述，深度置信网络的构建过程可以归纳为两部分，分别为预训练阶段和全局微调阶段。具体描述如下。

　　第一部分是预训练。这个过程又称为初始化参数，即将深度置信网络分解为一系列的受限玻尔兹曼机，逐层地训练参数，为整个深度置信网络提供较优的网络初始化权值。

　　首先将原始数据 v 作为可视层的输入向量，训练第一个受限玻尔兹曼机的连接权值矩阵 W^1，接着固定 W^1，通过 $P(h^1|v) = P(h^1|v, W^1)$，训练得到第一个受限玻尔兹曼机的隐含层向量 h^1，将 h^1 当作第二个受限玻尔兹曼机的可视输入向量，来训练第二个受限玻尔兹曼机的连接权值矩阵 W^2，以此类推，逐层计算得到每一层的隐含层节点向量和连接权值矩阵。换言之，将深度网络模型的低层输出作为其高一层的输入，每次无监督地只学习一层特征变换，最终依次将学得的网络连接权值堆叠成为整个深度网络模型的初始化权值。

　　第二部分是全局微调。为了进一步提升模型性能，当完成一系列受限玻尔兹曼机的无监督预训练后，再把原始训练数据当作监督数据对整个深层结构进行有监督学习，依据最大似然函数，采用反向传播算法对整个深度网络进行进一步优化，精调各个层的参数。

引入贪婪算法后，深度学习模型在两个主要训练阶段中，无论是在时间复杂度还是空间复杂度上都是线性的。算法在模型向上识别构建阶段，将学习到的连接权值，以自下而上的顺序，为其高一层产生训练所需的输入数据；而在模型向下生成阶段，按照自上而下的顺序，用连接权值对各层数据进行重构。

深度置信网络不仅有助于找到更好的初始化参数值和全局最优解，还可以捕获关于原始输入分布的本质特征和有用信息。其完成构建后，复杂的处理对象可以较理想地被逐层进行表示，最终获取原始处理对象的本质特征。因此，将深度置信网络应用到飞机机电系统健康评估中十分合适。

5.2.3　深度置信网络的智能故障诊断算例

深度置信网络广泛应用于降维、分类、协同过滤和无监督特征学习等领域，在拥有大量训练数据时，能够自适应地调整模型结构及挖掘数据内在信息。本节将具体介绍深度置信网络的智能故障诊断流程及算例。

1. 基于深度置信网络的智能故障诊断流程

本算例中基于深度置信网络的智能故障诊断流程概括如下。

步骤 1：通过数据采集系统采集机械设备各种故障模式下的原始状态监测信号。

步骤 2：不经过复杂信号预处理及特征提取操作，直接使用所采集的原始信号构造训练样本和测试样本作为模型的输入，其中每个样本皆取自原始信号的一个片段。为进一步提高模型的性能，可对每个样本单独进行简单的预处理操作，常见的包括零均值标准化及最大最小归一化，其中零均值标准化定义为

$$\bar{x} = \frac{x - \mu}{\sigma} \tag{5.15}$$

式中，x 为样本中的一个数据点；$\bar{x}$ 为该样本点经过预处理后的值；μ 为该样本中所有数据点的均值；σ 为该样本中所有数据点的标准差。最大最小归一化可定义为

$$\bar{x} = \frac{x - x_{\min}}{x_{\max} - x_{\min}} \tag{5.16}$$

式中，$x_{\min}$ 为该样本中所有数据点的最小值；$x_{\max}$ 为该样本中所有数据点的最大值。

步骤 3：根据输入信号的维度以及信号的类别数，确定深度置信网络输入层和输出层的神经元个数；确定受限玻尔兹曼机的个数、隐含层的个数以及每个隐含层包含的神经元个数；确定重要超参数的取值，包括每个受限玻尔兹曼机的训练次数、学习率，以及学习率的变化方式等，完成深度置信网络的构建。

步骤 4：基于如对比散度等无监督学习算法，自底层向上层逐层预训练每个受限玻尔兹曼机，其中每一层训练完毕后的权重作为下一层的输入。

步骤 5：基于反向传播算法等监督学习算法，使用训练样本对整个深度置信网络进行全局微调，其目的为调整模型权重以最小化模型在训练样本集上的预测误差。

步骤 6：利用训练后的深度置信网络对测试样本进行检测得到诊断结果。

2. 数据集介绍

液压传动系统在现代工业中占有重要地位，近几十年来，液压系统状态监测也受到越来越多的关注。轴向柱塞泵是液压系统中常用的泵，它一旦出现故障必然导致设备停机，造成重大的经济损失甚至是伤亡事故。因此，准确、有效地检测出液压泵中的故障已成为保证液压系统安全、可靠运行的一项紧迫任务。本节将深度置信网络应用于实际轴向柱塞泵故障的诊断中，试验数据源自某企业的轴向柱塞泵生产线。试验装置如图 5.4 所示，A 为试验用轴向柱塞泵，数据采集系统包括信号采集仪、装有数据采集软件的便携计算机和若干个加速度计。表 5.1 列出了该轴向柱塞泵的相关参数。

图 5.4　轴向柱塞泵试验台

表 5.1　试验用轴向柱塞泵的部分参数

参数	柱塞个数	额定压力/MPa	转速/(r/min)
取值	9	35	1500

图 5.5 所示为轴向柱塞泵常见的四种故障类型，分别为：①图 5.5（a）所示为三个柱塞的磨损，磨损直径为 0.03mm；②图 5.5（b）所示为静压支撑孔堵塞；③图 5.5（c）所示为轴肩磨损，磨损量为直径 0.03mm；④图 5.5（d）所示为缸体点蚀，宽度为 0.5mm，深度为 0.3mm。

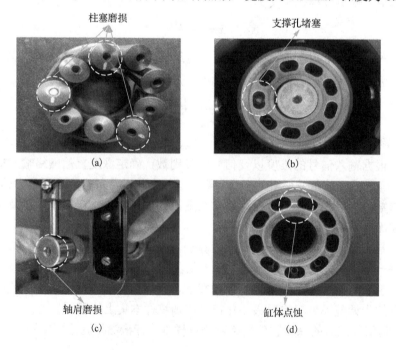

图 5.5　轴向柱塞泵中常见的四种故障

在本算例中，振动信号从安装在泵垂直方向的 3 号加速度计采集，采样频率为 48 kHz。在采样点中选择 163600 点数作为输入数据，每段截取 400 个数据点。每种工作模式训练集选取 120000（300×400）个数据点，测试集选取 43600（109×400）个数据点，即每种工作模式分别有 300 个训练样本和 109 个测试样本，如表 5.2 所示。

表 5.2　工作模式种类和样本分布

工作模式	训练样本数量	测试样本数量	标签
正常工作状态	300	109	1
三个柱塞磨损	300	109	2
静压支撑孔堵塞	300	109	3
轴肩磨损	300	109	4
缸体点蚀	300	109	5

图 5.6 所示为原始信号的时域波形以及相应的频谱（数据点：24000，$t = 0.5s$）。由图可知，每一类模式的信号除了振幅方面有一些差异，在原始时域和频域都很难直接观察到故障特征。

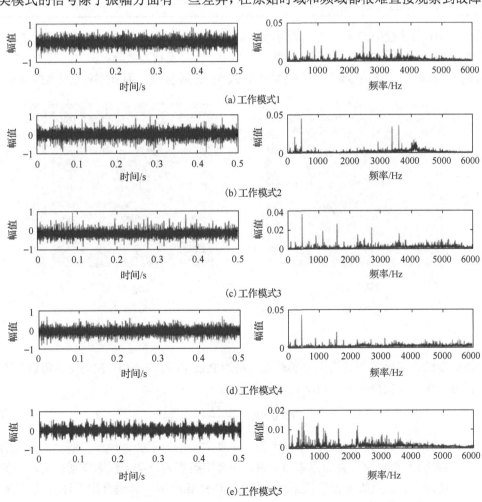

(a) 工作模式 1

(b) 工作模式 2

(c) 工作模式 3

(d) 工作模式 4

(e) 工作模式 5

图 5.6　时域波形及频谱

3. 基于深度置信网络的柱塞泵诊断结果分析

表 5.3 给出了轴向柱塞泵试验研究中的深度置信网络的主要参数。该模型的主要结构是 400-2048-1024-128-5，即在第一隐含层有 2048 个神经元，第二隐含层有 1024 个神经元，第三隐含层有 128 个神经元。输入层有 400 个神经元，代表 400 个数据点。输出层中有 5 个神经元，代表 5 类工作模式。

表 5.3　深度置信网络的主要参数

主要参数	参数取值
输入层神经元个数	400
第一隐含层神经元个数	2048
第二隐含层神经元个数	1024
第三隐含层神经元个数	128
输出层神经元个数	5
RBM 的个数	3
RBM1/RBM2/RBM3 的迭代次数	60/60/60

图 5.7 所示为试验中的多分类混淆矩阵。训练样本故障模式平均分类准确率为 100%，测试样本为 97.4%。如图 5.7(b)所示，故障模式 1 有 5%被误判为故障模式 2，有 1%被误判为故障模式 4；故障模式 2 有 3%被误判为故障模式 5；故障模式 3 有 4%被误判为故障模式 4。

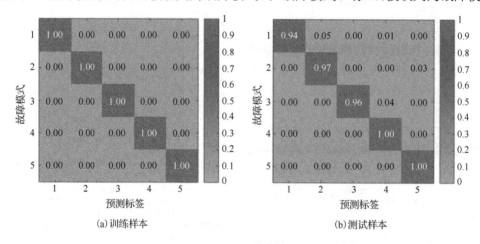

(a)训练样本　　　　　　　　　　　　　(b)测试样本

图 5.7　多分类混淆矩阵

为进一步验证深度置信网络的分类性能，利用 Precision、Recall、F1-Score 等评价准则对其进行评估，在二分类情况下，Precision 的定义为

$$\text{Precision} = \frac{\text{TP}}{\text{TP} + \text{FP}} \tag{5.17}$$

式中，TP 为被正确预测为正类的样本的个数，即真实类别为正类，预测类别也为正类的样本个数；FP 为被错误预测为正类的样本的个数，即真实类别为反类，预测类别却为正类的样本个数。当主要关注的是反类是否能被正确预测时，Precision 则十分适合用于评价模型的性能。此外，Recall 的定义为

$$\text{Recall} = \frac{\text{TP}}{\text{TP} + \text{FN}} \tag{5.18}$$

式中，FN 为被错误预测为反类的样本的个数，即真实类别为正类，但预测类别为反类的样本的个数。当主要关注的正类是否能被正确预测时，Recall 则十分适合用于评价模型的性能。最后，F1-Score 为 Precision 和 Recall 的调和平均数，其定义为

$$\text{F1-Score} = 2 \times \frac{\text{Precision} \times \text{Recall}}{\text{Precision} + \text{Recall}} \tag{5.19}$$

在 Precision 或 Recall 较差的情况下，F1-Score 也会较差。只有当 Precision 和 Recall 都有很好的表现时，F1-Score 才会很高。在故障诊断的多分类情况下，可在每种故障类别下计算模型的上述三种指标，当选定一个类别时，该类别即为正类，其他所有类别均为反类。

如表 5.4 所示，对于每一类故障模式，深度置信网络的评价准则值都很高，而且稳定，进而说明了该方法在轴向柱塞泵多故障分类中的可行性和有效性。

表 5.4　DBN 的 Precision、Recall 和 F1-Score 结果

工作模式	DBN 的各项指标的结果/%		
	Precision	Recall	F1-Score
1	100	94.50	97.17
2	95.50	97.25	96.36
3	100	96.33	98.13
4	95.61	100	97.76
5	97.32	100	98.64

5.3　基于堆叠自编码器的智能故障诊断

5.3.1　自编码器的基础理论

自动编码器又称自编码器，是一类用于学习无标签数据有效编码的人工神经网络，属于无监督学习的范畴。自编码器的功能是通过将输入信息作为学习目标，对输入信息进行表征学习。本节将重点介绍自编码器的基础理论和核心公式。

1. 标准自编码器

标准自编码器包含三层神经网络，分别为输入层、隐含层和输出层，旨在利用误差反向传播策略不断调整模型各层间的权值使得输入数据与输出数据间的重构误差最小，最终重构出原始输入数据，而此时在隐含层获取的数据特征便是原始输入数据的一种特征表示。

如图 5.8 所示，标准自编码器由编码器和解码器两个主要部分组成。

编码器由输入层和隐含层组成，用于获取输入

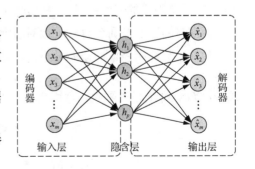

图 5.8　标准自编码器结构

数据的特征表示；解码器由隐含层和输出层组成，利用特征表示重建输入数据。其中输入层和输出层的神经元个数均为 m，隐含层神经元个数为 p。现给定一个无标签的输入样本 $\boldsymbol{x}=[x_1,x_2,\cdots,x_m]^{\mathrm{T}}\in\Re^m$，编码器首先将输入样本 $\boldsymbol{x}$ 通过某种非线性激活函数映射到隐含层，得到该样本的特征表示：

$$\boldsymbol{h}=\sigma\left(\boldsymbol{Wx}+\boldsymbol{b}\right) \tag{5.20}$$

式中，$\boldsymbol{h}=[h_1,h_2,\cdots,h_p]^{\mathrm{T}}\in\Re^p$ 为输入 $\boldsymbol{x}$ 的隐含层特征表示；$\boldsymbol{W}=\{w_{ji}\}\in\Re^{p\times m}$ 是编码器的权值矩阵（$i=1,2,\cdots,m$，$j=1,2,\cdots,p$）；$\boldsymbol{b}\in\Re^p$ 是编码器的偏置向量，很显然 $\{\boldsymbol{W},\boldsymbol{b}\}$ 是连接输入层和隐含层之间的参数；σ 是编码器的激活函数，旨在提供模型的非线性建模能力。自编码器中常用的激活函数为 Sigmoid 函数和 ReLU 函数，可分别表示为

$$\mathrm{Sigmoid}(x_i)=\frac{1}{1+\mathrm{e}^{-x_i}} \tag{5.21}$$

$$\mathrm{ReLU}(x_i)=\begin{cases}x_i,&x_i\geqslant0\\0,&x_i<0\end{cases} \tag{5.22}$$

式中，Sigmoid 函数可以将一个实数映射到 $(0,1)$ 的区间；ReLU 是一种分段线性函数，其本质是一个斜坡函数。二者分别如图 5.9 所示。

卷积神经
网络

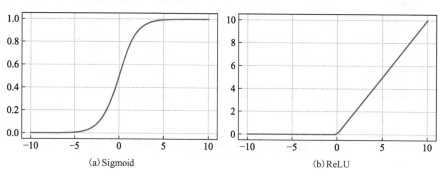

(a) Sigmoid　　　　　　　　　　　　　(b) ReLU

图 5.9　激活函数

解码器的原理与编码器类似，通过非线性激活函数，解码器将隐含层特征表示 $\boldsymbol{h}$ 映射成输入样本的重构形式：

$$\hat{\boldsymbol{x}}=\sigma\left(\boldsymbol{W}'\boldsymbol{h}+\boldsymbol{b}'\right) \tag{5.23}$$

式中，$\hat{\boldsymbol{x}}=[\hat{x}_1,\hat{x}_2,\cdots,\hat{x}_m]^{\mathrm{T}}\in\Re^m$ 为输入样本的重构形式；$\boldsymbol{W}'=\boldsymbol{W}^{\mathrm{T}}\in\Re^{m\times p}$ 是解码器的权值矩阵；$\boldsymbol{b}'\in\Re^m$ 是解码器的偏置向量；$\{\boldsymbol{W}',\boldsymbol{b}'\}$ 是连接输出层和隐含层间的参数。

标准自编码器的训练目标是针对给定的输入样本，寻找参数集 $\boldsymbol{\theta}=\{\boldsymbol{W},\boldsymbol{b},\boldsymbol{W}',\boldsymbol{b}'\}$ 使得输入数据与输出数据间的重构误差最小化，重构误差可用以下的损失函数表达：

$$J_{\mathrm{AE}}(\boldsymbol{\theta})=L(\boldsymbol{x},\hat{\boldsymbol{x}}) \tag{5.24}$$

式中，$L(\boldsymbol{x},\hat{\boldsymbol{x}})$ 是损失函数，常用均方误差函数和交叉熵损失函数，其表达式分别为

$$L(\boldsymbol{x},\hat{\boldsymbol{x}})=\frac{1}{2}\sum_{i=1}^{m}\left(\hat{x}_i-x_i\right)^2 \tag{5.25}$$

$$L(\boldsymbol{x},\hat{\boldsymbol{x}})=-\sum_{i=1}^{m}\left[x_i\log(\hat{x}_i)+(1-x_i)\log(1-\hat{x}_i)\right] \tag{5.26}$$

其中，式(5.25)为均方误差函数，常用于回归问题；式(5.26)为交叉熵损失函数，其具有"误差大时权重更新快；误差小则权重更新慢"的良好性质，能有效解决模型迭代过程中权值收敛速度饱和等问题。

标准自编码器模型通过误差反向传播策略，并采用随机梯度下降算法求解式(5.25)或式(5.26)中的极小值问题。模型参数在迭代过程中的更新方程为

$$W \leftarrow W - \eta \frac{\partial L(\boldsymbol{x}, \hat{\boldsymbol{x}})}{\partial W} \tag{5.27}$$

$$b \leftarrow b - \eta \frac{\partial L(\boldsymbol{x}, \hat{\boldsymbol{x}})}{\partial b} \tag{5.28}$$

$$W' \leftarrow W' - \eta \frac{\partial L(\boldsymbol{x}, \hat{\boldsymbol{x}})}{\partial W'} \tag{5.29}$$

$$b' \leftarrow b' - \eta \frac{\partial L(\boldsymbol{x}, \hat{\boldsymbol{x}})}{\partial b'} \tag{5.30}$$

式中，η 为学习率，一般取值范围为 0～1。

为了进一步改善算法的收敛性能，往往需要在参数更新中引入动量项，此时模型的权值参数更新方程变为

$$W(t+1) \leftarrow W(t) - \eta \frac{\partial L(\boldsymbol{x}, \hat{\boldsymbol{x}})}{\partial W} + \alpha \Delta W(t) \tag{5.31}$$

$$W'(t+1) \leftarrow W'(t) - \eta \frac{\partial L(\boldsymbol{x}, \hat{\boldsymbol{x}})}{\partial W'} + \alpha \Delta W'(t) \tag{5.32}$$

深度学习
优化算法
效率对比

式中，$\alpha \in [0.9,1]$ 为动量因子；$W(t)$ 和 $W'(t)$ 为第 t 次迭代时的权值矩阵。

以上考虑的是针对一个样本时的计算情况，当给定一组（S 个）无标签的输入样本 $\{\boldsymbol{x}^1, \boldsymbol{x}^2, \cdots, \boldsymbol{x}^s, \cdots, \boldsymbol{x}^S\}$（$\boldsymbol{x}^s = [x_1^s, x_2^s, \cdots, x_i^s, \cdots, x_m^s]^T \in \Re^m$，$s = 1, 2, \cdots, S$）时，式(5.25)和式(5.26)表达如下：

$$L(\boldsymbol{x}, \hat{\boldsymbol{x}}) = \frac{1}{S} \sum_{s=1}^{S} \left(\frac{1}{2} \sum_{i=1}^{m} \left(\hat{x}_i^s - x_i^s \right)^2 \right) \tag{5.33}$$

$$L(\boldsymbol{x}, \hat{\boldsymbol{x}}) = -\frac{1}{S} \sum_{s=1}^{S} \left(\sum_{i=1}^{m} \left[x_i^s \log(\hat{x}_i^s) + (1 - x_i^s) \log(1 - \hat{x}_i^s) \right] \right) \tag{5.34}$$

式中，$\boldsymbol{x}^s = [x_1^s, x_2^s, \cdots, x_i^s, \cdots, x_m^s]^T$ 是输入样本集中第 s 个输入样本，m 为输入样本的维度；x_i^s 代表第 s 个输入样本的第 i 维数据；$\hat{x}_i^s$ 代表第 s 个重构样本中第 i 维数据；S 为输入样本的总个数。

为防止模型的过拟合，提升模型的泛化性能，一般建议在损失函数上加上正则化项，以缩小解空间，从而减小求出过拟合解的可能性。常用 L2 正则化项用于连接权值的惩罚，可表达为

$$J_{\text{weight}} = \frac{\lambda}{2} \sum_{l=1}^{n_l - 1} \sum_{i=1}^{s_l} \sum_{j=1}^{s_{l+1}} \left(w_{ji}^{(l)} \right)^2 \tag{5.35}$$

式中，λ 是权值衰减系数，决定着权值惩罚的强弱；$w_{ji}^{(l)}$ 为模型第 l 层与第 $l+1$ 层之间的所有权值；n_l 为模型层数；s_l 为模型第 l 层的神经元节点数。以图 5.1 中所示的自编码器模型为例：模型层数 $n_l = 3$，第一层神经元节点数 $s_1 = m$，第二层神经元节点数 $s_2 = p$，第三层神经元节点数 $s_3 = s_1 = m$。

标准自编码器模型中，输入层与隐含层的维度存在三种关系。①输入维度>特征维度（$m>p$）时，为欠完备自编码器。此时的自编码器强制学习输入数据的压缩表示，用于捕获数据中最显著的特征。②输入维度=特征维度（$m=p$）时，为完备自编码器。③输入维度<特征维度（$m<p$）时，为过完备自编码器。

2. 稀疏自编码器

稀疏自编码器通过引入稀疏性作为约束限制特征表示的容量，通过稀疏惩罚的方式，强制将隐含层稀疏化，从而更好地发现数据中隐含的有趣信息，其结构如图 5.10 所示。从特征角度理解，稀疏表达意味着模型在进行某种特征选择操作，它试图寻找出大量维度中真正重要的若干维。通俗理解，"稀疏"意味着限制隐含层神经元为 0 或接近 0 值，即在绝大多数情况下神经元节点应该都是处于抑制状态。以 Sigmoid 函数为例，激活状态指的是神经元输出值接近 1，抑制状态则是指神经元输出值接近 0。稀疏性具有以下优势：首先，稀疏性可以增加特征表示的信息容量；其次，稀疏性可以清楚地解析数据结构；最后，稀疏性符合生物学原理。

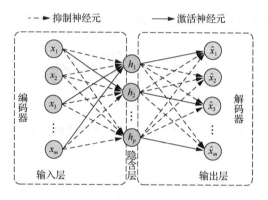

图 5.10　稀疏自编码器结构

若给定一组无标签的输入样本：
$$\left\{ \boldsymbol{x}^1, \boldsymbol{x}^2, \cdots, \boldsymbol{x}^s, \cdots, \boldsymbol{x}^S \right\} \left(\boldsymbol{x}^s = [x_1^s, x_2^s, \cdots, x_i^s, \cdots, x_m^s]^{\mathrm{T}} \in \mathfrak{R}^m, \quad s = 1, 2, \cdots, S \right)$$
则隐含层中第 j 个神经元节点的平均激活值为

$$h_j^{(2)} = \sum_{i=1}^m w_{ji}^{(1)} x_i + b_j^{(1)} \tag{5.36}$$

$$\hat{\rho}_j = \frac{1}{S} \sum_{s=1}^S \left[h_j^{(2)}(\boldsymbol{x}^s) \right] \tag{5.37}$$

式中，$\hat{\rho}_j$ 为隐含层中第 j 个神经元节点的平均激活值；$h_j^{(2)}$ 为模型隐含层（第 2 层）第 j 个神经元节点的激活值。

为了能使隐含层中的大多数神经元处于抑制状态，有

$$\hat{\rho}_j \to \rho, \quad j = 1, 2, \cdots, p \tag{5.38}$$

式中，ρ 为稀疏系数，一般取值较小，接近于 0。假定 $\rho = 0.04$，即此时隐含层中第 j 个神经元节点的平均激活值能接近 0.04。显而易见，此时模型隐含层中绝大多数的神经元节点的激活值接近于 0，即处于抑制状态。

为了实现模型的稀疏性限制，采取的措施是给原损失函数添加一个额外的惩罚项，用于有效惩罚那些远离 ρ 的 $\hat{\rho}_j$。应用最广泛的一种惩罚项因子为 KL 散度 (Kullback-Leibler divergence)，又称相对熵，即

$$\mathrm{KL}\left(\rho\middle\|\hat{\rho}_j\right) = \rho\log\frac{\rho}{\hat{\rho}_j} + (1-\rho)\log\frac{1-\rho}{1-\hat{\rho}_j} \tag{5.39}$$

进一步分析式 (5.39) 可知，KL 散度是用于描述两个均值分别为 ρ 和 $\hat{\rho}_j$ 的随机变量间的相对差异，且这个差异随着 ρ 和 $\hat{\rho}_j$ 之间差距的增大而单调递增。换言之，当 $\hat{\rho}_j = \rho$ 时，$\mathrm{KL}\left(\rho\middle\|\hat{\rho}_j\right)$ 取到最小值为 0；当 $\hat{\rho}_j$ 远离 ρ 时，$\mathrm{KL}\left(\rho\middle\|\hat{\rho}_j\right)$ 逐渐增大。因此，最小化 KL 散度这一惩罚因子可实现 $\hat{\rho}_j$ 尽可能地接近 ρ。针对给定的一组无标签的输入样本 $\left\{x^1, x^2, \cdots, x^s, \cdots, x^S\right\}$，加入惩罚项的损失函数变为

$$L(\boldsymbol{x}, \hat{\boldsymbol{x}}) = \frac{1}{S}\sum_{s=1}^{S}\left(\frac{1}{2}\sum_{i=1}^{m}\left(\hat{x}_i^s - x_i^s\right)^2\right) + \beta\sum_{j=1}^{p}\mathrm{KL}\left(\rho\middle\|\hat{\rho}_j\right) + J_{\text{weight}} \tag{5.40}$$

$$L(\boldsymbol{x}, \hat{\boldsymbol{x}}) = -\frac{1}{S}\sum_{s=1}^{S}\left(\sum_{i=1}^{m}\left[x_i^s\log(\hat{x}_i^s) + (1-x_i^s)\log(1-\hat{x}_i^s)\right]\right)$$
$$+ \beta\sum_{j=1}^{p}\mathrm{KL}\left(\rho\middle\|\hat{\rho}_j\right) + J_{\text{weight}} \tag{5.41}$$

式中，β 为稀疏惩罚项因子；p 为模型隐含层神经元节点数。式 (5.40) 为针对均方误差函数的修正，式 (5.41) 为针对交叉熵损失函数的修正。与标准自编码器模型一样，稀疏自编码器模型的训练也是通过误差反向传播策略，并采用随机梯度下降算法求解式 (5.40) 或式 (5.41) 中的极小值问题。

3. 降噪自编码器

为了防止模型的过拟合问题，2008 年 Bengio 等提出了一种降噪自编码器，通过为输入数据添加随机噪声，并期望重建无噪的原始输入数据以提取特征，提升模型的鲁棒性，其结构如图 5.11 所示。

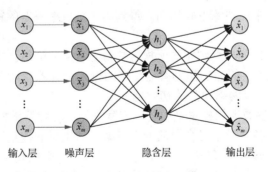

图 5.11　降噪自编码器结构

首先，通过数据退化过程 $\tilde{x} \sim q_D(\tilde{x}|x)$ 得到加噪之后的数据 $\tilde{x}$。为了便于优化，常用简单的随机置 0 作为退化过程 $q_D(\tilde{x}|x)$，即以一定概率 (通常使用二项分布) 把输入层节点的值置为 0，从而得到含有噪声的模型输入 $\tilde{x}$。随后，对噪声层数据进行编码和解码重构的操作，并计

算输出层与输入层数据的重构损失值。最后，通过反向传播策略与随机梯度下降算法进行参数的更新。具体操作过程与标准自编码器相同。

当迭代训练计算得到的重构损失较小时，此时的降噪自编码器模型能够很好地从噪声数据中重构原始数据，其中隐含层的编码数据可以作为原始数据的一种有效特征表达。这不仅可以对数据进行有效的变维，还能在一定程度上解决原始数据存在噪声的问题，从而实现对数据进行降噪和变维的双重处理。

5.3.2　堆叠自编码器模型

自编码器是单隐含层的神经网络，属于浅层模型。对于许多数据来说，浅层网络对复杂函数的表示能力及其泛化能力受到限制，不足以获取一种好的数据表示。而使用梯度下降法训练多层的深度神经网络会导致模型容易陷入较差的局部解，所以提出了逐层训练学习网络参数的堆叠自编码器模型解决以上问题。堆叠自编码器是一种将多个自编码器连接起来的深度学习模型，通过将多个自编码器级联以逐层进行特征提取，获得不同层次以及不同维度的特征表示。由于无监督的特征逐层转换、简单训练和强大的鲁棒性，堆叠自编码器广泛应用于高维数据处理、人脸识别和数据流异常检测等领域。

堆叠自编码器的构建过程包含两个阶段：无监督的逐层预训练阶段和有监督的全局微调阶段。堆叠自编码器的训练是基于最小化每个自编码器的输入与输出间的重构误差开展的。为避免随机初始化，预训练旨在将模型输入层和所有隐含层间的权值和偏置参数约束在一定的取值空间内，从而提供较优的初始化参数。预训练的核心思想是以无监督方式将堆叠自编码器模型的输入层和所有隐含层全部初始化。微调的核心思想是将堆叠自编码器模型的输入层、所有隐含层和输出层视为一个整体，以有监督方式进一步优化经预训练后的模型参数。综上所述，堆叠自编码器模型构建的主要步骤总结如下。

步骤 1：基于无标签数据样本最小化输出与输入数据间的重构误差，预训练得到第一个自编码器模型的初始化参数。

步骤 2：将第一个自编码器的隐含层输出值(第一个隐含层特征)作为第二个自编码器模型(深一层)的输入数据。

步骤 3：与步骤 1 中的训练方式相同，得到第二个自编码器的初始化参数和隐含层输出值(第一个隐含层特征)。

步骤 4：重复步骤1~3，直到完成所规定数量隐含层的训练要求。

步骤 5：将最高隐含层的输出作为有监督层的输入，并保持之前预训练的所有层参数不变，作为之后微调阶段整个网络模型的初始化参数。

步骤 6：基于带标签数据的样本采用随机梯度下降算法微调模型的所有参数。

图 5.12 展示了一个拥有三个隐含层的堆叠自编码器模型的构建过程。首先采用无监督学习方式对自编码器 1 的输入数据 $\boldsymbol{x} = [x_1, x_2, \cdots, x_m]$ 进行预训练，生成第一隐含层特征 $\boldsymbol{h}^{(1)} = [h_1^{(1)}, h_2^{(1)}, \cdots, h_p^{(1)}]$；然后将第一隐含层特征数据 $\boldsymbol{h}^{(1)}$ 作为自编码器 2 的输入，同样采用无监督方式训练产生新的隐含层特征 $\boldsymbol{h}^{(2)} = [h_1^{(2)}, h_2^{(2)}, \cdots, h_q^{(2)}]$；依次类推，最终得到自编码器 3 的隐含层特征，即第三隐含层特征数据 $\boldsymbol{h}^{(3)} = [h_1^{(3)}, h_2^{(3)}, \cdots, h_r^{(3)}]$。需要指出的是，模型最高隐含层只能输出原始输入数据的最深层次特征表示，并不具备分类或回归的功能。因此，往往需要在已微调模型的最后加入分类器或者回归器，如 softmax 或者 SVM 等。

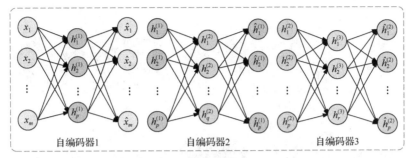

(a) 逐层预训练阶段

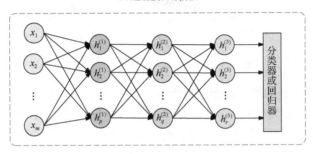

(b) 全局微调阶段

图 5.12　堆叠自编码器模型的构建过程

5.3.3　堆叠自编码器的智能故障诊断算例

1. 行星变速箱失效故障试验数据集介绍

数据集(XJTU-Gearbox)来源于西安交通大学航空发动机研究所,试验平台如图5.13所示,由驱动电机、控制器、行星齿轮箱、平行齿轮箱、加速度计和制动器组成。其中,电机型号为三相三马力电机,电源为三相交流(230V,60/50Hz)。在行星变速箱的 X、Y 方向安装两个一维加速度计(PCB352C04),分别采集 X 与 Y 方向的振动信号。试验中,在行星变速箱上预制了 4 种行星齿轮失效模式和 4 种轴承失效模式。如图5.14所示,齿轮的失效包括齿面磨损、缺齿、齿根裂纹和断齿。轴承故障包括滚珠故障、内圈故障、外圈故障以及上述 3 种轴承故障的混合故障。因此,与正常状态一起,共采集了 9 种振动信号。试验中电机转速设定为1800r/min,采样频率设定为 20480Hz。

图 5.13　XJTU-Gearbox 数据集的试验平台

1-驱动电机；2-控制器；3-行星齿轮箱；4-平行齿轮箱；5-制动器；6、7-X 和 Y 方向加速度计

（a）齿轮失效　　齿面磨损　　　缺齿　　　齿根裂纹　　　断齿

（b）轴承故障　　滚珠故障　　内圈故障　　外圈故障

图 5.14　行星齿轮失效和轴承故障模式

2. 基于堆叠自编码器的故障诊断试验流程

该试验流程可大致分为试验样本划分、数据的预处理、模型结构参数设置、试验训练参数设置和模型训练与测试流程等 5 个方面，分别概述如下。

1）试验样本划分

本次试验选择从 X 方向采集的振动信号作为原始数据，使用滑动窗口进行样本的划分，窗口的大小设置为 1024（即样本的长度为 1024 个采样点）。为防止测试样本的泄漏，各滑动窗口之间没有重叠。各健康模式的样本总数均为 1000，按照 6∶2∶2 的比例进行训练集、验证集和测试集的划分，验证集用于保存最优诊断结果的模型参数。试验数据集的信息具体如表 5.5 所示。

表 5.5　试验数据集信息

标签	健康模式	训练样本	验证样本	测试样本	样本总数	样本长度
1	滚珠故障	600	200	200	1000	1024
2	内圈故障	600	200	200	1000	1024
3	复合故障（内圈+外圈+滚珠）	600	200	200	1000	1024
4	外圈故障	600	200	200	1000	1024
5	断齿	600	200	200	1000	1024
6	缺齿	600	200	200	1000	1024
7	正常状态	600	200	200	1000	1024
8	齿根裂纹	600	200	200	1000	1024
9	齿面磨损	600	200	200	1000	1024

图 5.15 为以上 9 种健康模式在采样时间长度为 10s 的振动信号时域波形图。可以直观地看到，虽然各健康模式的振幅不尽相同，但均未表现出显著的振动规律，因此难以直接通过时域信号对各健康模式进行分类。

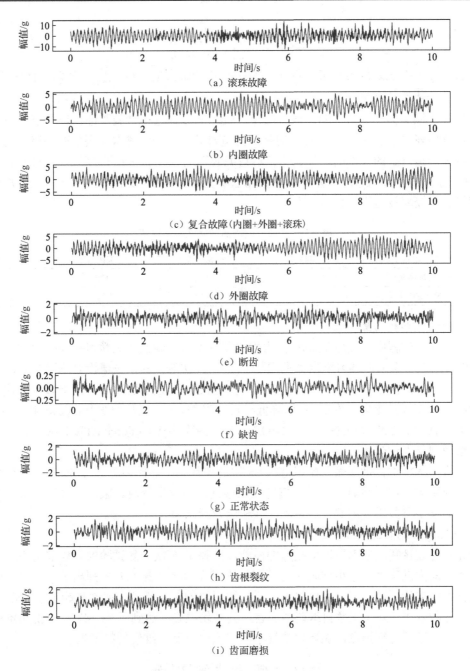

图 5.15　9 种健康模式的时域波形图

2) 数据的预处理

输入数据的类型和归一化的方式对堆叠自编码器的性能有很大的影响。输入数据的类型决定了特征提取的难度，归一化方法决定了计算的难度。这里选择了流行的频域输入数据。具体而言，利用快速傅里叶变换将每个样本从时域变换到频域，数据的长度相应地减半（即样本长度降为 512）。为加快模型的收敛，对每个样本采取最大最小归一化，具体表达式为

$$(x_i^s)_{\text{normalize}} = \frac{x_i^s - (x_i^s)_{\text{min}}}{(x_i^s)_{\text{max}} - (x_i^s)_{\text{min}}} \tag{5.42}$$

式中，$(x_i^s)_{\text{min}}$ 为样本 x_i^s 的最小值；$(x_i^s)_{\text{max}}$ 为样本 x_i^s 的最大值；$(x_i^s)_{\text{normalize}}$ 为归一化后的样本。

3）模型结构参数设置

对堆叠自编码器、稀疏自编码器与降噪自编码器分别进行试验验证，堆叠自编码器的网络参数设置如表 5.6 所示。需要说明的是，稀疏自编码器与降噪自编码器的网络结构参数与堆叠自编码器是一致的。不同之处在于稀疏自编码器通过添加 KL 散度以稀疏神经元的激活度，其稀疏系数设定为 0.5；降噪自编码器通过对输入数据进行随机置零操作以达到加噪的效果，随机置零概率设定为 0.1。

表 5.6　堆叠自编码器的网络参数设置

结构参数名称	自编码器 1	自编码器 2	自编码器 3	分类器
输入层神经元数	512	256	128	64
隐含层（输出层）神经元数	256	128	64	9

4）试验训练参数设置

在模型训练过程中，使用 Adam 作为优化器。每次试验的初始学习率和批次大小分别设置为 0.01 和 128，自适应学习率衰减模式，即连续 10 次迭代的损失值没有下降则学习率衰减 10% 倍，学习率最小衰减为 1×10^{-5}。预训练阶段迭代次数设置为 25 次，全局微调迭代次数设置为 50 次。每个模型重复 5 次试验，以降低随机性误差。所有试验均在 Windows 10 和 Pytorch 2.0.0 环境下运行，CPU 为英特尔 i5-12400F，GPU 为英伟达 GeForce RTX 4060 Ti。

5）模型训练与测试流程

首先将训练样本按批次输入模型进行 25 次的迭代训练。然后再通过 50 次训练迭代对模型进行全局微调，同时将验证集输入模型以保存最优的模型参数。微调完成后，将在验证集表现最优的模型参数用于测试集的诊断，并输出诊断结果。

3. 三种自编码器的故障诊断试验结果

首先，通过诊断准确率来评估模型的性能，选择了 5 次重复试验的平均准确率、平均准确率方差、最大准确率和最小准确率用于模型的评价指标。表 5.7 中列出了三种自编码器在测试集样本中的诊断准确率。可以看出，三种编码器的 3 种诊断准确率均超过了 98%，取得了不错的诊断效果。对于堆叠自编码器而言，其平均准确率达到了 99.14%。这说明堆叠自编码器通过逐层进行特征提取，能有效获得不同层次以及不同维度的特征表示。

堆叠自编码器智能故障诊断

表 5.7　三种自编码器的诊断结果

自编码器类型	平均准确率	平均准确率方差	最大准确率	最小准确率
堆叠自编码器	99.14%	0.08%	99.50%	98.83%
降噪自编码器	98.98%	0.22%	99.56%	98.11%
稀疏自编码器	99.54%	0.09%	99.94 %	99.17%

其次，在 5 次重复试验的全局微调迭代训练过程中，记录了三种自编码器分别在训练集和验证集上的损失值和准确率的变化，如图 5.16 所示。

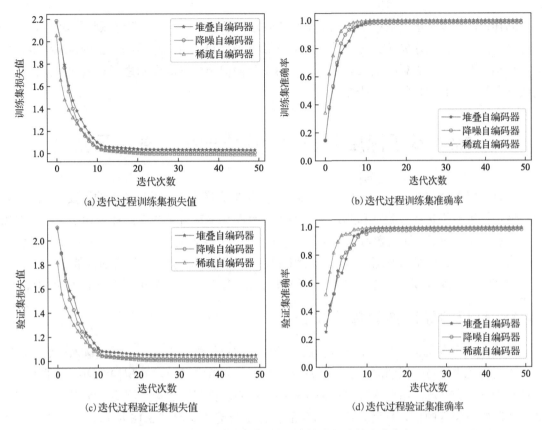

图 5.16　三种自编码器在迭代过程中的损失值和准确率

图 5.16 的横坐标均为全局微调过程中的迭代次数，取值范围为 0～50；纵坐标分别为训练集损失值、训练集准确率、验证集损失值与验证集准确率。由图 5.16(a) 和 (c) 可以看出，三种自编码器在全局微调过程中，训练集和验证集的损失值在约迭代 10 次后均收敛至稳定的低值状态。由图 5.16(b) 和 (d) 可以看出，三种自编码器的训练集和验证集的准确率在约迭代 10 次后均上升至稳定的高诊断准确率。这说明试验流程的设置是合理的。

最后，为了直观展示三种自编码器的特征提取性能，使用 t 分布随机邻域嵌入 (t-sne) 算法对测试集所有样本输出的特征进行二维可视化，如图 5.17 所示。

训练迭代过程的测试集特征

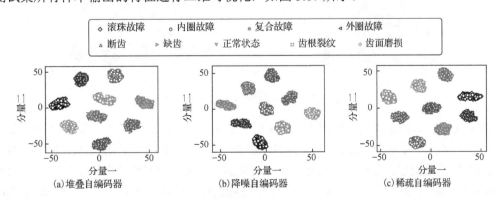

图 5.17　测试集不同健康状态样本的二维特征可视化

同样地，可视化结果是对 5 次重复试验的输出特征取平均值，以降低试验的随机误差。x 坐标与 y 坐标分别表示特征在 x 维度与 y 维度的分量。可以直观地看到，三种自编码器均能准确识别所有健康状态样本的故障信息，对具有相同健康状态的样本进行有效地聚类，各健康状态之间也具有明显的区分边界。

5.4　基于深度卷积神经网络的剩余寿命预测

剩余使用寿命(remaining useful life，RUL)预测是故障诊断与健康管理的重要组成部分。准确地评估机械设备运行状态和剩余使用寿命，有助于制定科学的维修计划和措施，实现预测性维护。近年来基于深度学习的 RUL 预测方法取得了很大进步，如集成多目标深度置信网络、深度卷积神经网络以及深度多尺度卷积神经网络等，都表现出了优越的性能。

本节将介绍深度多尺度卷积神经网络模型的基本理论及其在 RUL 预测中的算例实现。

5.4.1　卷积神经网络的基础理论

卷积神经网络(CNN)是一个含有多层处理单元的特征学习方法，可以将输入层的原始特征，逐层转换成更易于识别的特征，是深度学习的代表算法之一。卷积神经网络用于表征学习具有平移不变性质，通过堆叠卷积神经网络可以构建更深层的神经网络，实现低维特征到高维特征的非线性映射，从而具有更出色的特征学习能力。如图 5.18 所示，左边图是传统人工神经网络采用的全连接方式，即每个神经元与输入的所有节点连接；右边图是 CNN 采用的局部连接方式，每个神经元只与输入的部分节点相连接。局部连接的方式，采用权值共享有效地减少了权值参数的个数。所谓权值共享，是指同一个卷积核所连接的权值相同。局部连接和权值共享的方式，降低了网络的复杂度，减少了连接权值的个数，提高了网络的运算效率。

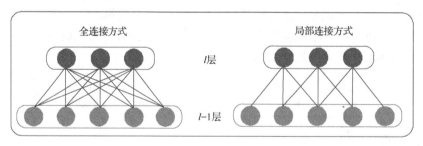

图 5.18　全连接方式和局部连接方式

CNN 模型通常由输入层、卷积层、池化层、全连接层、输出层组成。图 5.19 所示是一个典型的 CNN 模型，该模型包括输入层、卷积层 C1、池化层 P2、卷积层 C3、池化层 P4、全连接层 F5 以及输出层。卷积层、池化层和全连接层都是卷积神经网络的隐含层，输入层和输出层是卷积神经网络的可视层。卷积层用于学习输入数据中的特征，池化层用于降低卷积层所学习到的特征的维度，用以提高网络的鲁棒性。通常，每个卷积层后面都跟随一个池化层。

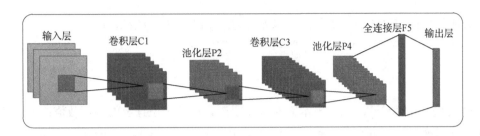

图 5.19　CNN 模型

卷积层的作用是通过卷积操作提取输入数据的局部空间特征，通过卷积核依次遍历输入数据，计算卷积核覆盖空间每个位置上的内积，并将结果保存在输出的特征图上，如图 5.20 所示。卷积操作具有权值共享的特点，输入数据的任何位置享有同一个卷积核，这赋予了卷积神经网络平移不变性，能够大大降低神经网络的参数数量并提高模型的泛化能力和鲁棒性能，卷积操作的计算如式(5.43)所示：

$$y = \sum_{q=1}^{Q} \sum_{i=1}^{N} x_{q,i} \odot w_{q,i} + b_{q,i} \tag{5.43}$$

式中，$x_{q,i}$ 表示第 i 层卷积层的第 q 张特征图；$w_{q,i}$ 和 $b_{q,i}$ 分别表示第 i 层卷积层第 q 张特征图上的卷积核的权值和偏置；$\odot$ 表示卷积运算符。

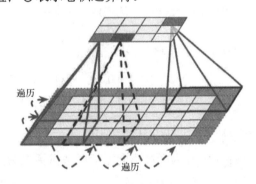

图 5.20　卷积层示意图

为了降低卷积层所学特征的冗余度，降低输入特征中的噪声对结果的影响，CNN 还采用了池化的方式，降低特征的维度。常用的池化方式有平均池化和最大值池化两种方式。假设池化区域互补重叠，池化层将输入的特征矩阵分为 $n \times n$ 的池化区域，经过池化层的池化后，输出的特征矩阵尺寸变为输入特征矩阵的 $1/n$，特征矩阵的个数不变。图 5.21 所示是一个特征矩阵的池化过程，该特征矩阵是一个大小为 4×4 的特征矩阵，池化区域大小为 2×2，池化区域互不重叠。池化后，特征矩阵仍为一个，特征矩阵大小变为原来的 $1/2$，即为 2×2。

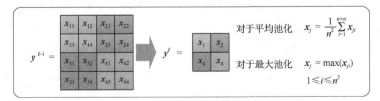

卷积神经
网络原理

图 5.21　池化层池化原理

最大池化操作和平均池化操作的运算如式(5.44)和式(5.45)所示：

$$y_{(i,j)}^{\max} = \text{Max}_{(j-1)H+1 \leqslant jH}^{(i-1)W+1 \leqslant iW}\{y\} \tag{5.44}$$

$$y_{(i,j)}^{\text{average}} = \frac{1}{HW}\sum_{(i-1)W+1}^{iW}\sum_{(j-1)H+1}^{jH}y_{i,j} \tag{5.45}$$

式中，y 表示输入的特征图；$y_{i,j}$ 表示输入特征图在第 (i,j) 个位置上的特征数值；H 和 W 分别表示池化窗口的高度和宽度；$y_{(i,j)}^{\max}$ 表示所选区域的最大池化结果；$y_{(i,j)}^{\text{average}}$ 表示所选区域的平均池化结果。

池化层降低了卷积层所提取特征的分辨率，提高了特征的融合程度。除了降低特征的冗余度、提高网络的鲁棒性以外，池化层也在一定程度上对特征进行了二次提取，提高了网络的特征学习能力。

激活层通过激活函数处理输入特征，将其映射为非线性的激活状态。特征简单的线性组合只能匹配简单的任务模式，无法处理复杂数据，如果想要学习高维函数，拟合更加复杂的模式，则需要通过激活函数添加特征的非线性变换，通过激活函数的堆叠组合，线性空间无法辨别的特征能投影到高维可分空间，提高模型的拟合能力。在卷积神经网络的搭建过程中，常见的激活函数包括 Sigmoid 函数、Tanh 函数、ReLU 函数和 Swish 函数，其数学表达式和函数图像可见式(5.46)～式(5.49)和图 5.22。

$$a(i,j) = \text{Sigmoid}(y(i,j)) = \frac{1}{1+e^{-y(i,j)}} \tag{5.46}$$

$$a(i,j) = \text{Tanh}(y(i,j)) = \frac{e^{y(i,j)} - e^{-y(i,j)}}{e^{y(i,j)} + e^{-y(i,j)}} \tag{5.47}$$

$$a(i,j) = \text{ReLU}(y(i,j)) = \begin{cases} 0, & y(i,j) \leqslant 0 \\ y(i,j), & \text{其他} \end{cases} \tag{5.48}$$

$$a(i,j) = \text{Swish}(y(i,j)) = \beta y(i,j) \cdot \frac{1}{1+e^{-y(i,j)}} \tag{5.49}$$

式中，$y(i,j)$ 表示输入特征图；$a(i,j)$ 为经过不同激活函数激活之后的输出结果；β 为人为设定的参数，通常取 1。

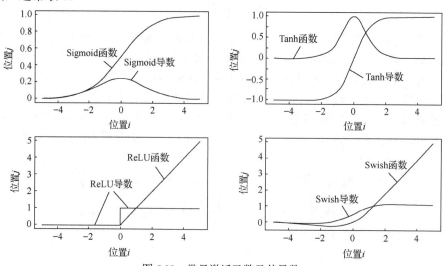

图 5.22　常见激活函数及其导数

　　Sigmoid 激活函数的取值范围为[0,1]，常用于逻辑回归问题，通常作为神经网络最后一层的激活函数输出概率分布。从其导数图像可以看出，当输入值较大或者较小时，其梯度接近于 0，导致梯度消失，因此通常不被用作神经网络中间层的激活函数；Tanh 激活函数的输出值为[-1, 1]，解决了 Sigmoid 激活函数输出均值不为 0 的弊端，但依旧无法避免梯度消失现象；ReLU 激活函数规避了梯度消失现象，通过稀疏激活响应输入信号的部分区域，能够更好地提取稀疏特征，提高过拟合能力，不过 ReLU 函数具有单侧抑制性，其负半区为恒等映射，有概率导致模型大量神经元未被激活，当负半区的特征具有明确性质时，会降低模型的性能。Swish 激活函数是在 Sigmoid 激活函数上进行的改进，同时享有 Sigmoid 激活函数非线性和 ReLU 激活函数可微性的特点，相关研究表明 Swish 激活函数在许多机械设备故障诊断任务上的性能要优于 ReLU 激活函数。

5.4.2　深度多尺度卷积神经网络模型

　　深度多尺度卷积神经网络模型通过多尺度特征提取模块中多卷积通道和不同大小的卷积核挖掘不同尺度的特征，并采用多尺度特征拼接模块整合来自不同层次的多尺度特征。本节将详细介绍深度多尺度卷积神经网络的三个主要结构组成：多尺度特征提取模块、多尺度特征拼接模块和高阶特征融合模块。深度多尺度卷积神经网络的总体结构如图 5.23 所示，三个组成部分用了不同的颜色进行区域标定。

1. 多尺度特征提取模块

　　CNN 具备强大的局部特征挖掘能力，在二维图像的特征提取方面得到广泛应用，所以适用于二维样本的多传感器数据特征学习。本节深度多尺度卷积神经网络采用二维 CNN 构造多尺度特征提取模块。如图 5.23 所示，具有相同架构的 3 个多尺度特征提取子模块依次堆叠在输入层上，然后从输入数据中挖掘潜在的有用特征。

　　图 5.24 是多尺度特征提取子模块的详细架构。在每个子模块中，有三个卷积通道，每个通道有 10 个卷积核，三个通道的卷积核尺寸互不相同，即 $h_1 \neq h_2 \neq h_3$。每个通道的卷积核分别从前一层提取特征。由于卷积核大小不同，每个通道可以学习不同尺度的特征。不同卷积核学习到的特征再输入 Mish 函数中进行非线性激活，最后将三个通道相加，得到该子模块的最终输出。前一子模块的输出用于下一子模块的输入。

　　假设 $W_{k,m}^{l}$ 表示第 l 个多尺度特征提取子模块中第 k 个通道的第 m 个卷积核的权值矩阵，其维度为 $h_k \times 1$，与卷积核大小相同，$l=1,2,3$，$k=1,2,3$，$m=1,2,3,\cdots,10$，$b_{k,m}^{l}$ 是相应的偏置项。输入第 i 个样本 D_i，则第 1 个子模块的前向过程可表示为

$$F_{i,k,m}^{1} = \text{conv2D}(W_{k,m}^{1}, b_{k,m}^{1}, D_i, \text{filter\_size} = (h_k, 1),$$
$$\text{stride} = (1,1), \text{padding} = \text{same}) \tag{5.50}$$

式中，$F_{i,k,m}^{1}$ 表示第 1 个子模块的第 k 个通道的第 m 个卷积核的输出。

　　将 $F_{i,k,m}^{1}$ 输入 Mish 激活函数中得到：

$$P_{i,k,m}^{1} = \text{Mish}(F_{i,k,m}^{1}) \tag{5.51}$$

$$\text{Mish}(x) = x * \tanh(\text{softplus}(x)) \tag{5.52}$$

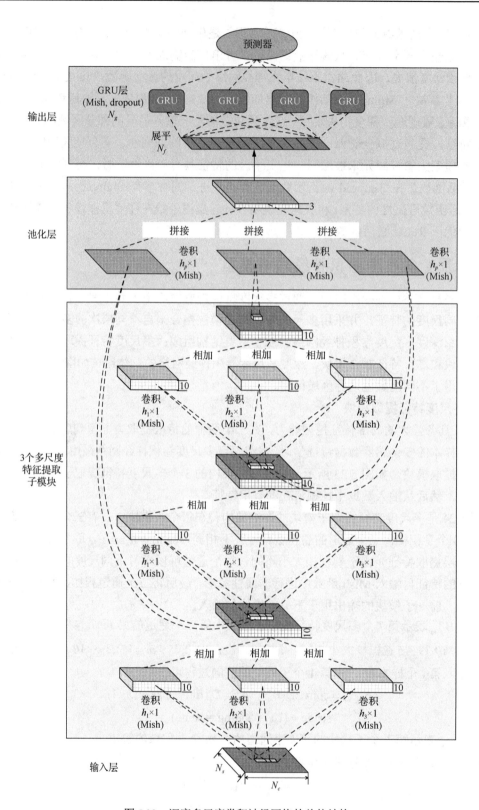

图 5.23　深度多尺度卷积神经网络的总体结构

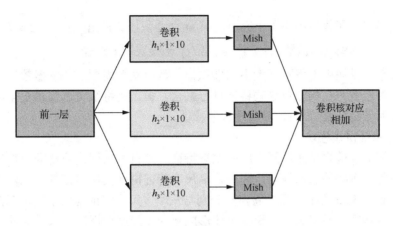

图 5.24　多尺度特征提取子模块结构示意图

如图 5.25 所示，Mish 是一个平滑、自正则化和非单调的激活函数，本节中使用它来进一步提高深度多尺度卷积神经网络的性能。第 1 个子模块三个通道的对应卷积核相加可得到最终输出，具体计算方法为

$$A_{i,m}^1 = \sum_{k=1}^{3} P_{i,k,m}^1 \tag{5.53}$$

通过相加操作，可以将三个通道的特征融合到一个通道中，同时降低网络的复杂度。

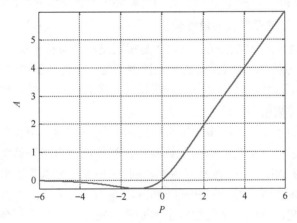

图 5.25　Mish 激活函数

当 $l > 1$ 时，如果将第 $(l-1)$ 个子模块的输出表示为
$$A_i^{l-1} = [A_{i,1}^{l-1}, A_{i,2}^{l-1}, \cdots, A_{i,m}^{l-1}, \cdots, A_{i,10}^{l-1}]$$
则第 l 个子模块的前向传播计算过程可表示为
$$F_{i,k,m}^l = \text{conv2D}(W_{k,m}^{l-1}, b_{k,m}^{l-1}, A_{i,m}^{l-1}, \text{filter\_size} = (h_k, 1),$$
$$\text{stride} = (1,1), \text{padding} = \text{same}) \tag{5.54}$$

$$P_{i,k,m}^l = \text{Mish}(F_{i,k,m}^l) \tag{5.55}$$

$$A_{i,m}^l = \sum_{k=1}^{3} P_{i,k,m}^l \tag{5.56}$$

式中，$F_{i,k,m}^{l}$ 指第 l 个子模块的第 k 个通道的第 m 个卷积核的输出；$P_{i,k,m}^{l}$ 指第 l 个子模块的第 k 个通道的第 m 个卷积核的激活值；$A_{i,m}^{l}$ 指第 l 个子模块的最终输出。

通过在每个子模块中使用不同大小的卷积核，可以从多周期多传感器数据中挖掘多尺度特征，并通过对应卷积核相加对这些特征进行融合。多尺度特征可以提供更全面的设备退化状态信息，有助于提高 RUL 的预测精度和鲁棒性。

2. 多尺度特征拼接模块

多尺度特征提取模块只能从同一层中挖掘特征。来自不同层次的特征通常也称为多尺度特征，同样也包含重要的状态信息。因此，多尺度特征拼接模块旨在整合来自不同子模块的多尺度特征。如图 5.25 所示，三个卷积核分别与三个多尺度特征提取子模块连接，以获取不同层次的多尺度特征，并将三个卷积核拼接形成新的多尺度特征层。该模块的前向传播计算过程可表示为

$$C_{i,l}^{p} = \text{conv2D}(W_{l}^{p}, b_{l}^{p}, A_{i}^{l}, \text{filter\_size} = (h_{p}, 1),$$
$$\text{stride} = (1,1), \text{padding} = \text{same}) \tag{5.57}$$

$$V_{i,l}^{p} = \text{Mish}(C_{i,l}^{p}) \tag{5.58}$$

$$V_{i}^{p} = \text{conca}(V_{i,1}^{p}, V_{i,2}^{p}, V_{i,3}^{p}) \tag{5.59}$$

式中，上标中的 p 是多尺度特征拼接模块的符号标志；W_{l}^{p} 指第 l 个卷积核的权值矩阵；b_{l}^{p} 指对应的偏置项；$C_{i,l}^{p}$ 是第 l 个卷积核的输出；$V_{i,l}^{p}$ 是第 l 个卷积核的激活值；$\text{conca}(\cdot)$ 为卷积核的拼接函数；V_{i}^{p} 是特征拼接模块的最终输出。

可以发现，无论是多尺度特征提取模块还是多尺度特征拼接模块，其卷积核都是一维的，也就是说在特征提取过程中，卷积核只是分别挖掘了每一个传感器中的不同尺度的时序信息，并没有对同一时刻的不同传感器信息进行卷积操作，所以前两个模块提取的只是多尺度时序特征，不涉及多传感器数据和特征融合。

此外，尽管这里的"拼接"与多尺度特征提取子模块中的"相加"都可以将多个通道组合成一个通道，但是它们并不是相同的运算操作。卷积核"相加"是将不同通道的卷积核对应求和，"相加"后的输出与原有各通道各不相同，"相加"要求各通道的卷积核数量相同，且"相加"得到的卷积核数量等于原有任一通道的卷积核数量。而"拼接"只是将不同通道中的卷积核堆叠到一起，形成一个包含多个卷积核的新通道，并且不会改变原有卷积核的任何信息，"拼接"后卷积核的数量等于原有各通道卷积核数量的总和。

3. 高阶特征融合模块

通常，在卷积运算之后，会有一个展平层，目的是将不同的卷积核输出转化为一维形式，以便与全连接层连接，本节采用 GRU 替代传统的全连接层。展平层将多尺度特征拼接模块中的二维特征转化为一维向量，然后将其送入基于 GRU 的特征融合层。展平层和 GRU 共同构成高阶特征融合模块。GRU 是 RNN 的一个新近变体，具有强大的时序信号学习能力。如下所述为该模块的具体计算过程，首先将多尺度特征拼接模块的输出特征展平为一维向量 L_{i}：

$$L_{i} = \text{flatten}(V_{i}^{p}) \tag{5.60}$$

然后将展平的特征 L_{i} 输入 GRU 特征融合层中，该层的前向传播过程可以表示为

$$Z_{i} = \sigma(U^{\text{TZ}} L_{i} + W^{\text{HZ}} H_{i-1} + b^{Z}) \tag{5.61}$$

$$R_i = \sigma(U^{\mathrm{LR}}L_i + W^{\mathrm{HR}}H_{i-1} + b^R) \tag{5.62}$$

$$S_i = \mathrm{Mish}(U^{\mathrm{LS}}L_i + W^{\mathrm{HS}}(R_i * H_{i-1}) + b^S) \tag{5.63}$$

$$H_i = (1 - Z_i) * H_{i-1} + Z_i * S_i \tag{5.64}$$

式中，Z_i 表示第 i 时刻更新门的输出；R_i 表示第 i 时刻重置门的输出；S_i 表示第 i 时刻候选单元的输出；H_i 表示第 i 时刻 GRU 的输出；H_{i-1} 表示第 $i-1$ 时刻 GRU 的输出；U^{LZ}、U^{LR} 和 U^{LS} 分别表示展平层与 GRU 的更新门、重置门、候选单元之间的权值矩阵；W^{HZ}、W^{HR} 和 W^{HS} 分别表示 GRU 上一时刻输出 H_{i-1} 与更新门、重置门、候选单元之间的权值矩阵；b^Z、b^R 和 b^S 分别是相应的偏置向量。为了提高网络的泛化能力，对 GRU 的输出应用 dropout（随机失活）技术，随机失活率设置为 0.5。

由于展平层输出的是多传感器的多时间尺度信息，因此，高阶特征融合模块不仅可以融合多传感器的多尺度特征，而且同时可以利用 GRU 挖掘不同时间周期之间的时序退化特征。

为了获得最终的 RUL，在高阶特征融合模块之上还需建立回归层，回归层由一个神经元和 Mish 激活函数组成，可根据以下公式实现：

$$Y_i = \mathrm{Mish}(W^Y H_i + b^Y) \tag{5.65}$$

式中，W^Y 和 b^Y 表示 GRU 和回归层之间的权值矩阵和偏置项；Y_i 表示第 i 个样本的 RUL 预测值。在给定 RUL 实际值 $\hat{Y}_i$ 的情况下，可以使用均方误差（mean square error，MSE）计算回归器的预测误差，并根据以下公式计算深度多尺度卷积神经网络的最终损失函数：

$$\varphi_\theta = \frac{1}{M - N_c + 1} \sum_{i=1}^{M - N_c + 1} (Y_i - \hat{Y}_i)^2 + \frac{\mu}{2} \sum_w^{\theta_w} w^2 \tag{5.66}$$

式中，第一项表示 MSE；第二项为 L2 正则化项；μ 表示惩罚系数；θ 是深度多尺度卷积神经网络的参数集，包括网络所有的权值和偏置项；θ_w 代表权值 w 的集合。

至此，深度多尺度卷积神经网络便搭建完成，输入训练数据，并采用 Adam 算法迭代优化损失函数，即可得到一个具备 RUL 预测功能的网络模型。

5.4.3　深度多尺度卷积神经网络的剩余寿命预测算例

深度多尺度卷积神经网络相比于单尺度的卷积神经网络，能更全面地提取代表性的健康信息和退化特征，有助于提高预测精度和鲁棒性。本节将具体介绍深度多尺度卷积神经网络的剩余寿命预测流程及算例。

1. 深度多尺度卷积神经网络在剩余使用寿命预测中的应用流程

图 5.26 是深度多尺度卷积神经网络用于设备 RUL 预测的流程图，以下按照图中所列的三个部分，介绍使用深度多尺度卷积神经网络进行设备 RUL 预测的过程。

1）多周期多传感器数据构造

步骤 1.1：获取设备全寿命多传感器数据。

步骤 1.2：使用 Min-max 将多传感器数据归一化到[−1,1]。

步骤 1.3：通过堆叠多个时间周期的多传感器数据，构建多周期多传感器二维样本。

2）深度多尺度卷积神经网络的构建和训练

步骤 2.1：通过堆叠一个输入层、三个多尺度特征提取子模块、一个多尺度特征拼接模块、一个高阶特征融合块和回归器来构建模型。

步骤 2.2：将多周期多传感器训练样本输入深度多尺度卷积神经网络。

步骤 2.3：使用 Adam 算法训练深度多尺度卷积神经网络。

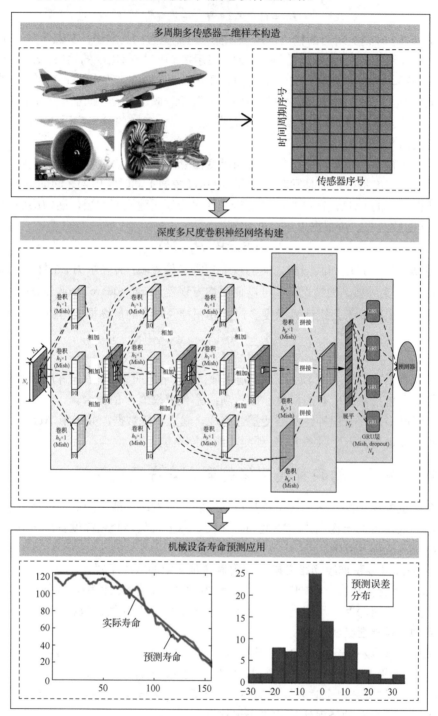

图 5.26 基于深度多尺度卷积神经网络的 RUL 预测流程

3）RUL 预测方法验证

步骤 3.1：将测试样本输入训练好的深度多尺度卷积神经网络。

步骤 3.2：获得预测的 RUL 值，并将其与实际值进行比较，以验证深度多尺度卷积神经网络的可行性。

2. 航空发动机剩余使用寿命预测仿真验证

1）航空发动机性能退化仿真数据集说明

本算例使用 NASA 发布的涡扇发动机退化仿真数据集验证深度多尺度卷积神经网络的性能，该数据集使用 C-MAPSS 软件建立了发动机退化模型，并生成了大量发动机的退化数据。图 5.27 是仿真模型的发动机结构简图，表 5.8 给出了数据集的详细信息。它包含在不同的工况和故障模式下获取的四个子数据集 FD001～FD004。每个子数据集包含一个训练数据集和一个测试数据集。FD001 和 FD003 包含用于模型训练的 100 台发动机的全生命周期数据，以及在相同运行条件下获得的用于模型测试的 100 台发动机失效前的部分生命周期数据。FD002 的训练集包含 260 台发动机的全生命周期数据，测试集包含 259 台发动机失效前的部分生命周期数据。FD004 的训练集包含 248 台发动机的全生命周期数据，测试集包含 249 台发动机失效前的部分生命周期数据。此外，FD001 和 FD003 中的发动机运行在 1 种工况下，而 FD002 和 FD004 中的发动机则运行在 6 种不同工况下。FD001 和 FD002 中的发动机在全生命周期中只出现了一种故障失效模式；而 FD003 和 FD004 中的发动机同时出现了两种故障失效模式。在数据集中，第 1 列是发动机的编号，第 2 列是发动机运行时间周期数，第 3～5 列是发动机的运行工况，第 6～26 列对应 21 个传感器的观测值。传感器记录了温度、压力、速度等多源参数。这些发动机在起始阶段都有一定程度的初始磨损，但是不影响正常运行，但随着运行时间的增加，故障不断演化加重，直至整机失效。目标任务是通过分析训练数据集来预测测试数据集中发动机的 RUL。

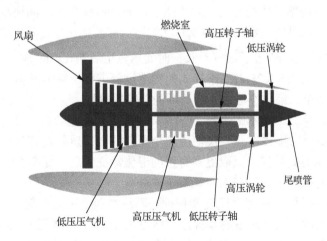

图 5.27　仿真软件 C-MAPSS 中的发动机结构

表 5.8　C-MAPSS 仿真数据集说明

数据子集	FD001	FD002	FD003	FD004
训练集中发动机数量	100	260	100	249
测试集中发动机数量	100	259	100	248
训练集中样本数量	17731	48819	21820	57763
测试集中样本数量	10196	29070	13696	37742
运行工况	1 种	6 种	1 种	6 种
故障模式	高压压气机性能退化	高压压气机性能退化	高压压气机和风扇性能退化	高压压气机和风扇性能退化

2) 多周期多传感器二维样本构造

收集的全生命周期数据包含航空发动机的退化状态信息，充分利用这些数据对于提高 RUL 预测精度非常重要。由于传感器类型、安装位置、方向、监测对象的差异，采集的多传感器数据的物理属性、幅值范围等各不相同，因此需要对数据进行预处理。其中一种有效可行的方法就是对数据进行归一化，将所有传感器数据缩放到固定范围，如[0,1]或[-1,1]。给定 N_s 个传感器和 M 个时间周期的数据，即 $\boldsymbol{X} = [\boldsymbol{X}^1, \boldsymbol{X}^2, \cdots, \boldsymbol{X}^s, \cdots, \boldsymbol{X}^{N_s}]$，其中 $\boldsymbol{X}^s = [x_1^s, x_2^s, \cdots, x_t^s, \cdots, x_M^s]^T$。本节使用了 Min-max 方法分别对每个传感器的数据进行归一化，计算方法如下：

$$\tilde{x}_t^s = \frac{x_t^s - x_{\min}^s}{x_{\max}^s - x_{\min}^s}(r_{\max} - r_{\min}) + r_{\min} \tag{5.67}$$

式中，x_t^s 表示第 t 时刻记录的第 s 个传感器的观测值；$\tilde{x}_t^s$ 表示 x_t^s 的归一化值；$x_{\min}^s$ 表示第 s 个传感器数据的最小值；$x_{\max}^s$ 表示第 s 个传感器数据的最大值；$r_{\max}$ 表示归一化后数据的最大值；$r_{\min}$ 表示归一化后数据的最小值。最后可以得到归一化后的数据 $\tilde{\boldsymbol{X}} = [\tilde{\boldsymbol{X}}^1, \tilde{\boldsymbol{X}}^2, \cdots, \tilde{\boldsymbol{X}}^s, \cdots, \tilde{\boldsymbol{X}}^{N_s}]$，其中 $\tilde{\boldsymbol{X}}^s = [\tilde{x}_1^s, \tilde{x}_2^s, \cdots, \tilde{x}_t^s, \cdots, \tilde{x}_M^s]^T$。

为了充分利用多传感器数据信息，归一化后，通过堆叠多个时间周期的多传感器数据构造了二维样本。样本集可以表示为 $\boldsymbol{D} = \{\boldsymbol{D}_i, i = 1, 2, 3, \cdots, M - N_c + 1\}$，其中 $\boldsymbol{D}_i = [\tilde{\boldsymbol{X}}_{i-N_c+1:i}^{1:N_s}]_{N_c \times N_s}$，其中 N_s 表示传感器数量，N_c 表示运行时长，时间单位用周期(cycle)表示。N_s 和 N_c 同时也是二维样本的宽度和高度。图 5.28 对二维样本的构造过程进行了举例说明，假设有 8 个传感器、M 个周期的数据；每个二维样本包含 9 个周期的传感器数据。第一个样本则由第 1~9 周期的多传感器数据组成，第二个样本则由第 2~10 周期的多传感器数据组成，以此方式构建，最终共可以得到(M-8)个二维样本。与仅使用一个周期的多传感器数据相比，具有多周期数据的二维样本有助于从历史数据中获取更多有用的退化特征信息，提高 RUL 预测模型的性能。

3) 深度多尺度卷积神经网络预测结果展示与分析

本节详细介绍并分析了深度多尺度卷积神经网络在四个子数据集上的试验结果。表 5.9 显示了每个子数据集的深度多尺度卷积神经网络参数设置。在原始数据集中，有 21 个传感器，由于部分传感器的值是恒定的，无实际作用，本节仅选择了其他 14 个传感器，因此 N_c=14。

本节使用了两种指标来评估深度多尺度卷积神经网络的性能。第一个指标是均方根误差(root mean square error，RMSE)，其计算方法如下：

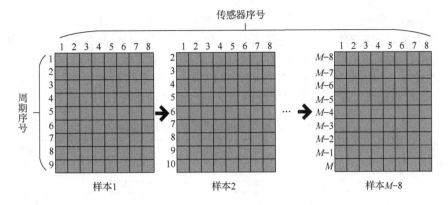

图 5.28　多周期多传感器数据构造示例（N_c=9 和 N_s=8）

$$\text{RMSE} = \sqrt{\frac{1}{M_t} \sum_{i=1}^{M_t} \text{dif}_i^2} \tag{5.68}$$

$$\text{dif}_i = Y_i - \hat{Y}_i \hat{Y}_i \tag{5.69}$$

式中，M_t 表示测试发动机的数量；dif 表示预测结果与实际值之间的误差。第二个指标称为得分（Score），其计算方法如下：

$$\text{Score} = \sum_{i=1}^{M_t} \text{Score}_i \tag{5.70}$$

$$\text{Score}_i = \begin{cases} e^{-\frac{\text{dif}_i}{13}} - 1, & \text{dif}_i < 0 \\ e^{\frac{\text{dif}_i}{10}} - 1, & \text{其他} \end{cases} \tag{5.71}$$

式中，Score_i 表示测试集中第 i 个发动机在最后一个记录时刻的 RUL 预测值的得分。RMSE 和 Score 的值越小表明模型的预测性能越好。

表 5.9　深度多尺度卷积神经网络的参数设置方案

参数名称及符号	不同数据子集下的参数值			
	FD001	FD002	FD003	FD004
单个样本时间周期数 N_c	30	20	30	15
单个样本传感器数量 N_s	14	14	14	14
卷积核大小 (h_1, w_1)	(15, 1)	(8, 1)	(15, 1)	(8, 1)
卷积核大小 (h_2, w_2)	(20, 1)	(10, 1)	(20, 1)	(10, 1)
卷积核大小 (h_3, w_3)	(25, 1)	(12, 1)	(25, 1)	(12, 1)
卷积核大小 (h_p, w_p)	(5, 1)	(5, 1)	(3, 1)	(5, 1)
Dropout 随机失活率	0.5	0.5	0.5	0.5
展平层大小 N_f	1260	840	1260	630
GRU 数量 N_g	32	48	32	64
初始学习率	0.0001	0.0001	0.0001	0.0001
L2 正则化项系数 μ	0.0001	0.0001	0.0001	0.0001
单批次样本数	512	512	512	512
最大迭代次数 E	240	50	110	70

深度多尺度卷积神经网络在每个子数据集上的测试结果如表 5.10 所示，表中显示的结果都是 10 次独立重复试验的平均值和标准差值。深度多尺度卷积神经网络在四个子数据集上的 RMSE 分别为 12.18、19.17、11.89 和 21.72，Score 分别为 204.69、1819.42、205.54 和 3382.84。可以看出，深度多尺度卷积神经网络在 FD001 和 FD003 上的预测精度较高，在 FD002 和 FD004 上的预测精度相对较低，这种差异与其他研究人员发表的结果一致。

表 5.10　深度多尺度卷积神经网络的测试结果

数据子集	FD001	FD002	FD003	FD004
RMSE	12.18±0.43	19.17±0.26	11.89±0.49	21.72±0.73
Score	204.69±21.60	1819.42±289.59	205.54±23.37	3382.84±492.90

图 5.29 展示了深度多尺度卷积神经网络在测试集上各发动机 RUL 预测值与实际值的对比图，纵轴表示测试集中各发动机在最后一个记录时刻的 RUL 值，横轴表示测试集中的发动机序号。圆点表示对应发动机的实际 RUL 值，星号表示深度多尺度卷积神经网络预测的 RUL 值。从图中可以得出类似的结论，深度多尺度卷积神经网络在 FD001 和 FD003 上的预测精度相对高于在 FD002 和 FD004 上的预测精度。

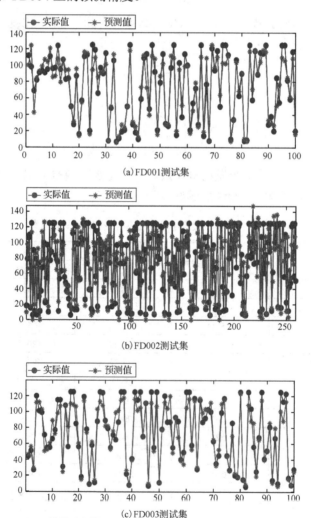

(a) FD001测试集

(b) FD002测试集

(c) FD003测试集

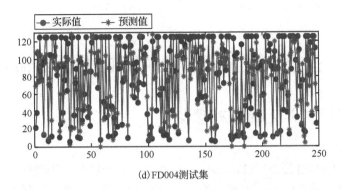

(d) FD004测试集

图5.29　测试集上各发动机最后一个记录时刻的 RUL 实际值与预测值

图 5.30 展示了四台发动机的 RUL 预测结果，它们分别来自 FD001～FD004 测试集。可以看出，RUL 预测值与实际值的变化趋势整体十分吻合。来自 FD001 测试集的第 24 号发动机和来自 FD003 测试集的第 79 号发动机的 RUL 预测值比来自 FD002 测试集的第 124 号发动机和来自 FD004 测试集的第 126 号发动机的预测值更接近实际值。

由以上结果分析可知,深度多尺度卷积神经网络在 FD001 和 FD003 上的预测精度远高于在 FD002 和 FD004 上的预测精度。原因可能是数据集 FD001 和 FD003 的发动机只有 1 种运行工况,而子数据集 FD002 和 FD004 的发动机具有 6 种不同工况。更复杂的工况导致更复杂的退化过程,使得寿命预测更加困难,预测精度更低。

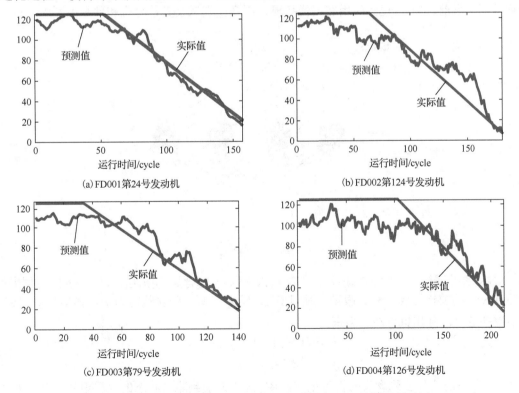

(a) FD001第24号发动机

(b) FD002第124号发动机

(c) FD003第79号发动机

(d) FD004第126号发动机

图 5.30　来自不同数据集的四个测试发动机单元 RUL 预测结果示例

5.5　基于深度循环神经网络的剩余寿命预测

5.5.1　长短期记忆单元的基础理论

1. 循环神经网络

传统的人工神经网络(artificial neural network, ANN)一般都是指浅层神经网络,且每层神经元的信号传递都是单方向的,即都只能从第一层到第二层,第二层到第三层,并且每个时刻网络对输入数据的处理都是各自无关联的,因此又称为前馈神经网络(feed-forward neural network)。一般给定网络一个输入向量,ANN 立刻可得到一个输出向量,也就是说 ANN 的输出只依赖于当前的输入。

在循环神经网络(RNN)中,各隐含层神经元的输出结果可以在下一个时刻处理;处理另一个样本的时候直接输入它本身以及同层的其他神经元,即第 L 隐含层神经元在 T 时刻的输入数据,除了该时刻的来自 $L-1$ 层的输入数据外,还包括其自身在 $(T-1)$ 时刻的输出。由此可知,RNN 不仅可以利用当前时刻的输入还可以利用其自身上一时刻的输出状态,即历史信息。RNN 的基本结构如图 5.31 所示。因此,这些隐含层单元起到了记忆模块的作用,保存了历史数据的信息,并随着新的数据的输入而不断进行更新。由此,也可以看出 RNN 处理的是时间序列数据。目前,RNN 已经应用在机器翻译、语音识别以及其他分类和预测模型中。

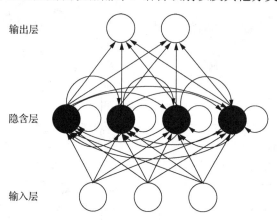

输出层　　　隐含层　　　输入层

图 5.31　循环神经网络基本结构

RNN 的时域展开如图 5.32 所示,其结构为输入层-隐含层-输出层,以该 RNN 模型为例,介绍 RNN 的前馈计算过程。假设在时间步 t,输入为 x_t,隐含状态为 h_t,输出为 y_t。RNN 的前馈计算可以使用以下公式表示:

$$h_t = f(W_{hh}h_{t-1} + W_{xh}x_t + b_h)$$
$$y_t = g(W_{hy}h_t + b_y)$$

$$(5.72)$$

式中,W_{hh} 是隐含层到隐含层的权重矩阵;W_{xh} 是输入层到隐含状态的权重矩阵;W_{hy} 是隐含层到输出层的权重矩阵;b_h 是隐含层的偏置项;b_y 是输出的偏置项;f 是隐含状态的激活函数，一般为 Sigmoid 函数或 Tanh 函数；g 是输出层的激活函数。

$$\text{Sigmoid}(x) = \frac{1}{1 + e^{-x}} \tag{5.73}$$

$$\text{Tanh}(x) = \frac{e^{2x} - 1}{e^{2x} + 1} \tag{5.74}$$

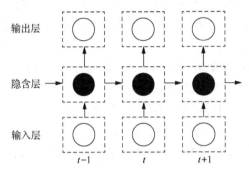

图 5.32　循环神经网络的时域展开

RNN 训练的时候同样使用 BP 算法，不像 ANN 只要从输出层到隐含层再到输入层进行误差信号的反向传递，RNN 还需要在时域上逆时间顺序进行误差信号的传播，所以该算法在应用于 RNN 时又被称为 BPTT（back propagation through time）算法。这里仍然以单隐含层 RNN 进行推导，假设 L 为损失函数，RNN 的反向传播过程如下。

计算输出层的梯度，并通过链式法则计算隐含层的梯度：

$$\frac{\partial L}{\partial h_t} = \frac{\partial L}{\partial y_t} \cdot \boldsymbol{W}_{hy} \tag{5.75}$$

计算权重的梯度：

$$\frac{\partial L}{\partial \boldsymbol{W}_{hy}} = \frac{\partial L}{\partial y_t} \cdot h_t^{\mathrm{T}} \tag{5.76}$$

$$\frac{\partial L}{\partial \boldsymbol{W}_{hh}} = \frac{\partial L}{\partial h_t} \cdot f'(\boldsymbol{W}_{hh}h_{t-1} + \boldsymbol{W}_{xh}x_t + b_h) \cdot h_{t-1}^{\mathrm{T}} \tag{5.77}$$

$$\frac{\partial L}{\partial \boldsymbol{W}_{xh}} = \frac{\partial L}{\partial h_t} \cdot f'(\boldsymbol{W}_{hh}h_{t-1} + \boldsymbol{W}_{xh}x_t + b_h) \cdot x_t^{\mathrm{T}} \tag{5.78}$$

计算偏置的梯度：

$$\frac{\partial L}{\partial b_y} = \frac{\partial L}{\partial y_t} \tag{5.79}$$

$$\frac{\partial L}{\partial b_h} = \frac{\partial L}{\partial h_t} \cdot f'(\boldsymbol{W}_{hh}h_{t-1} + \boldsymbol{W}_{xh}x_t + b_h) \tag{5.80}$$

2. 长短期记忆单元

传统 RNN 目前存在的问题，即随着时间的推移，其会出现梯度消失且无法利用长距离上下文信息。许多研究者都开展了大量的研究工作，并且提出了不少解决方案，如模拟退火算法、离散误差传播，以及层次化序列压缩等。但是目前效果最好、应用最广泛的解决方案是1997 年 Hochreiter 和 Schmidhuber 提出的长短期记忆元（long short-term memory，LSTM）RNN

模型。LSTM 是一种特殊的记忆单元，每个记忆单元除了有记忆模块外，还包含有门单元，用 LSTM 元代替传统 RNN 模型中的神经元，即可实现对历史和未来信息的长距离利用。

最初的 LSTM 门结构中只含有输入门、输出门，它们的作用分别是控制记忆单元的输入和输出。

1999 年，Gers 等在原有的 LSTM 基础上进行了改进，除了输入门和输出门之外又加入了遗忘门，遗忘门的作用是控制记忆模块内部信息的重置操作，即能够实现对无用历史信息的清除。

2000 年，Gers 和 Schmidhuber 等提出了 Peephole Connections，将记忆单元的状态也输入各个门，这种结构使得记忆元本身也参与到了对三个门的控制中去，实现对历史信息和输入数据的更加精确的利用。图 5.33 即为含有输入门、遗忘门和输出门结构的 LSTM 结构图，只要输入门处于关闭状态，记忆单元中的激活值就不会被新的输入数据更新掉，其中的内容也就能保存更长的时间以供输出层使用(当然也需要输出门处于开启状态)。

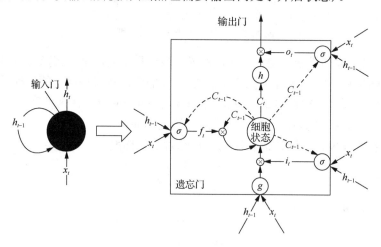

图 5.33　LSTM 结构示意图

以含有输入门、遗忘门和输出门的 LSTM 结构为例，介绍 LSTM 的前馈过程。假设在时间步 t，输入为 x_t，隐藏状态为 h_t，细胞状态为 C_t。

计算遗忘门的输出：

$$f_t = \sigma(W_f \cdot [h_{t-1}, x_t] + b_f) \tag{5.81}$$

计算输入门的输出：

$$i_t = \sigma(W_i \cdot [h_{t-1}, x_t] + b_i) \tag{5.82}$$

更新细胞状态：

$$\tilde{C}_t = \tanh(W_C \cdot [h_{t-1}, x_t] + b_C) \tag{5.83}$$

$$C_t = f_t \cdot C_{t-1} + i_t \cdot \tilde{C}_t \tag{5.84}$$

计算输出门的输出：

$$o_t = \sigma(W_o \cdot [h_{t-1}, x_t] + b_o) \tag{5.85}$$

隐藏状态更新：

$$h_t = o_t \cdot \tanh(C_t) \tag{5.86}$$

LSTM 单元的输出：

$$y_t = g(W_{hy}h_t + b_y) \tag{5.87}$$

式(5.81)～式(5.87)中，σ 表示 Sigmoid 激活函数；W_f，W_i，W_C，W_o 分别是遗忘门、输入门、细胞状态更新和输出门的权重矩阵；b_f，b_i，b_C，b_o 分别是遗忘门、输入门、细胞状态更新和输出门的偏置项。

作为一种 RNN 模型，LSTM-RNN 同样通过 BPTT 算法进行梯度的求解，下面介绍 LSTM 的反向传播过程。

根据链式法则计算输出层误差：

$$\frac{\partial L}{\partial h_t} = \frac{\partial L}{\partial y_t} \cdot W_{hy}^{\mathrm{T}} \cdot g'(W_{hy}h_t + b_y) \tag{5.88}$$

式中，y_t 为 t 时刻的输出 t；L 为损失函数。

计算输出门的梯度：

$$\frac{\partial L}{\partial o_t} = \frac{\partial L}{\partial h_t} \cdot \tanh(C_t) \cdot \sigma'(o_t) \tag{5.89}$$

计算细胞状态的梯度：

$$\frac{\partial L}{\partial C_t} = \frac{\partial L}{\partial h_t} \cdot o_t \cdot \tanh'(C_t) \tag{5.90}$$

计算输入门的梯度：

$$\frac{\partial L}{\partial i_t} = \frac{\partial L}{\partial C_t} \cdot \tilde{C}_t \cdot \sigma'(i_t) \tag{5.91}$$

计算细胞状态更新梯度：

$$\frac{\partial L}{\partial \tilde{C}_t} = \frac{\partial L}{\partial C_t} \cdot i_t \cdot \tanh'(\tilde{C}_t) \tag{5.92}$$

计算遗忘门的梯度：

$$\frac{\partial L}{\partial f_t} = \frac{\partial L}{\partial C_t} \cdot C_{t-1} \cdot \sigma'(f_t) \tag{5.93}$$

计算权重和偏置的梯度：

$$\begin{aligned}
&\frac{\partial L}{\partial W_f} = \frac{\partial L}{\partial f_t} \cdot [h_{t-1}, x_t]^{\mathrm{T}}, \qquad \frac{\partial L}{\partial W_i} = \frac{\partial L}{\partial i_t} \cdot [h_{t-1}, x_t]^{\mathrm{T}} \\
&\frac{\partial L}{\partial W_C} = \frac{\partial L}{\partial \tilde{C}_t} \cdot [h_{t-1}, x_t]^{\mathrm{T}}, \qquad \frac{\partial L}{\partial W_o} = \frac{\partial L}{\partial o_t} \cdot [h_{t-1}, x_t]^{\mathrm{T}} \\
&\frac{\partial L}{\partial b_f} = \frac{\partial L}{\partial f_t}, \qquad \frac{\partial L}{\partial b_i} = \frac{\partial L}{\partial i_t} \\
&\frac{\partial L}{\partial b_C} = \frac{\partial L}{\partial \tilde{C}_t}, \qquad \frac{\partial L}{\partial b_o} = \frac{\partial L}{\partial o_t}
\end{aligned} \tag{5.94}$$

5.5.2　深度循环神经网络模型

传统的单层 RNN 由输入层-隐含层-输出层构成，然而在长序列中其存在梯度消失和梯度爆炸等问题，导致难以捕捉长时依赖关系。前述的 LSTM 通过设计输入门、遗忘门和输出门结构提高 RNN 的性能，而深度循环神经网络(deep recurrent neural network，DRNN)通过堆叠多个循环层(或时间步)来增加模型的深度，从而更好地学习复杂的序列模式。

区别于传统 RNN 的输入层-隐含层-输出层结构，DRNN 含有多个隐含层，每一个隐含层的输出作为下一个隐含层的输入。图 5.34 展示了一个含有 L 层隐含层的深度循环神经网络结构。

以图 5.34 所示的 DRNN 为例，介绍 DRNN 的前向传播过程。

输入处理：

$$h_t^{(0)} = f(W_{h0}x_t + b_{h0})$$ (5.95)

式中，$h_t^{(0)}$ 为隐含层 0 的状态；W_{h0} 为隐含层 0 的权重；b_{h0} 为隐含层 0 的偏置。

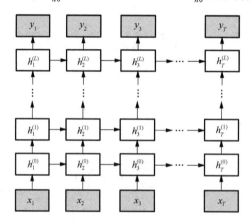

图 5.34　DRNN 结构示意图

隐含状态计算：

$$h_t^{(l)} = f(W_{hl}h_t^{(l-1)} + b_{hl})$$ (5.96)

式中，W_{hl} 表示隐含层 $l(l < L)$ 的权重；b_{hl} 为偏置。式(5.96)表示隐含层 l 的状态。

输出计算：

$$y_t = g(W_{hy}h_t^{(L)} + b_y)$$ (5.97)

式中，W_{hy} 为隐含层 L 到输出层的权重；b_y 为偏置。

DRNN 同样适用于 BPTT 算法进行反向传播和权重更新。下面介绍 DRNN 的反向传播过程。

计算输出层梯度，并根据链式法则计算隐含层 l 的梯度：

$$\frac{\partial L}{\partial h_t^{(l)}} = \frac{\partial L}{\partial h_t^{(l+1)}} \cdot W_{hl}^{\mathrm{T}}$$ (5.98)

计算对权重和偏置的梯度：

$$\frac{\partial L}{\partial \boldsymbol{W}_{hy}} = \frac{\partial L}{\partial y_t} \cdot (h_t^{(L)})^{\mathrm{T}}$$

$$\frac{\partial L}{\partial \boldsymbol{W}_{hl}} = \frac{\partial L}{\partial h_t^{(l)}} \cdot f'(\boldsymbol{W}_{hl} h_t^{(l-1)} + b_{hl}) \cdot (h_t^{(l-1)})^{\mathrm{T}}$$

$$\frac{\partial L}{\partial b_y} = \frac{\partial L}{\partial y_t} \tag{5.99}$$

$$\frac{\partial L}{\partial b_{hl}} = \frac{\partial L}{\partial h_t^{(l)}} \cdot f'(\boldsymbol{W}_{hl} h_t^{(l-1)} + b_{hl})$$

梯度传播到输入层：

$$\frac{\partial L}{\partial x_t} = \boldsymbol{W}_{h0}^{\mathrm{T}} \frac{\partial L}{\partial h_t^{(0)}} \cdot f'(\boldsymbol{W}_{h0} x_t + b_{h0}) \tag{5.100}$$

5.5.3　深度循环神经网络的剩余寿命预测算例

1. 设备剩余寿命预测流程

本算例通过搭建 DRNN 模型进行寿命预测。其主要流程如下。

步骤 1：获取设备的振动信号，并划分成多个样本。对每个样本进行特征提取，包括无量纲特征（峭度因子、偏度因子、波形因子等）和有量纲特征（最大值、最小值、均方根、峰峰值等）。

步骤 2：对不同特征进行综合分析，确定设备的早期失效点。

步骤 3：构建 DRNN 模型，其中包含 3 个节点数量为 128 的 LSTM 层和一个全连接层。将早期失效点作为起始预测点，以样本的振动信号作为输入，样本对应的剩余寿命（min）作为输出，在迭代次数为 50，学习率为 0.001 的条件下利用 Adam 优化器进行训练，并计算均方根误差（RMSE）和平均绝对百分比误差（MAPE）。

步骤 4：得出预测结果，分析剩余寿命真实值和预测值，得出相关预测曲线。

DRNN 剩余寿命预测流程如图 5.35 所示。

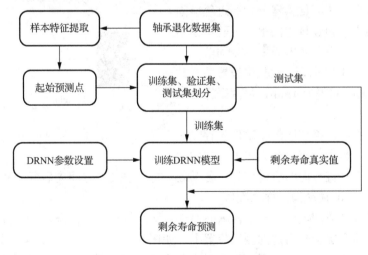

图 5.35　DRNN 剩余寿命预测流程

2. 算例使用数据集介绍

XJTU-SY 公开数据集是西安交通大学机械工程学院雷亚国教授团队的滚动轴承加速寿命数据集。该加速疲劳试验的试验台如图 5.36 所示。该试验台由联合实验室设计，昇阳科技有限公司加工制造，由交流电动机、电动机转速控制器、转轴、支撑轴承、液压加载系统和测试轴承等组成，可以开展各类滚动轴承或滑动轴承在不同工况下的加速寿命试验，获取测试轴承的全生命周期监测数据。试验平台可调节的工况主要包括径向力和转速，其中径向力由液压加载系统产生，作用于测试轴承的轴承座上，转速由交流电动机的转速控制器来设置与调节。试验轴承为 LDK UER204 滚动轴承。

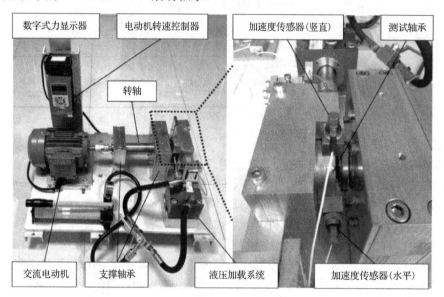

图 5.36　XJTU-SY 加速疲劳试验台

为了获取轴承的全生命周期振动信号，两个 PCB 352C33 单向加速度传感器分别通过磁座固定于测试轴承的水平和竖直方向上。试验中使用 DT9837 便携式动态信号采集器采集振动信号。采样参数设置如图 5.37 所示，试验中设置采样频率为 25.6kHz，采样间隔为 1min，每次采样时长为 1.28s。

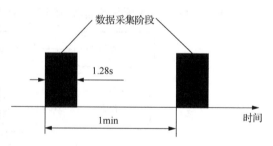

图 5.37　振动信号的采样设置

在每一次采样中，将获取的振动信号存放在一个 csv 文件内。其中，第一列为水平方向的振动信号，第二列为竖直方向的振动信号。各个 csv 文件按采样时间先后顺序命名，即 1.csv，2.csv，…，N.csv，其中 N 为采样总次数。

XJTU-SY 公开数据集含有 15 个轴承的退化数据，包含三种工况，如表 5.11 所示。测试时将待测轴承安装在实验台指定的测试位置上，如图 5.36 所示，每次实验只测试一个轴承，实验完成后拆卸，并安装新的轴承再次测试。下面展示部分轴承的全生命周期振动信号，如图 5.38～图 5.41 所示。

表 5.11　XJTU-SY 滚动轴承加速疲劳试验工况

工况	1	2	3
转速/(r/min)	2100	2500	2400
径向力/kN	12	11	10

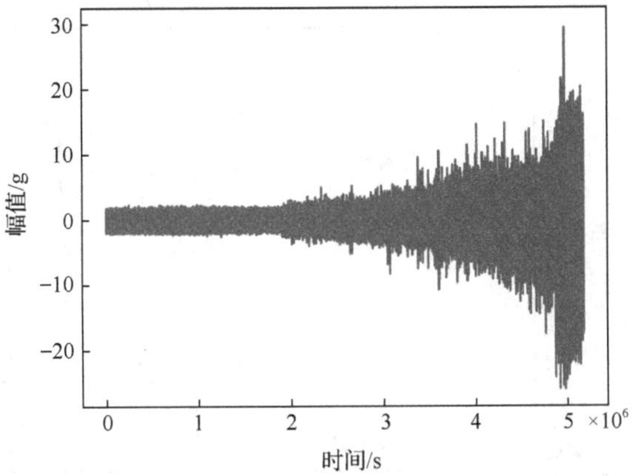

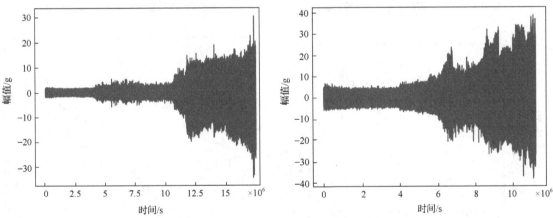

图 5.38　XJTU-SY 轴承 1 的全生命周期振动信号 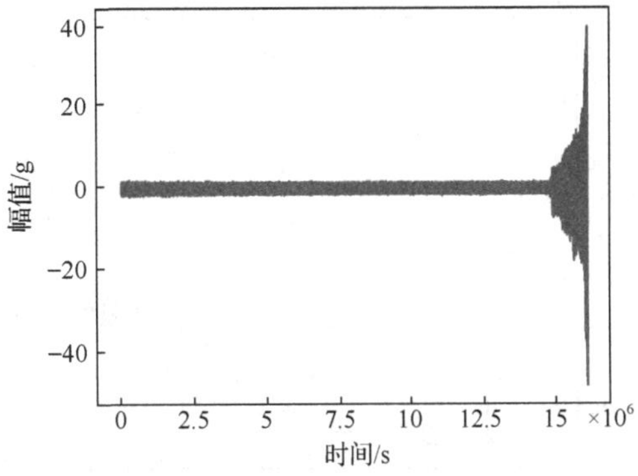　　　图 5.39　XJTU-SY 轴承 2 的全生命周期振动信号

图 5.40　XJTU-SY 轴承 3 的全生命周期振动信号　　　图 5.41　XJTU-SY 轴承 4 的全生命周期振动信号

考虑到轴承 1 的退化特征较为明显，代表数据集中缓慢退化的轴承，适合进行进一步的分析研究，因此本节算例选用轴承 1 进行寿命预测。

数据采集完成后，对滚动轴承全生命周期振动信号的每个样本进行特征提取，以划分轴承的健康状态，并确定早期失效点。本寿命预测算例使用的特征为时域特征，见表 5.12。时域特征以时间为变量来描绘信号的波形，包括有量纲特征和无量纲特征。其中，有量纲特征的特征值大小会随着工作环境的变化而变化，受工况的影响较大，作为滚动轴承的退化性能指标，存在着性能不够稳定的缺点；无量纲指标对脉冲较为敏感，受载荷、转速等工况的影响较小，可以用于检测早期故障。下面展示滚动轴承的振动特征值，如图 5.42～图 5.45所示。

表 5.12　滚动轴承振动信号的时域特征

时域特征类型	特征名
有量纲特征	最大值、最小值、平均值、峰峰值、方根幅值、整流平均值、方差、均方根
无量纲特征	峭度因子、偏度因子、波形因子、峰值因子、脉冲因子、裕度因子

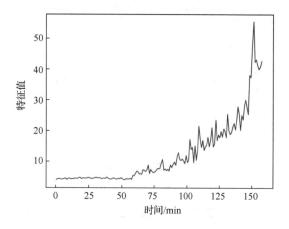

图 5.42　XJTU-SY 轴承 1 的峰峰值　　　　　图 5.43　XJTU-SY 轴承 1 的均方根

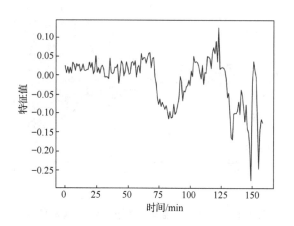

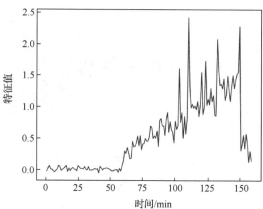

图 5.44　XJTU-SY 轴承 1 的偏度指标　　　　图 5.45　XJTU-SY 轴承 1 的峭度指标

　　通过对不同指标的综合分析，可以发现在第 60 个样本附近，轴承时域特征的波动幅度明显增大，可以说明第 60 个样本左右轴承的性能开始退化。将第 60 个样本点作为分界点，1~60min 为平稳运行阶段，60~158min 为退化阶段，在样本点 158 时（即 158min）轴承完全失效。

　　接下来以 60min 作为开始预测点，构建 DRNN 进行训练，并进行寿命预测。DRNN 的结构参数设置如表 5.13 所示，训练条件如表 5.14 所示，预测结果评估如表 5.15 所示，训练误差随迭代次数变化曲线如图 5.46 所示，预测结果如图 5.47 所示。

表 5.13　DRNN 的结构参数设置

结构	节点数量	激活函数
LSTM-RNN 层	128	ReLU
LSTM-RNN 层	128	ReLU
LSTM-RNN 层	128	ReLU
全连接层	1	—

表 5.14　DRNN 的训练条件设置

参数	DRNN
优化器	Adam
学习率	0.001
迭代次数	50
样本数量	32

表 5.15　DRNN 的预测结果评估

指标	试验次数				
	1	2	3	4	5
MSE	0.0820	0.0676	0.0520	0.0903	0.0629
RMSE	0.2864	0.2600	0.2280	0.3006	0.2509
MAPE	1.3533	1.0719	0.8136	2.0305	1.1293

3. 基于 DRNN 的轴承剩余寿命预测结果

从图 5.46 可以看出，训练误差随迭代次数增加的同时逐渐趋于 0，说明模型的训练效果较好。图 5.47 的横坐标为样本点，纵坐标为归一化的剩余寿命，实线为样本真实的剩余寿命，虚线为预测的剩余寿命。从图中可以得出，DRNN 学习到了剩余寿命的变化趋势，大部分样本点在真实值附近，但部分样本点偏离真实值过大。

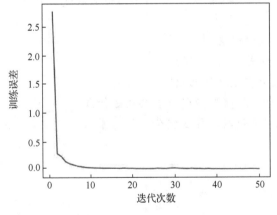

图 5.46　DRNN 训练误差

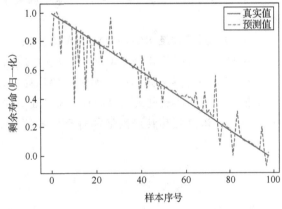

图 5.47　DRNN 预测结果

基于 DRNN
寿命预测

5.6　本 章 小 结

本章首先提示了传统浅层学习模型的固有局限性，介绍了深度学习的由来和动机，然后详细介绍了四类经典深度学习模型的基础理论和核心公式，包括两类无监督深度学习模型(深度置信网络和堆叠自编码器)，以及两类有监督深度学习模型(卷积神经网络和循环神经网络），最后依次介绍了深度置信网络和堆叠自编码器的智能故障诊断算例、卷积神经网络和循环神经网络的剩余寿命预测算例，包括多个试验数据集和诊断预测结果描述。

习　　题

5-1　深度学习相比于传统浅层学习模型用于特征提取时的优势是什么？

5-2　深度置信网络的无监督预训练和有监督微调分别是指什么？

5-3　深度置信网络的结构、训练方式与其他深度学习网络有哪些区别？

5-4　受限玻尔兹曼机与自编码器是神经网络的两种基本结构，它们十分相似，是否可以考虑使用受限玻尔兹曼机的预训练方法对自编码器进行逐层训练，使其具有较好的初始化参数？

5-5　卷积神经网络的卷积层和池化层的作用分别是什么？

5-6　常见的池化策略有哪些？各自原理是什么？

5-7　稀疏自编码器与降噪自编码器的作用分别是什么？

5-8　解释深度多尺度卷积神经网络中各个尺度的作用，说明为什么深度多尺度卷积神经网络在处理复杂场景时比单一尺度卷积神经网络更有效。

5-9　基于深度多尺度卷积神经网络，使用一个深度学习框架（如 TensorFlow 或 PyTorch）搭建一个简单的多尺度网络。选择一个适当的数据集，并展示如何训练和评估这个网络，尝试调整不同的超参数（如学习率、卷积核大小、尺度数量等），分析不同超参数对模型性能的影响。

5-10　循环神经网络和传统的人工神经网络有什么区别？

5-11　请解释循环神经网络中的反向传播算法是如何工作的。

5-12　如何解决循环神经网络中的梯度消失和梯度爆炸问题？

5-13　长短期记忆元（LSTM）由哪几个部分组成？其对应的计算公式是什么？

5-14　深度循环神经网络相对于单层的 RNN 来说具有什么优势？

第6章　智能维护决策

6.1　引　　言

维护(maintenance)是为保障或恢复系统功能而进行的活动。建立适当的维护策略，不仅可消除故障及时止损，而且可建立有效的预防机制，防患于未然。反之，若维护不当，则不仅达不到保障恢复的目的，甚至会带来灾难。例如，2018年失事的狮子航空波音737 MAX客机，在执行最后4次飞行任务时飞行仪表已经发生故障，然而地面维护人员仅执行了清理管路的维护行动，最终不当的维护决策酿成严重事故。因此，毫不夸张地说，维护活动早已于无形中贯穿于现代生产生活之中并起着至关重要的作用。各类设备的维护费用是一笔不菲的支出。例如，调查表明在全球范围内，轻工业的食品行业中维护成本约占商品生产成本的15%；在钢铁等其他重工业中，维护成本可达到总生产成本的60%；在民航运输业中，民用飞机的维护成本高达其售价的三分之二；就发达国家而言，德国与荷兰每年用于维护活动的开销分别占其国内生产总值的13%~15%和14%；美国工业界每年在设备维护上的支出超过6000亿美元。

然而，随着设备系统日益多样化、大型化、复杂化、集成化、精密化，设备的维护决策面临前所未有的挑战。传统的"坏了再修"或"多多益善"的维护思路难以应对各种日新月异的应用环境。缺乏维护可能导致任务失败甚至系统失效，而过度维护可能打乱生产节拍，浪费维护资源。因此，如何制定合适的维护策略是迫切需要解决的关键问题，在学术界和工业界愈发受到重视。

自Barlow和Hunter提出预防性维护概念，并将其用于学术研究范畴以来，维护策略不断更迭，从"坏了再修"的修复性维护策略到基于系统寿命统计信息的定期维护策略，再到基于系统状态观测信息的视情维护研究预测技术的预测性维护策略，已成为可靠性领域中的热点。在2021年工业和信息化部等八部门联合印发的《"十四五"智能制造发展规划》中，将"装备故障诊断与预测性维护"与"设备运维"列为亟待攻克的关键核心技术。

6.2　智能维护决策工具

6.2.1　维护决策

维护决策是设备维护工作过程的最后阶段，同时也是最重要的阶段。通常企业花费巨资引进较为先进的状态监测系统和诊断技术，是为了指导和优化设备的维护工作，使维护活动能够适时、适量且低成本地进行。机械系统的维护决策主要有维护策略的选择和维护活动的制定，即采取什么样的维护方式，在什么时间段或时刻，采取什么样的维护行动。维护策略的选择和实施,直接影响系统的稳定性、可靠性和经济效益。

在过去,我们可能更多地关注修复性维护,即在系统或部件发生故障后进行修复。然而,随着科技的进步和系统复杂性的增加,我们已经意识到,仅仅依赖修复性维护已经无法满足现代工程应用的需求。因此,预防性维护策略应运而生,它强调在系统正常运行的情况下,通过预防性的维护行动,提前避免或减少系统的失效风险。这种转变,不仅需要我们对系统的运行状态和失效规律有更深入的理解,也需要我们在维护决策中更加注重信息的获取和利用。下面将介绍维护策略的分类、系统结构与失效规律以及维护效果模型来使读者对维护决策有更深的理解。

1. 维护策略的分类

根据执行维护行动时系统或部件的运行状态可将维护行动分为修复性维护和预防性维护两大类,分别对应于"坏了再修"的修复性维护策略和考虑了预防性维护行动的维护策略。

修复性维护:是指在系统已经发生失效后再执行的维护行动。修复性维护又称为事后维护。对于早期结构简单、成本低、失效后果轻微的产品,在发生失效之后再采取维护行动就足以满足实际需求。然而,随着系统愈发复杂、生产造价愈发高昂、失效代价愈发严重,早期"坏了再修"的传统思想不能满足复杂应用需求。由于系统突发失效往往是难以避免的,修复性维护行动客观存在于现实应用环境中,也反映在各类维护决策研究工作中。

预防性维护:是指在系统仍然能够正常工作的情况下执行的维护行动。预防性维护的主要目的是通过在系统失效前提早执行维护行动避免失效风险,可在一定程度上减少系统突发失效的损失以及打断正常生产节拍造成的成本。根据维护决策所利用的信息,可将预防性维护策略进一步分为定期维护策略和视情维护策略两大类,其中,视情维护策略中又进一步衍生出预测性维护策略。

定期维护策略:早期关于预防性维护的研究是基于系统寿命分布制定维护策略,并在特定时刻执行维护行动,这种维护策略称为定期维护策略,又称为计划性维护策略。例如,役龄更换策略是定期维护策略的一种,Barlow 和 Hunterl 提出了经典的役龄更换策略,在系统失效进行修复性更换或在役龄达到指定阈值时进行预防性更换。由于役龄更换策略易于理解和执行,自 1960 年提出至今仍被广泛使用。定期维护策略中往往只依据大量同类型系统的失效统计数据构建系统失效概率模型,并基于实际时间或部件有效役龄判断是否执行维护行动,不管特定系统当前状况如何。

视情维护策略:很多系统的失效不是突然发生的,系统失效前往往会出现一定的征兆。随着状态监测技术的发展,决策人员有可能通过传感器、无伤检测等技术手段获取系统状态信息,进而能够把握系统发生故障的客观证据。基于系统状态信息进行维护决策,在系统状态满足一定条件时执行维护行动,这样的维护策略称为视情维护策略。

预测性维护策略:基于历史观测数据与状态演化规律,预测系统未来状态演化趋势或剩余寿命等指标,以此为依据进行维护决策,这样的维护策略称为预测性维护策略。预测性维护策略是一种特殊的视情维护策略,不只基于系统当前的状态信息进行决策,还综合考虑了历史状态信息作为决策依据。随着状态预测技术、人工智能技术、数据挖掘技术的不断推陈出新,预测性维护策略在学术界和工业界逐渐崭露头角。

2. 系统结构与失效规律

根据系统或部件退化过程中呈现的状态数，可将维护决策问题中的系统模型分为四类：二状态系统、三状态系统、多状态系统和连续退化系统。早期研究工作往往假设系统只有正常工作和完全失效两个状态，这样的系统称为二状态系统。三状态的延迟时间模型将系统或部件的状态分为完好、缺陷和失效三个状态。在许多实际应用环境中，系统在寿命周期内可能展现出多种退化状态或多个性能容量，这样的系统称为多状态系统。针对呈现多个性能容量的多状态系统，将多状态系统引入维护决策研究中，形成了多状态系统的联合冗余分配和维护决策方法。针对诸如裂纹增长、零件磨损等实际情况，系统或部件呈现连续退化的特征，由此产生了一系列连续退化系统的维护决策方法研究。其中，伽马过程、维纳过程、逆高斯过程等随机过程是连续退化系统常用的建模方法。

根据系统中的部件数可将系统分为单部件系统和多部件系统。单部件系统将整个系统看作一个整体，关注于整个系统退化规律。随着系统逐渐复杂化和大型化，单部件系统模型难以准确描述复杂系统退化规律，多部件系统模型和对应的多部件系统维护决策方法逐渐被学者关注。若系统多个部件之间没有任何关联，则对每个部件独立进行维护决策即可。然而，在工程实际中，不同部件之间可能存在着多种相关性，如经济相关性、随机相关性、结构相关性、资源相关性，而这些相关性影响着多部件系统的维护决策。

(1)经济相关性。经济相关性是指同时维护多个部件的维护成本不同于单独维护这些部件的维护成本之和。例如，同时维护多个部件可节省维护人员差旅成本和系统拆装成本，维护时同时购买多个更换部件可享受一定折扣等。在这种情况下，决策者倾向于联合维护多个部件以节省成本。由此产生了两大类多部件系统维护策略：成组维护策略和机会维护策略。在成组维护策略中，在特定条件下同时维护同一分组部件以节约维护成本。例如，利用基础成组维护策略，可实现在系统运行了预设时间后同时更换所有失效部件。机会维护策略的主要思想是利用某一部件失效或维护导致了系统停机的机会，可趁机同时维护其他部件。

(2)随机相关性。随机相关性是指一个部件的状态变化会影响相关部件的退化过程，又称为失效相关性。随机相关性可分为两大类：第一类是部件失效将直接导致相关部件失效，例如，设备发生火灾会殃及邻近设备；第二类是部件失效会影响相关部件的退化规律，例如，多个部件共享载荷时，当某一部件失效时会导致相关部件载荷增加，进而加速退化。又如，当计算机机房的空调失灵时导致机房温度上升，可能会加速计算机设备的失效过程。已有部分维护决策研究工作关注于多部件系统中的随机相关性。

(3)结构相关性。在早期的研究工作中，结构相关性特指维护一个部件时需要先拆卸或维护相关部件。有关学者扩充了结构相关性的内涵，将结构相关性分为技术相关性和性能相关性。其中，技术相关性为原始结构相关性的概念，性能相关性可归纳为系统结构(串联、并联、串并联等)导致的部件性能和系统性能之间的关系。

(4)资源相关性。多个部件共享维护资源的现象称为资源相关性。近年来，国内外学者提出了资源相关性的概念，即在有限维护资源下，系统各部件之间一般都具有资源相关性。

3. 维护效果模型

早期维护决策模型只考虑了更换，这类模型又可称为更换决策模型。对于可修系统或可修部件，直接更换整个系统不是唯一的维护方式，通过不同的维护行动可产生不同的维护效果。基于维护前后系统相关指标(如性能容量、退化状态、有效役龄、失效强度)的变化情况，可将维护行动分为以下五类。

(1)完好维护：完好维护行动将系统或部件恢复到"修复如新"的状态，即维护后的系统或部件与全新的系统或部件完全一样，各项指标(如有效役龄、失效强度、退化量)全部与全新的系统或部件相同。例如，更换系统或部件、彻底翻修整个系统。通常完好维护是维护程度最高的维护行动，但也需要耗费最多的维护资源。完好维护是最基本的维护行动，已有大量研究涉及完好维护行动。

(2)最小维护：最小维护行动将失效的系统或部件修复到失效之前的"修复如旧"状态，系统或部件仅恢复到正常工作状态，各项指标和失效前一致。若系统或部件的寿命分布服从指数分布，则最小维护行动等效于完好维护行动。

(3)非完好维护：维护后部件状态介于"修复如新"和"修复如旧"两种情况之间，维护后系统或部件的寿命有所延长，其状态指标有所提升，但没有修复至全新状态。非完好维护在实际工程中更具一般性和普遍性。

(4)较差维护：经过维护后系统或部件可正常运行，但相较于维护之前失效强度有所增加。例如，维护动作过于粗暴使部件产生更多裂纹，从而加速部件失效。

(5)最差维护：经过维护后系统或部件直接报废。例如，在维护电子设备前没有释放维护人员身上的静电，使电子元器件击穿报废。目前，考虑较差维护和最差维护的研究较为有限。

6.2.2　维护决策支持系统概述

决策支持系统(decision-marking support system, DSS)是信息管理与信息系统专业领域的重要研究内容之一，它是在管理信息系统、运筹学、行为科学、系统工程的基础上发展起来的，以计算机技术、仿真技术解决方案，最终帮助决策者做出更好的决策，提高科学决策水平。其发展史如图 6.1 所示。

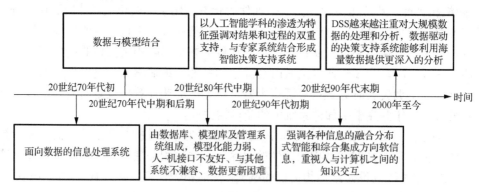

图 6.1　决策系统的发展流程

在决策支持系统发展的初期，关于设备维护的研究较少，但随着人工智能、信息技术、计算机技术和专家系统技术的发展和应用，国内外针对维护决策的研究更加智能化、精确化、网络化，智能设备维护决策支持系统逐渐进入了高速发展的阶段。

武汉大学的研究人员研究了一种智能混合模型，用以诊断起重机金属结构的故障。在分析了起重机技术结构故障发生的特点及其对整机可靠性与安全性的影响程度的基础上，确立起重机维修决策支持系统的基本任务和信息流向。智能决策系统主要包含的子系统或主要功能模块有：承载预测子系统、安全性分析子系统、维修决策子系统、解释子系统、系统维护管理以及知识库、推理机和工作存储器。

大连理工大学的学者将设备监测与故障诊断技术应用到设备管理中，设计了一种基于状态监测与故障诊断的维修管理决策支持系统。该系统根据设备的状态以及其他生产的实际情况制定维修计划和备件计划，实现静态管理与动态管理的结合。研究人员将数据库、模型库、数据采集、人机交互部分集成到系统中，实现对设备的档案、技术状态、维修、备件采购的管理。

此外，北京交通大学的研发人员针对动车组维修决策系统的数据库进行了研究，将数据仓库技术和联机分析处理技术引入决策系统中，整合现有数据、部件状态数据、检修信息以及故障记录等相关数据以辅助决策者制定维修策略。华北电力大学董玉亮对发电企业的设备维修策略进行了分析，建立了以预防维修周期的优化模型为基础的维修决策支持系统。

下面将介绍两个典型的维护决策支持系统实例来帮助读者理解维护决策支持系统。

6.2.3　基于云计算的设备维护决策支持系统

该系统的架构分为三个部分，即云中心、客户端、安全保障体系，其中云中心又可分为数据处理管理、维护决策管理和决策资源管理三部分，如图 6.2 所示。

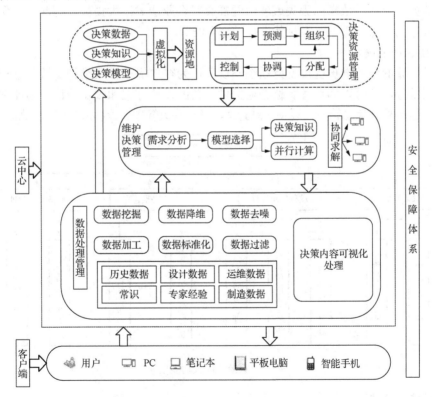

图 6.2　系统分层体系结构

对于系统而言，客户端就是实现人机交互的，用户一方面通过客户端实现各种维护数据（设备状态数据、设计数据、维护数据等）的上传，同时设定或更改其定制的服务类型；另一方面通过客户端实现其定制服务内容的下载。

1. 云中心

整个系统的核心工作全部由云中心完成，包括数据处理管理、决策资源管理、维护决策管理。

（1）数据处理管理。它是云中心完成工作的前提，其主要功能包括两方面：一方面是对不同用户上传数据进行清洗、过滤、去噪等，实现数据的提取和标准化，以及数据类型和格式的统一；另一方面是实现系统决策的可视化，不同用户对决策结果的呈现方式有不同的要求，系统根据用户需求实现决策内容的转化。

（2）决策资源管理。它是整个系统的基础层，接收数据处理层的数据，同时为决策制定提供数据，其主要由决策数据、决策知识和决策模型三类数据组成。借助虚拟化技术对数据进行处理，形成决策资源池，并对决策资源池进行管理（计划、预测、组织、分配、协调和控制），为决策过程对模型、数据、知识的调用提供可靠保证。

（3）维护决策管理。它是整个系统的核心，首先它需要将经过处理的用户上传的数据进行需求分析，形成决策任务；然后选择模型、调用决策资源，利用多台计算机完成决策模型的协同求解，最终完成决策方案的制定。

安全保障体系是系统构建和系统正常运行的重要保障。云中心保存着大量的数据包括企业的隐私数据，无论是数据的丢失或者泄漏都会对企业造成巨大损失，因此安全保障体系是系统中不可忽视的部分，下面将对其进行详细介绍。

2. 系统的功能模块

基于云计算的设备维护决策支持系统不仅可以为客户提供设备维护支持、维护知识服务和设备选型服务，还可以为设备制造企业提供设备的设计方案和改良建议。因此本系统的四大功能模块包括基础信息管理、设备信息管理、维护决策管理、设备服务管理，如图6.3所示。

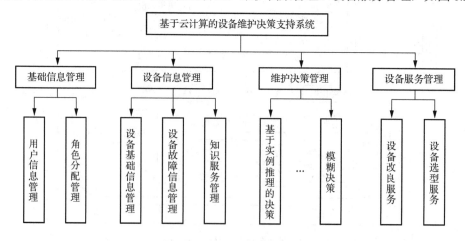

图 6.3　系统的四大功能模块

1）基础信息管理

基础信息管理主要实现云服务商对客户信息的管理，主要包括：用户信息管理和角色分配管理，如图6.4所示。

（1）用户信息管理：是对访问系统的所有用户的信息进行管理，包括对用户的新增、修改以及删除，新建用户时需要录入的用户信息包括：用户代码、姓名、所在单位等个人基本信息，这一功能模块实现了用户信息的管理。

（2）角色分配管理：是对系统用户进行分类，主要包括系统管理员、维护专家、云服务员工、客户（设备生产商和设备使用商）。

2）设备信息管理

设备信息管理主要实现企业对设备基础信息和故障信息的查询，同时为员工提供知识服务。如图 6.4 所示，设备信息管理分为三个模块：设备基础信息管理、设备故障信息管理和知识服务管理。

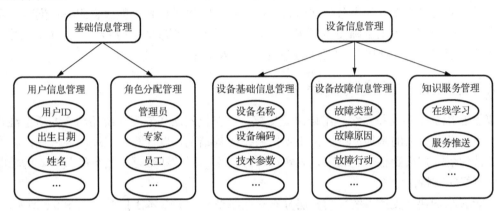

图 6.4　基础信息管理与设备信息管理

（1）设备基础信息管理：是对产品的基本信息进行管理，主要包括：设备名称、设备编码、技术参数（工艺过程、规格型号）、工作环境、客户名称、大修次数、大修周期等。

（2）设备故障信息管理：是对设备的历史故障信息进行管理，包括故障类型、故障现象、故障原因、故障行动、故障次数等。

（3）知识服务管理：是为缺乏经验的维护人员提供服务的，包括在线学习和服务推送等。维护人员可通过学习系统提供的故障知识，迅速掌握简单故障的诊断与维护。

3）维护决策管理

维护决策管理主要是实现对决策模型选择和计算过程的管理。用户选择不同的决策模型，并对相应的参数进行设置，系统根据用户选择的模型进行维护决策，实现个性化决策服务。决策过程主要包括需求分析、模型选择、任务分解、模型求解、输出决策方案，如图 6.5 所示。

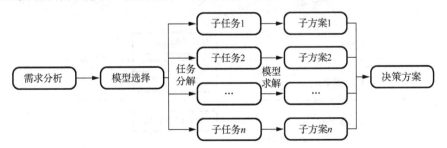

图 6.5　维护决策管理

（1）需求分析：对用户上传的数据进行分析，形成决策任务。用户上传的数据经过过滤、去噪、降维等处理后形成标准数据，再根据用户自身的特性确定决策任务或用户自行制定决策任务。

（2）模型选择：在决策资源库中存在多种模型，系统根据设备状态以及用户的要求选择合适的决策模型。

（3）任务分解与模型求解：设备状态数据量庞大，决策过程需要调用的数据量大，因此需对决策任务进行分解，加快模型运算求解和决策方案制定的进程。

4）设备服务管理

设备服务管理模块有两个服务对象：设备生产商和设备使用商，提供两种服务：设备改良服务和设备选型服务。通过对设备故障原因、部位、发生频率的分析，结合设备的设计方案给出设备的改良方案，为设备生产商（设备制造企业）提供设备性能改良服务；通过对不同设备生产企业相同设备的故障发生频率、故障检测的难易程度等的分析，结合企业的成本投入，为设备使用商（设备使用企业）提供合理的设备选型方法。

6.2.4　智能 E 维护决策支持系统

智能 E 维护决策支持系统是维修决策支持、计算机网络和专家系统相结合的新型维护技术。它主要是在原来的本地型维护决策支持系统的基础上，以计算机互联网为依托，将维护决策支持的范围扩大到整个互联网，以实现资源共享、开放和数据、信息的获取，为辅助决策提供更好的支持。

智能 E 维护决策支持系统采用三层分布式网络结构，其基本工作模式如图 6.6 所示。

图 6.6　系统基本工作模式

整个系统的核心分为客户端、应用服务器端和数据库服务器端三层，如图 6.7 所示。它与传统的客户机/服务器（C/S）模式的两层结构相比，采用瘦客户机的工作方式，减少了系统开发和维护的费用及周期。

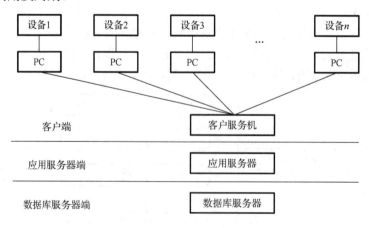

图 6.7　智能 E 维护决策支持系统框架结构

在客户端，只需要有一个能上网的浏览器即可与服务器进行动态交互。为增强用户与服务器的交互功能，除了采用功能丰富的脚本语言外，还可以通过使用命令对象，在网页中嵌入小程序等方式来增强交互功能。

1. 应用服务器

应用服务器是处理用户决策要求的核心，它根据用户要求向模型库、知识库及数据库提取相应的模型、知识和数据，经过服务器处理后以 Web 页面的形式传送给用户。数据库服务器存放着用于进行决策支持的大量数据。智能 E 维护决策支持系统主要包括数据采集及处理模块、状态监控模块、信息服务模块、故障诊断模块、基于应用服务供应商(application service provider, ASP)的决策平台模块、维护决策模块、数据库及其管理子系统、模型库及其管理子系统、知识库及其管理子系统等几个部分，具体如图 6.8 所示。

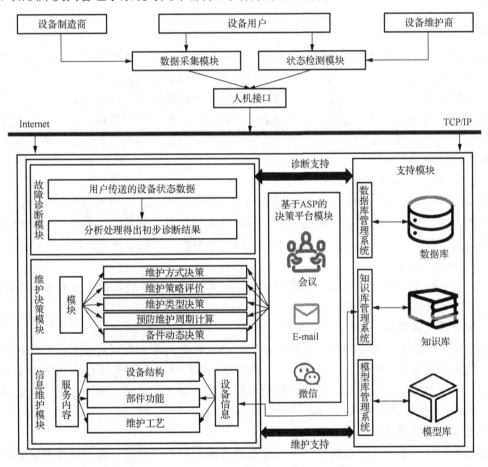

图 6.8　智能 E 维护决策支持系统结构

1) 数据采集及处理模块

状态参数可以通过各种传感器、可编程控制器和执行器等监测设备获得。这些数据采集装置可以直接与计算机相连，将采集到的数据传入计算机，计算机对原始数据进行初步的处理后，按照约定的格式通过网络传送到远方的应用服务器和数据库服务器上。另外，对自动化程度不高的设备，也可以采用手工点检取得设备状态参数，将得到的数据输入计算机中，再传送到远方的服务器上进行处理。

应用服务器取得设备的各种运行状态参数后，首先进行预处理，得到真实有效的数据，以提供给维护决策系统用各种模型进行分析处理。

2) 状态监控模块

实时监控设备的运行状态能及时发现设备的故障预兆，并给出警报，使相关设备维护人员能及时处理，从而保证设备能够正常工作。报警系统主要是接受实时监控系统所传送的数据，并将这些数据与系统标准参数做比较，若超出正常范围，则发出警报。

3) 信息服务模块

信息服务模块主要实现提供设备信息和远程培训功能。设备用户可以直接通过智能 E 维护决策支持系统，获得专业的培训，也可以从中了解设备的结构原理、各部件的功能、位置、各种图表和维护工艺等相关信息。

4) 故障诊断模块

远程故障诊断技术是传统的故障诊断技术与网络技术、计算机技术和现代通信技术相结合的一种新型诊断技术，它是当工业现场的设备发生故障征兆或发生故障，现场的维护人员或故障诊断系统对其不能做出诊断时，通过与远端故障诊断中心建立连接，由远端诊断中心的领域专家、故障诊断系统或者其他先进故障诊断技术及时对从用户端传送过来的设备状态信息如温度状况、润滑油状况、振动状况等进行分析处理，并给出诊断结果，便于现场用户采取相应的措施进行处理。

5) 基于 ASP 的决策平台模块

基于 ASP 的决策平台模块包括视频会议系统、对话系统等。当设备发生故障时，系统利用电子邮件、电话、短信消息、微信等方式与相关人员联系，使故障在最短的时间内得到相应的处理，并且用户方与服务方可通过上述工具进行交流，以利于更好地排除故障。

6) 维护决策模块

维护决策模块包括方式决策、类型和周期等决策部分。设备的维护决策系统是智能 E 维护决策支持系统的核心子系统。

7) 数据库及其管理子系统

决策支持系统的数据管理组件主要管理某一特定决策的相关数据的检索、存储和组织。此外，数据管理系统也提供各种安全功能、数据完整性程序以及与使用 DSS 相关的全面的数据管理任务。数据库包括设备运行状态的历史信息库、维护信息库、维护方式、类型决策标准库、专家系统知识库、设备信息、故障知识库等。

8) 模型库及其管理子系统

模型管理组件主要执行与提供分析功能的定量模型相关的检索、存储以及组织活动等操作，在模型管理组件中，包括模型库、模型库管理系统和模型仓库等。当一个决策系统的规模变得越来越大时，随之用于决策的模型数量会越来越多。这就需要对众多的模型进行统一管理。

在智能 E 维护决策支持系统中，主要包括：维护方式决策模型、维护策略评价模型、维护类型决策模型、预防维护周期计算模型、备件动态决策模型等。

9) 知识库及其管理子系统

智能 E 维护决策支持系统与普通的决策支持系统最大的不同就是增加了知识库及相应的管理系统，知识库及其管理子系统便于处理半结构化和非结构化的问题。

引入了知识库的决策支持系统具有定性的知识推理能力。因此，知识库及其管理系统是决策支持系统智能化的一个必要条件。知识引擎主要执行与问题识别、生成中间及最终方案相关的活动，以及与管理问题求解过程相关的功能。知识引擎是系统的"头脑"。数据和模型在这里汇合，以提供给用户有用的应用，为决策过程提供支持。

10) 用户界面

与其他计算机信息系统一样，设计和实施用户界面是综合决策支持系统(integrated decision support system, IDSS)功能中的一个关键元素。IDSS 要提供决策支持，其数据、模型和处理组件必须能够轻松地访问和操纵。此外，不管从设定参数还是从研究与分析问题来看，用户与 IDSS 交流的方便与否对于 IDSS 成功使用也是至关重要的。

2. 数据库管理系统功能

智能 E 维护决策支持系统中包括众多的组件，这些组件控制着整个系统的定义、操作和控制功能，主要组件的功能介绍如下。

(1) 数据定义：提供一种数据定义语言、允许用户描述数据文体及其相关的属性和关系；考虑到来自多个数据源的数据之间的相互关系。

(2) 数据操作：提供用户一种查询语言来与数据库进行交互；允许捕获，获取数据；对某些特殊的查询，能快速检索数据；允许构建复杂的查询，来检索数据，进行数据操纵。

(3) 数据完整性：允许用户定义规则，来保持数据库的完整性；根据定义完整性约束，帮助控制不正确的数据项。

(4) 访问控制：允许辨别授权用户；控制访问数据库中不同数据元素和数据操纵的活动权限；跟踪授权用户使用、访问的数据。

(5) 并发控制：提供一个程序，对多个用户同时访问一个数据库进行控制。

(6) 事务恢复：提供了一种机制，在出现硬件故障时，重新启动并调试数据库；在某一点记录所有事务的信息，以保证数据库重启时符合要求。

3. 模型管理系统的主要研究内容

本节主要讨论维护管理服务(maintenance management service, MMS)的 4 个核心问题，即模型规范、建模操作、使用管理和运行控制。

1) 模型规范

在建立模型的准备工作完成后，就进入规范化或格式说明阶段。模型规范涉及 3 方面内容。

(1) 模型表示：是模型管理技术最基本的问题，如果这个问题得到满意的解决，其他问题都可以迎刃而解。

(2) 零值处理：就是对建模零点的研究。当数据库和知识库都没有实际内容时，模型库能输出什么。

(3) 解释系统：如果模型管理使人机共同参与模型生成和运行过程，就要使人机相互理解，这一工作要通过解释系统来实现。一个规范化的解释系统可以把自然语言转化为机器语言，反之也可以把机器语言转化为自然语言或解释语言。

2) 建模操作

由问题性质描述、抽象直到在机器内形成相应的模型，这一过程称为构造模型，所涉及的主要有 3 方面的操作。

(1) 问题抽象：问题抽象是模型生成前的准备工作，主要是找出定量因素和定性因素并且把它们分开，分别在数据库和知识库内搜索达到目标的路径。问题的抽象又可以看成一种映射，把问题集转化为模型集。在问题抽象过程中，并不建立或生成具体的模型，而是构造模型元，如数据、事实、规则等。

(2) 模型生成：根据数据、事实、规则等模型元并加以组织、选择、整理，形成反映用户问题或者可以用来研究用户问题的程序、公式、图表、推理系统，直到模型生成。

(3) 模型体系的生成：一个复杂的问题不能用单一的简单模型来描述，而要把问题分解成若干子问题，对子问题生成相应的模型，这些模型是相互联系、互相制约的，从不同角度、不同层次、不同功能来描述这个问题。这些模型就构成解决这个问题的模型体系。

3) 使用管理

在模型生成和运行的过程中，任何操作失误或运算、推理的错误都会导致决策失败，所以对模型库不断进行监控和管理是至关重要的。使用管理的目的在于防止和发现错误，主要管理有 5 个项目。

(1) 完善性检查：这是一种宏观检查项目，目的在于保证操作的正确性，特别是检查整个运行的逻辑思维是否有不妥的地方。

(2) 校验：是对模型运行结果和结论的检验。例如，模型的误差多大，是否超过了允许的误差，并分析误差产生的原因。

(3) 验证：当模型生成以后，使用一组已知的数据试运行，看其结果和已知的结论是否吻合。如果允许模型存在误差，还应该进行灵敏度分析。

(4) 模型的使用分析：当模型多次重复使用时，模型的仿真环境是否还能描述实体环境。如果出现差异，所造成的误差是否在允许的范围内；如果误差超过了允许的范围，应该怎样给以纠正。

(5) 一致性：当数据量增加时加以解释。所生成模型的误差应该减小，可以用数据统计的概念加以解释。

4) 运行控制

控制模型的运行状态，使之准确地按照规定的项目工作，其控制项目有以下 4 方面。

(1) 进入权：它包含两层含义，一层含义是过程的运行是否有权调用指定的模型；另一层含义是调用模型的优先权。规定进入权的目的是节约搜索时间，防止模型被误用，可以用口令或任选字等方法来规定进入权。

(2) 模型选择：这是控制模型运行状态的重要项目。模型库存放由若干模型构成的模型体系，不同的求解阶段，决定使用哪个比较好。除了事先规定一些帮助选择的参考指标以外，通过人机交互实现用户的干预往往能起到很大的作用。因此，一般给用户以模型的选择权。

(3) 检索：系统能按用户的意愿检索指定的数据、知识和模型为用户服务。

(4) 联合访问：通过人机交互，用户和系统一起寻找错误产生的原因和解决的办法。

4. 人机对话

人机对话可以采用多种方式，如问答式会话、命令语言、菜单会话、表格、图形、组合方式和自然语言等。下面对前三种方式予以论述。

(1) 问答式会话。问答式会话一般由系统驱动，适用于不很复杂的系统。系统提的问题可能很复杂，而用户的回答应尽量简单。这种顺序是事前编好的，由于问答的效率较低，一般适用于对解决的问题不太熟悉，而又缺乏经验的用户。

(2) 命令语言。命令语言是由用户驱动的。命令语言的每一命令通常都有其预先规定的格式，常用的格式包括一个动词-名词对。命令语言方式要求系统有很好的解释命令语言的程序，要通过系统的词法、语法检查，才能被系统接受。

(3) 菜单会话。这是介于上述两种方式之间的一种对话方式。使用菜单方式时，用户看到的是一组任选项的目录，通常有编号，并希望用户将光标置于相应的位置或键入相应的数字以便进行正确的选择，通过一系列菜单的显示可使用户逐级进入各个具体层次中。设计 IDSS 对话系统，把以上几种方式的组合作为目标。理想的是：总控部分用菜单；某一功能用问答式；而另一功能则可用命令语言。系统最好能提供两种方式。当用户刚开始接触系统，对系统还不够熟悉时，采用菜单方式，而成为熟练用户以后，则可以改用命令语言。

分布式
网络

6.3　智能维护决策技术

6.3.1　决策树学习

决策树故障分析法在计算机分析领域被广泛应用。决策树是一种树形结构形式，其基本组成部分包含决策节点、分支和叶子。决策树中最上面的节点称为根节点，是整棵决策树的开始。每个分支是一个新的决策节点。每一个决策节点代表一个问题或决策，通常对应分类对象的属性。每一个叶节点代表一种可能的分类结果。在故障诊断过程中，决策树从上到下通过节点的属性值进行对比，从而确定后续走向，最终判断得出故障诊断的结果。决策树构建流程如图 6.9 所示。

首先判断数据集是否为同一类，如果不是同一类则进行特征提取，如果特征集为空，则判定数据集中占比最多的类为同一类作为叶节点，如果特征集不为空则选取最优属性对数据库进行划分，将数据集分为两类。之后遍历特征集不断对数据进行划分，直到遍历结束。

在决策树模型的建立过程中，如何选择最优划分属性的方法显得极其重要，在这一过程中，为了使叶节点的划分度越来越高，选择的划分方法需要将决策树的分支节点最大限度地分属为同一类别。决策树的生成主要有 3 个经典算法：ID3 信息增益、C4.5 增益指数和 CART 基尼指数。

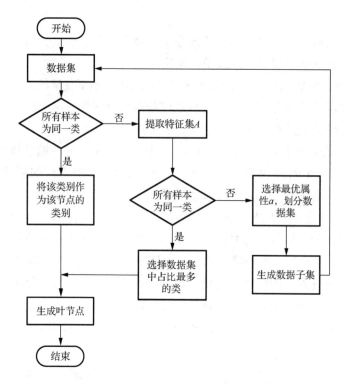

图 6.9　决策树构建流程

1. ID3 决策树

在信息论中，期望信息越少，则对于数据集的分类越有帮助，因为这表示信息的不确定性越低，从而信息增益就越大，数据集的纯度也就越高。ID3 算法构建 AUDT 的核心思想是使用信息增益来衡量每个属性的选择，方法是计算每个属性的信息增益，然后选择信息增益最大的属性，将数据集分成不同的类别。在理解信息增益之前，需要对信息熵有所了解。熵是用来衡量对象混乱程度的值，熵值与对象混乱程度成正比，其值越大，混乱程度越高。

其计算公式如下：

$$\text{Ent}(D) = -\sum_{k=1}^{y} p_k \log_2 p_k \tag{6.1}$$

式中，D 是样本集合；$p_k(k=1,2,\cdots,|y|)$ 是当前样本集合 D 中第 k 类样本所占比例；$\text{Ent}(D)$ 是开口向下的二次函数，此处如果 Ent 对 p_k 求导，会发现一阶导函数是单调递减函数，在 $p_k=0.5$ 的时候熵值最大。假定属性 a 有 V 个不同的取值 $(a^1,a^2,\cdots,a^v)$，使用选取的属性 a 对总样本集合进行分类，分类之后会生成 V 个不同分支节点，样本中所有在 a 属性上取值为 a^v 的样本记为 D^v。给分支节点赋予权重 D^v/D，样本数越多对分支节点的影响越大，信息增益越大，使用 a 属性对样本集合 D 进行划分时所获得的纯度提升会越大。其中属性 a 作为判别条件，在此基础上计算信息增益的公式如下：

$$\text{Gain}(D,a) = \text{Ent}(D) - \sum_{v=1}^{V} \frac{\left|D^v\right|}{\left|D\right|} \text{Ent}(D^v) \tag{6.2}$$

式(6.2)中，信息增益是指得知特征 a 后，类 D 信息的不确定性减少的程度。它表示了特

征 X 对分类问题的贡献，即特征 a 能够提供多少关于类 D 的有用信息。如此类推计算出属性的信息增益值，哪个最大就作为第一个测试条件，第二个测试条件就在剩余的属性中重新计算，这是 ID3 算法的原理所在。

2. C4.5 决策树

C4.5 决策树算法是基于 ID3 决策树的，C4.5 决策树通过信息增益率选择最佳的划分属性，而不是信息增益。信息增益比的公式如下：

$$\text{Gain\_ratio}(D,a) = \frac{\text{Gain}(D,a)}{\text{IV}(D)} \tag{6.3}$$

特征 a 对于集合 D 的信息增益比定义为：特征 a 的信息增益与集合 D 的信息熵之比。在式 (6.3) 中，$\text{Gain}(D,a)$ 表示 a 属性的信息增益，$\text{IV}(D)$ 表示集合 D 的经验熵，信息增益的计算方法在式 (6.2) 中已经说明，集合 D 的经验熵计算公式如式 (6.4) 所示：

$$\text{IV}(a) = -\sum_{v=1}^{V} \frac{|D^v|}{|D|} \log_2 \frac{|D^v|}{|D|} \tag{6.4}$$

式中，D^v 表示属于类 D^v 的样本个数；D 表示数据集 D 的数量。由式 (6.4) 可知 a 属性的取值范围越大，$\text{IV}(a)$ 的值则会越大。C4.5 决策树需要计算不同属性的最大信息增益率并且选择增益率最大的那个属性作为分割属性。当属性有很多值时，虽然信息增益变大了，但是相应的属性熵也会变大。所以最终计算的信息增益率并不是很大。在一定程度上可以避免 ID3 倾向于选择取值较多的属性作为节点的问题。

3. CART 决策树

CART 决策树是基于 Gini 系数最小化原则进行特征选择的算法，模型的纯度和 Gini 系数呈正相关，Gini 系数越大，不纯度越高，则特征不能很好地对类别进行区分，反之，则相反。在进行分类的过程中，假定有 K 个不同的分类，那么 Gini 系数的表达式如下所示：

$$\text{Gini}(D) = 1 - \sum_{k=1}^{K} p_k^2 \tag{6.5}$$

式中，p_k 为类别 k 的概率。此外，对于给定的样本集合 D，使用 A 特征将 D 划分为 D_1 和 D_2 两个集合，划分之后集合 D 在特征条件 A 下的基尼系数表达式为

$$\text{Gini}_A(D) = \frac{D_1}{D} \text{Gini}(D_1) + \frac{D_2}{D} \text{Gini}(D_2) \tag{6.6}$$

式中，$\text{Gini}(D_1)$ 和 $\text{Gini}(D_2)$ 分别表示集合 D_1 和 D_2 的基尼系数，D_1 和 D_2 分别表示两个集合中样本的个数；D 表示总样本数量。

然而，上述的决策树算法在确定测试属性选择标准时也存在一定的不足，即只注重属性本身的重要性，没有考虑到属性提取的费用问题。在实际应用中，一个学习系统作为一个完整的应用系统，应该将属性的选择与属性提取的费用综合起来考虑。因为一个属性的优劣，仅用它的分类性能来衡量是不够的，属性提取费用也是非常重要的一个考虑因素。一般而言，属性提取费用高的属性获得的信息量通常要多于属性提取费用低的属性，但是，有时费用低的几个属性获得的信息量总和可能多于一个费用高的属性获得的信息量，并且费用开销之和小于费用高的属性。我国学者钱国良将属性分类性能与属性提取费用统一考虑，提出了基于信息与费用评价的决策树学习算法——ECFS 算法，并将该算法应用于手写汉字识别中，取得

了较好的效果。

4. 评价决策树的量化标准

在讨论一个决策树归纳学习算法时，需要对算法的优缺点进行分析。下面给出评价这些决策树的量化标准。

1) 过学习

在利用决策树归纳学习时，需要事先给定一个假设空间，且必须在这个假设空间中选择一个，使之与训练实例集相匹配。我们知道任何一个学习算法不可能在没有任何偏置的情况下学习。如果事先知道所要学习的函数属于整个假设空间中的一个很小的子集，那么即使训练实例不完整，也有可能从已有的训练实例集中学习到有用的假设，使它对未来的实例进行正确的分类。当然，我们往往无法事先知道要学习的函数属于整个假设空间中的哪个很小的子集，即使知道，我们还是希望有一个大的训练实例集。因为训练实例集越大，关于分类的信息就越多。这时，即使随机地从与训练实例集相匹配的假设集中选择一个，它也能对未知实例的分类进行预测。相反，如果训练实例集与整个假设空间相比过小，即使在有偏置的情况下，仍有过多的假设与训练实例集相匹配，这时做出假设的泛化能力将很差。若有过多的假设与训练实例集相匹配，则称为过学习。

过学习可以给出如下形式化定义：假设 h 对所有的训练实例分类的错误率为 $\text{error}_{\text{train}}(h)$，对整个实例空间 D 分类的错误率为 $\text{error}_D(h)$。如果存在另外一个假设 h' 使得

$$\text{error}_{\text{train}}(h) < \text{error}_{\text{train}}(h') \tag{6.7}$$

并且

$$\text{error}_D(h) < \text{error}_D(h') \tag{6.8}$$

这时则称为过学习。

Cohen 和 Jensen 针对为何会出现过学习的问题提出了一个有用的理论。他们提出，当一个算法过高地估计增加决策树的复杂性对于分类正确性的贡献，那么就会出现过学习的现象。他们提出了主要有三种原因使得算法过高地估计了这些贡献。

(1)检测模型的数目：学习算法检测模型的数目与出现过学习的可能性是正相关的。

(2)不同的正确性估计：小的训练实例集往往很难代表整个实例集的分布情况，因而出现过学习现象的可能性更大，而大的训练实例集往往更能代表整个实例集的分布情况，因而出现过学习现象的可能性更小一些。

(3)选择最优树：在选择最优树时，往往会极大化某个评价函数，这同时也增加了出现过学习现象的可能性。

2) 决策树的有效性

评估一棵决策树的有效性最直接、最有效的方法是考察决策树在测试实例集上的性能。将决策树在测试实例集上进行测试，然后从中选择在测试实例集上表现最好的一棵决策树。但这种方法等价于在测试实例集上训练决策树，这在大多数情况下是不现实的。因此，往往采用训练实例集来估计训练算法的有效性。一种最简便也是较常用的方法是将训练实例集划分成两部分，一部分(如 2/3 的训练实例)用来对决策树进行训练，另一部分(如 1/3 的训练实例)用来对决策树的有效性进行测试。但是，这样做同样存在问题，因为使用这种方法来测试决策树的有效性会减少训练实例集的空间，增大过学习的可能性。为了克服这个缺点，往往

采用下面介绍的交叉有效性方法来测试决策树的有效性。

3）交叉有效性

使用交叉有效性测试时，可将训练实例集 T 等分成 k 个大小相当的子集 $T_1, T_2, \cdots, T_k$，对于任意子集 T_i，用 $T-T_i$ 来构造决策树，之后用 T_i 对生成的决策树进行测试，得到错误率 e_i，然后利用以下公式计算整个算法的错误率：

$$e = \frac{1}{k}\sum_{i=1}^{k}e_i \tag{6.9}$$

显然随着 k 值的增加，所生成的决策树的数目也随着增加，算法的复杂度也会增加。

ID3 算法

4）决策树的复杂程度

决策树的复杂程度是度量决策树算法学习效果的一个重要指标，对于给定的描述语言，如果决策树的内节点的测试属性是单变量的，则决策树的复杂程度主要由树的节点个数决定。如果决策树的内节点的测试属性是多变量的，则决策树的复杂程度主要是由节点中属性的总个数决定的。

6.3.2　粗糙集

数据集有精确集和粗糙集之分。许多管理问题是半结构化问题和非结构化问题，这些问题所面向的数据集是粗糙的。所谓粗糙数据集是指数据集内的数据符合同一特征描述而又属于不同的概念。造成粗糙集的主要原因是信息不完全。在管理领域，能够将一类数据与其他类数据加以区别的变量往往很多，但人们不清楚有哪些特征变量，有时即使知道这些变量是什么，也无法测量这些变量，这就决定了我们所面临的数据集大都是粗糙集，许多信息并不被决策者完全掌握，使决策者只能依靠经验、观察和判断来做出决策。实际上，并不是粗糙集中没有可帮助决策的信息，问题在于这些信息不能作为决策者可依赖的模型实现决策自动化。

粗糙集理论由 Pawlak 提出，它反映了人们以不完全信息或知识去处理一些不可分辨现象的能力，或依据观察和度量到某些不精确的结果而进行分类数据的能力。粗糙集的提出为处理模糊信息系统或不确定性问题提供了一种新型的数学工具，是对其他处理不确定性问题理论如概率理论、证据理论、模糊集理论等的一种补充。粗糙集理论不仅能够解决传统的数据分析方法不能解决的粗糙集数据问题，得到传统方法得不到的较高精度规则，而且能发现属性之间的依赖关系并对所得的结果进行简明易懂的解释。

粗糙集方法的基本思想是通过案例库的分类归纳出概念和规则，也就是说，通过案例库的条件特征变量将案例库分类而形成概念，并通过生成的概念研究目标特征，从而得到关联规则，粗糙集理论认为知识都是有粒度的，由于知识的颗粒性造成使用已有知识不能精确地表示某些概念，从而形成知识的不确定性。因此，粗糙集理论从知识分类入手研究不确定性，在保持分类能力不变的情况下，把具有某种程度差别的对象划分到不同对象族中，通过不可分辨关系划分研究问题的近似域（上近似和下近似），有效分析和处理不精确、不完整及不一致等各种不完备数据，从而发现隐含知识，揭示数据中潜在的规律。

粗糙集理论具有许多重要的优点，如可以不依靠任何专家知识发现数据中隐藏的模式；数据约简时能发现最小数据集；评估数据的价值；从数据中产生最小决策规则；易理解且对结果提供简明易懂的解释。

1. 粗糙集数据分析过程

粗糙集数据分析(rough sets data anysis, RSDA)是将粗糙集模型应用于数据挖掘，利用粗糙集理论分析存储在信息系统中的数据，从中提取隐含的、有潜在应用价值的知识的过程。

步骤 1：数据分析的重要目标之一是发现属性之间的依赖。属性子集 D 完全依赖于属性子集 C，记为 $C \Rightarrow D$，表示 D 中所有属性的值唯一地由 C 中属性值确定。换句话说，D 完全依赖于 C 就是在 D 和 C 的值之间存在一种函数依赖。

步骤 2：在确定某个决策目标时，不同属性的重要性是不同的。在一般分析中常用事先假设的权重来描述，粗糙集理论并不使用事先假设的信息，而是根据各属性的分类能力不同，确定该属性的重要性。处理方法是将该属性从信息表中移去，分析其对分类能力的影响，影响越大，属性越重要。

步骤 3：在判断某个对象属于某类时，某个属性的取值不同，对分类产生的影响也不相同。例如，判断人的体型(瘦、中、胖)时，体重是重要属性。但若体重属性值为 60kg，此人的体形要结合其身高、性别才能确定，但若体重属性值为 150kg，我们几乎肯定他是个胖子，这时身高、性别已不重要，也就是说身高、性别的属性值是冗余的。值约简的目标就是移去这些冗余的属性值而不影响表的一致性。

粗糙集理论使用等价关系形式表示分类关系。假设给定知识库 $K = \{U, R\}$，其中 U 表示论域，R 为等价关系，对于每个子集 $x \in U$ 和一个等价关系 $R \in \mathrm{ind}(K)$，可以根据 R 的基本集合描述来划分集合。为了衡量 R 对集合 X 描述的准确性，考虑两个子集。

$$\underline{R}X = \{x \in U \,|\, [x]_B \subseteq X\} \tag{6.10}$$

$$\overline{R}X = \{x \in U \,|\, [x]_B \bigcap X \neq \varnothing\} \tag{6.11}$$

$$\mathrm{BN}_R(X) = \overline{R}X - \underline{R}X \tag{6.12}$$

式中，$\underline{R}X$ 是 X 的下近似集；$\overline{R}X$ 是 X 的上近似集；BN_R 是 X 的边界域。边界域在某种意义上是论域中的不确定域，表示知识域的那些元素对象不能确定地划分集合或者补集。集合粗糙性的产生是由边界域(在某种意义上是论域中的不确定域，表示知识 R 属于边界知识 N_R 的近似精确性，定义精度 (x) 来反映对于集合 X 中知识的了解程度)。由于界域的存在，因此，集合的边界域越大，其精确性越低，如图 6.10 所示。

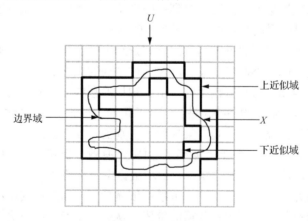

图 6.10　粗糙集近似

2. 粗糙集的相关定义

定义 1：信息系统。

设一个信息系统 $S = \{U, A, V, F\}$，其中 $U = \{x_1, x_2, \cdots, x_n\}$ 为对象的非空有限集合，属性集 $A = \{a_1, a_2, \cdots, a_n\}$ 非空有限。$\exists V = \bigcup V_k$，对属性集中的任何一个属性 $a_k \in A (k \leqslant m)$，$V_k$ 视作其值域；$F = f_k : U \to V_k (k \leqslant m)$，即对于给定的对象 $x_i (i \leqslant n)$，$f_k(x_i)$ 可赋予 x_i 在属性 a_k 下的属性值。一般也可以用 $S = \{U, A\}$ 来代替 $S = \{U, A, V, F\}$。

定义 2：决策信息系统。

在信息系统 $S = \{U, C\}$ 中，若 A 由条件属性集合 C 与决策属性集合 D 构成，且 C 与 D 满足 $C \cup D = A$，$C \cap D = \varnothing$，则称 S 为决策信息系统，可由 $\{U, C \cup \{d\}\}$ 表示。

定义 3：决策替代度。

设决策信息系统 $S = \{U, C \cup \{d\}\}$，如果存在 P_1，$P_2 \subseteq C$ 且 P_1，$P_2 \neq \varnothing$，当

$$k_p(p) = 1 - \frac{\left| \mathrm{DIS}_{P_2} \bigcap \mathrm{DIS}_D \right|}{\left| \mathrm{DIS}_{P_1} \bigcap \mathrm{DIS}_D \right|} \tag{6.13}$$

时，称属性集是 k 度 $(0 \leqslant k \leqslant 1)$ 决策依赖于 P_1，或称 P_1 可被 P_2 以 $1 - k$ 度决策替代，记为 $P_1 \Rightarrow P_2$。

(1) 当 $k = 0$ 时，称属性集 P_2 不决策 P_1。

(2) 当 $0 < k < 1$ 时，称属性集 P_2 部分决策依赖于 P_1。

(3) 当 $k = 1$ 时，称属性集 P_2 完全决策依赖于 P_1。

定义 4：属性的重要性。

条件属性对决策属性的依赖度定义为

$$\gamma(C, D) = \frac{\left| \mathrm{POS}_C(D) \right|}{|U|} \tag{6.14}$$

定义 5：条件属性对决策属性的重要性。

任何条件 C 对决策属性搜索 D 的重要性定义为

$$\mathrm{sig}(c, C, D) = \gamma_C(C, D) - \gamma_C(C - \{c\}, D) \tag{6.15}$$

3. 粗糙集的具体实现步骤

如图 6.11 所示，一种基于粗糙集分类器的异常检测方法实现步骤具体如下。

步骤 1：根据获取的运维日志数据，构建相应的信息决策表，标记为 $S = \{U, A, D\}$，其中，$U = \{x_1, x_2, \cdots, x_n\}$ 为样本信息，$A = \{a_1, a_2, \cdots, a_m\}$ 为每个样本的属性信息，$D = \{d_1, d_2, \cdots\}$ 为每个样本的决策标签，在异常检测中，最简单的决策标签是 $D = \{\mathrm{Normal}, \mathrm{Anormal}\}$。

步骤 2：根据每个属性 $a \in A$，定义相应的映射函数 $f_a : U \to V_a$，根据该映射函数，定义等价规则

$$\mathrm{Ind}(B) = \{(x_i, x_j) \in U^2 \mid f_i(a) = f_i(b), \forall a \in B\} \tag{6.16}$$

这里的映射函数的作用是：在相应属性条件下，寻找目标样本的等价样本，并把该目标样本的所有等价样本标记为 $[x_i]_B$。

步骤 3：求解该样本在指定属性下的下近似集合 $\underline{R}X$ 与上近似集合 $\overline{R}X$，即

$$\underline{R}X = \{x_i \in U \mid [x_i]_B \subseteq X\}$$
$$\overline{R}X = \{x_i \in U \mid [x_i]_B \bigcap X \neq \varnothing\} \tag{6.17}$$

步骤 4：根据上近似集合与下近似集合，求出每个属性关于决策属性的支持程度，即

$$\sigma_B^D = \frac{\left|\mathrm{POS}_B(D)\right|}{|U|} \tag{6.18}$$

$$\mathrm{POS}_B(D) = \bigcup_{X \in U/D} \underline{R}X = \bigcup \{Y \mid Y \subseteq X, Y \in U/B, X \in U/D\} \tag{6.19}$$

通过式(6.16)～式(6.19)，获取决策信息表中各属性的可靠性程度，为接下来的测试样本的标签确定做准备。

步骤 5：首先依据训练集中每一个属性中各类别对应的平均值，构建各属性下的类别中心的参数值，通过欧氏距离函数，获取每一个测试样本与各属性类别中心的距离，并利用式(6.20)和式(6.21)计算出各属性下测试样本的基本概率赋值。然后，结合 PCR5 组合规则式(6.22)和属性支持程度 σ_B^D，通过融合的方式获取最终的测试样本的基本概率赋值。最后，将标签概率值最大的标签赋给该样本，从而实现异常检测。

$$m_{ai}^*(\theta_s) = \alpha \mathrm{e}^{\gamma_s d\beta} \tag{6.20}$$

$$m_{ai}^*(\Theta) = 1 - \alpha \mathrm{e}^{\gamma_s d\beta} \tag{6.21}$$

$$\mathrm{PCR5}(A) = m_{12}(A) + \sum_{B \in D\Theta/\{A\}|A\cap B=\varnothing} \left[\frac{m_1(A)^2 m_2(B)}{m_1(A) + m_2(B)} + \frac{m_2(A)^2 m_1(B)}{m_2(A) + m_1(B)} \right] \tag{6.22}$$

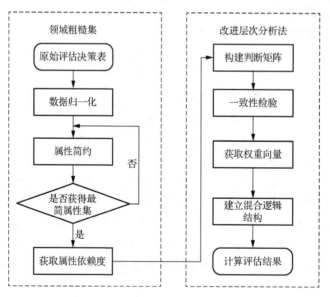

图 6.11　粗糙集决策实现步骤

信号识别
的应用

6.3.3　专家系统

专家系统属于人工智能技术的重要部分之一，在社会各个领域中实现了广泛运用，其有利于对已经了解的工作的具体状况进行总结，可迅速调动内部信息，探寻最佳的解决方案。

对于智能技术水平高的国家而言，针对专家系统进行的研究和应用时间较早。在不同领域、应用需求下，专家系统需要进行整理总结的信息存在一定的差异，例如，将专家系统应用到全新的领域，需将初步的信息整合作为立足点。在电力调度自动化系统中，要想发挥专业系统的作用，首先应整合专业经验信息，构建技术数据信息库，然后模拟专家判断，深入分析技术问题，最终做出决策。针对各类紧急事故，凭借专家系统可对具体问题进行全面分析与迅速处理，降低事故造成的影响。所以，需重视专家系统中系统数据库的构建。收集各类数据信息存在难度，当前部分问题的处理依然采取人工决策的方式，所以在大部分状况下只可以收集到基础信息，难以对重要决策信息进行信息化处理。并且，不同地区的电网系统在运转方面必然会有差异，影响因素如气候环境、用电需求等也不同。对此，建立专家系统信息数据库时，应重视系统运行差异。

1. 专家系统的组成部分

专家系统包括人机交互界面、解释机构、综合数据库、推理机、知识库和知识获取机构六个部分，系统结构图如图 6.12 所示。

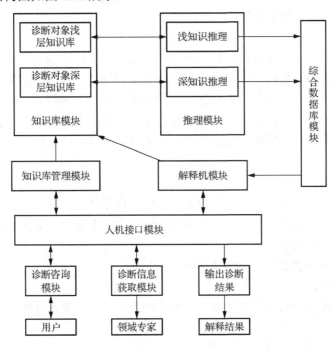

图 6.12　专家系统结构

1) 人机交互界面

人机交互界面是用户与专家系统进行信息交互的端口。用户的交互界面主要分为两类：一类是面向普通用户，向系统提出问题或设置推理目标，界面会显示推理结束后的结论以及对结论的文字说明；另一类是面向领域专家或专业工程师的端口，该类用户可以通过该端口将专业知识与系统进行交互并增加系统中的专业领域知识。

2) 解释机构

解释机构会对系统的推理过程和最终的推理结论做出文字的相关说明。解释机构主要分为两类：追踪结论形成过程和预置解释文本。这样可以使得专家系统的推理过程更加有透明度，以及增加专家系统的信息可信度。同时还可以从推理结果的解释去发现知识库或推理机存在的问题，更加方便专家系统的日常维护。

3）综合数据库

综合数据库是计算机使用专家系统工作时的内存，用于存放推理过程的相关数据内容，包括数据初始态、中间过程和推理结论。

4）推理机

推理机是系统中进行知识推理的核心模块，是针对当前的问题条件或者已知的信息，在相关推理策略算法的控制下，利用知识库中的规则相关内容对数据进行匹配。通常来说，推理机和知识库是相互独立的。

推理方法根据推理的方向可以分为正向推理、反向推理和双向推理；根据推理中的计算方式可以分为逻辑推理、计算推理；根据在推理过程中产生的新的知识内容和原有的知识内容的时间关系可以分为单调推理和非单调推理；根据推理过程中对知识库中的规则的使用逻辑可以分为精准推理和非精准推理。

5）知识库

知识库中存放的是经过整理标准化后的知识，是专家系统中用于存储专业领域中的相关知识和理论知识的模块。搭载知识库的前提是确定知识模式，即知识的储存结构。在知识库中，知识的标准化形式可以是多种多样的，包括产生式和语义网络等。根据不同的系统适应条件，对不同领域的专业知识内容，满足设计需求，选择最合适的方法，并将其保存至知识库中。系统中知识的数量和质量一起决定了专家系统的性能。通常来说，推理机和知识库是相互独立的。

6）知识获取机构

知识获取机构是专家系统获取知识的主要结构。在系统中，获取知识的途径可以是通过手动的、半自动的或者是自动的。知识获取机构的作用主要是用于对知识库中的内容进行操作，包括增加、修改和删除。

2. 产生式规则知识形式建立的专家系统

1）应用广泛的原因

目前，用产生式规则知识形式建立的专家系统是最广泛和最流行的，其重要原因在于以下方面。

（1）规则知识表示形式容易被人理解。

（2）它是基于演绎推理的。这样，它保证了推理结果的正确性。

（3）大量产生式规则所连成的推理树（知识树）可以是多棵树。从树的宽度看，反映了实际问题的范围大小；从树的深度看，反映了问题的难度。这使专家系统适应各种实际问题的能力很强。

计算机各种语言的编译系统，虽然没有被称为专家系统。但是，从编译系统的处理过程看，它事实上就是专家系统。编译系统的词法分析是利用单词的 3 型文法来实现对单词的识别。语法分析是利用语句的 2 型文法实现对语句的识别和产生中间语言。计算机语言的这些文法（2 型和 3 型）本身就是产生式。在单词识别和语句识别的过程中，是反复地利用这些文法进行推导(正向推理)或归纳(逆向推理)而完成的。编译系统从知识的表示(文法)和推理两方面都是和专家系统一致的。任何人用计算机语言编制任何问题的计算机程序(源程序)，只要它符合语言的文法要求，而不管它是哪个领域的问题求解程序，编译系统一定能把源程序编译成机器语言或中间语言(目标程序)。这就体现了智能的效果。

产生式规则知识一般表示为 if A then B，或表示为如果 A 成立则 B 成立，简化为 $A \rightarrow B$。

2) 产生式规则知识的特点

(1)相同的条件可以得出不同的结论。例如：

$$A \rightarrow B, \quad A \rightarrow C$$

注：这样的规则有时允许，有时不允许。

(2)相同的结论可以由不同的条件来得到。例如：

$$A \rightarrow G, \quad B \rightarrow G$$

(3)条件之间可以是"与"(AND)连接和"或"(OR)连接。例如：

$$A \wedge B \rightarrow G, \quad A \vee B \rightarrow G \ (相当于 A \rightarrow G, \quad B \rightarrow G)$$

(4)一条规则中的结论可以是另一条规则中的条件。

3) 规则知识集的运用

由于以上特点，规则知识集能做到以下几点。

(1)能描述和解决各种不同的灵活的实际问题(由特点(1)~(3)形成)。

(2)能把规则知识集中的所有规则连成一棵"与或"推理树(知识树)，即这些规则知识集之间是有关联的(由特点(3)、(4)形成)。

(3)产生式规则知识的知识推理有正向和逆(反)向两种推理方式。

6.4　本　章　小　结

本章概述了智能维护决策的基本内涵与概念，并从维护策略类型、系统结构与失效规律及维护效果模型等方面，系统性地阐明了智能维护决策工具的主要门类、研究历史及未来发展趋势。通过基于云计算的设备维护决策支持系统及智能 E 维护决策支持系统两个经典维护决策支持系统实例分析，阐述了维护决策支持系统的功能架构、运行逻辑及功能模块设计，详细介绍了维护决策支持系统的关键技术和方法，包括数据采集与处理、状态诊断与预测、维护策略优化等。同时，详细介绍了决策树模型的基本原理和结构，探讨了实现智能维护决策技术的主要方法和构建决策树模型的建模方法和常用算法。通过对设备监测数据进行有效的处理和分析，可以实现对设备状态的准确评估和预测，为维护决策提供科学依据。

习　　题

6-1　维护策略是如何分类的？分别是如何定义的？

6-2　多部件系统多个部件之间可能存在哪些相关性？分别是如何定义的？

6-3　维护行动可以分为哪几类？分别是如何定义的？

6-4　云中心由哪几部分组成？分别有哪些功能？

6-5　基于云计算的设备维护决策支持系统有哪几大功能模块？具体是如何细分的？分别有哪些功能？

6-6　智能 E 维护决策支持系统相比于传统模式的优势是什么？包含哪些模块？分别有哪些功能？

6-7　智能 E 维护决策支持系统有哪些主要组件？分别有哪些功能？

6-8　决策树的生成有哪几个经典算法？核心思想分别是什么？

6-9　评价决策树有哪些量化标准？分别是如何定义的？

6-10　关于粗糙集有哪些定义？

6-11　专家系统包括哪几个部分？分别有哪些功能？

第7章 故障诊断与智能运维技术实际应用

故障诊断与智能运维技术在实际工程中有诸多应用,而智能运载系统和工业制造系统则是其典型应用场景。智能运载系统将先进的人工智能、移动互联、大数据、云计算等技术应用于各类运载工具及其设施与环境中,以实现运载系统的安全、可靠、节能、环保、舒适与智能;工业制造系统则将先进的制造技术、自动化技术、信息技术等应用于机器设备、传感器、控制系统等,以实现设备运行的高效、可靠和灵活。以上典型应用场景中,故障诊断与智能运维技术对于保障运行安全、提升运行效率至关重要。为此,本章将以城市智慧出行系统和矿山无人运输系统两类典型智能运载系统以及离心风机系统一类典型工业制造系统为例,介绍故障诊断与智能运维技术的实际应用。

7.1 城市智慧出行系统中的应用

7.1.1 城市智慧出行系统概述

现有城市出行系统一般由轨道交通、有轨电车、快速公交(bus rapid transit, BRT)系统、公交车、出租车、私家车等组成,其各有自身的优势和劣势,如轨道交通虽然能提供大运量交通服务但是无法实现"门到门"的便捷性;私家车虽然便捷但受道路状况影响较大,无法精确规划行程时间;BRT 系统绿色环保,运营灵活,但由于运量有限不能满足大客流通道的需求等。面向"快捷安全、定制出行、绿色环保"的发展方向,现有城市出行系统仍存在运输效率低、体验差等问题,而车辆制式单一、组织方式缺乏协同则是导致上述问题的关键。

为解决上述问题,湖南大学自主研发了新一代大运量城市智慧出行系统——智慧车列交通系统,其利用物联网技术、人工智能技术、新能源车辆技术等,将高等级智能化载运工具与信息和通信技术(infromation and communications technology, ICT)基础设施、道路基础设施、移动出行服务有效融合,以实现出行要素的智能化高效组织,进而实现出行供给与需求的高效连接和实时匹配,实现"定制化公共交通服务",图 7.1 为智慧车列交通系统示意图。智慧车列交通系统基于一种新的汽车交通组织理念:和地铁、轻轨一样,智慧车列交通系统根据客流特点来设置专用道路与固定站点,但是智慧车列交通系统不采用有轨道路和轨道车辆,而是采用城市道路和公路车辆,在行驶过程中可实现基于网联车辆的队列行驶方式,实现更为节能、安全的客流运输。为了克服地铁和轻轨"站站停"所带来的平均车速低的问题,智慧车列交通系统采用"点对点"的运送模式,车辆在出发后直达终点站,无须在沿途的站点停靠,从而显著提高平均车速。

智慧车列
交通系统

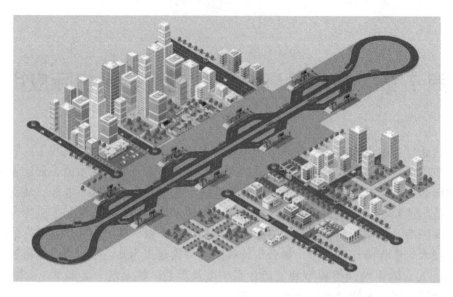

图 7.1　智慧车列交通系统

7.1.2　故障诊断与智能运维技术在城市智慧出行系统中的应用

在城市智慧出行系统中需要依据相关技术标准，通过人工智能的方法并基于场景实时监控子系统中的多源传感器技术，结合历史与实时监测的数据对运行车辆的实际故障进行分析判断，对发生故障的车辆进行智能化维修，从而使故障车辆能够迅速恢复稳定运行状态。智慧车列交通系统的故障诊断与智能运维关键技术如图 7.2 所示。

图 7.2　智慧车列交通系统的故障诊断与智能运维关键技术

1. 故障实时诊断系统关键技术

1）系统实时状态监测与诊断技术

通过传感器对智慧车列交通系统中的部件、子系统的状态进行实时采集，实现子系统的故障诊断。

2）系统实时故障诊断技术

通过系统模型、推理、相关信息融合在结果的基础上执行进一步诊断，增强子系统和系统的诊断能力，使其超过传统的测试能力。将故障定位到外场可更换模块，给出模块的故障情况（正常、故障、可疑未知），并根据系统故障情况实现系统重构。

3）故障预测技术

故障预测的目的就是尽可能早地检测系统发生的状态变化，实现诊断和预测，防止故障的发生，保证系统的安全性要求。

4）运行安全和系统性能预测技术

根据智慧车列交通系统实时监测故障诊断和预测结果，对运行安全和系统性能进行预测，并及时向车列提供显示和报警信息，辅助决策。

5）数据传输链路技术

为了将车载实时状态监测信息、诊断和预测信息及时反馈给地面远程诊断和维修保障系统，需要解决车列和远程服务器之间的数据传输问题，同时需要解决信息传输的保密性问题。

6）远程服务器故障诊断技术

以车载实时诊断和预测结果为基础，同时结合维修信息和专家知识等，实现融合诊断，对车列的诊断结果中的故障位置和可疑模块进行进一步的诊断，为维修和保障系统提供信息。

7）维修预测技术

根据实时诊断和预测结果以及地面远程诊断结果，安排维修计划。

8）自治后勤

根据实时诊断和预测结果、地面远程诊断结果和维修计划，预测保障需求，如备件需求、库存预测、订单预测等。

9）交互式辅助维修及训练技术

在综合诊断数据库信息的基础上，实现交互式辅助维修和维修过程的技术培训。可进行维修过程指导和信息记录，以及模拟真实故障和维修过程，从而进行维修人员的自适应训练。

2. 故障诊断关键设备

针对上述城市智慧出行系统的故障诊断系统功能，关键设备主要包括车载终端、远程服务器、综合控制终端，如图 7.3 所示。通过车载终端获取车列中车辆的故障信息，远程服务器根据车辆的故障信息及每种故障信息的预设权重，得出车辆的故障分析结果，综合控制终端接收车辆的故障分析结果，通过显示模块显示故障分析结果，再通过内部数据库给出维修策略。借助综合控制终端，管理者可以很容易获得汽车的相关数据，并且能实时掌握数据并进行分析。

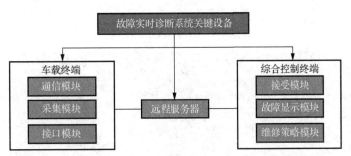

图 7.3　故障诊断关键设备

车载终端从运营车辆中采集动态信息，如车辆的实时车速、电路电压、发动机转速、轮胎胎压、方向盘转向灯等车载设备监测信息、车列实时车头时距及车踏板位置等信息，当车辆出现故障时，能实时检测出故障代码。车辆故障信息可能包括转向灯故障信息、车灯故障信息、胎压异常信息、制动防抱死系统(antilock brake system, ABS)故障信息等。这些数据及故障信息通过存储处理并通过编码后，再由 3G/4G 网络将数据传送至远程服务器，远程服务器主要负责存储数据、数据分析处理及提供数据展示平台的接口，综合控制终端主要是将故障诊断结果及诊断维修策略传递给运营管理者，运营管理者对智慧车列的运行故障进行实时监控与维修策略推荐。对于维修现场的测试数据可通过网络报给综合控制终端，由综合控制中心发送至相关专家诊断点，可由专家对维修现场进行远程维修指导。

3. 智能运维的关键调度系统

智慧车列调度系统的目的是研究运输资源供给与出行需求的耦合机理，突破传统组合优化基础理论，构建多目标调度优化模型，开发智慧车列单元实时调度系统，实现高效、节能的运输资源最优动态调度。智慧车列调度系统如图 7.4 所示，调度系统后台的数据处理系统如图 7.5 所示。乘客首先向调度平台提交出行订单，调度平台将新订单加载至未分配订单队列，并根据期望上车时间重新排序。调度系统实时地将一定时间周期内提交的申请订单按照相同出发点和相同到达点进行划分，并将同一类订单综合处理，调度算法根据车端实时上报的位置信息和状态信息，调用优化调度算法为出行订单分配车辆，分配完成后，实时更新未分配订单队列和车辆状态信息。乘客预约界面如图 7.6(a) 所示，整体车列调度系统流程如图 7.6(b) 所示。

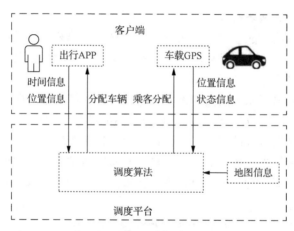

图 7.4　车列调度系统架构

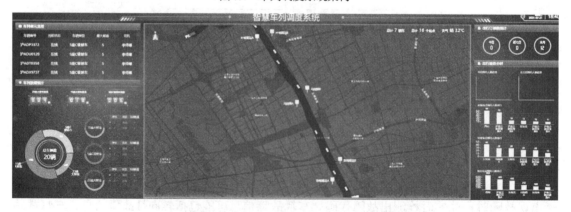

图 7.5　车列调度系统后台数据处理系统

(a) 乘客预约界面   (b) 车列调度系统流程

图 7.6   乘客预约界面与车列调度系统流程

7.2   矿山无人运输系统中的应用

7.2.1   矿山无人运输系统概述

与开放道路的无人驾驶相比，露天矿区具有道路场景单一、车辆运行线路固定、低速、交通参与者组成简单、交通规则可自制等优势，是无人驾驶最佳落地场景之一。因此，以无人矿卡为核心的矿山无人运输系统能够有效协调成本、安全、效率、环保之间的矛盾关系，具备巨大的市场潜力。面向重载车辆无人运输系统的任务分配、作业调度、网联驾驶、状态监控、多车协同运输作业等典型需求，湖南大学首创了包括车载自动驾驶子系统(车)、车地无线通信子系统(地)、云端调度管理子系统(云)的矿山无人运输系统，实现了"车、地、云"一体化的云控架构在矿山场景的应用部署，如图 7.7 所示。矿山无人运输系统有效提升了矿山无人运输系统的组织模块化与部署灵活性。

矿山无人运输运行体系，是基于矿山业务流程规范来明确矿山无人运输系统复杂架构的整体功能、性能指标、子模块划分原则；同时，探索各子模块间协同运作机制，研究各子模块内部关键技术，进而完成矿山无人运输复杂架构的整体结构设计，最终使系统满足矿山生产运作的实际需求。

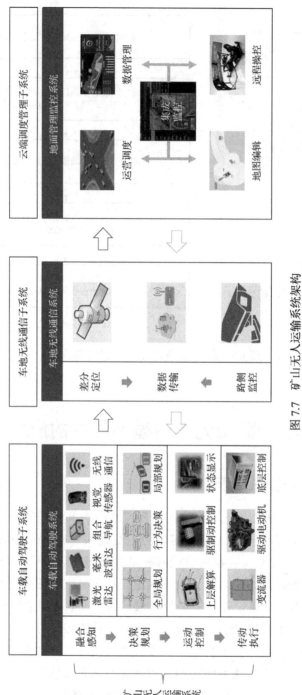

图 7.7　矿山无人运输系统架构

7.2.2　故障诊断与智能运维技术在矿山无人运输系统中的应用

借助大数据、物联网、边缘计算及智能决策等相关技术，矿山无人运输系统能够对矿车的无人驾驶进行实时数据分析、作业调度、路径规划及导航、车队的整体运行决策、实时故障检测、健康指标分析及其他的数据统计服务，保障矿车运输安全、稳定、高效地进行。此外，矿山无人运输系统还能实时对故障数据进行分析，检测出矿车的故障，将故障信息保存，同时发送故障信息到消息队列中。决策子系统会根据矿车故障信息对矿车的行驶决策进行调整，另外故障推送管理服务会根据告警配置生成相应的告警信息，推送到 Web 前端并同时发送(如短信等形式)到相关的运维人员进行告警处置，最终使得矿车能够快速摆脱故障状态。

1. 故障诊断流程与智能运维系统架构

矿山无人运输系统的故障诊断流程架构与智能运维系统架构如图 7.8 所示。故障诊断与智能运维对矿山无人运输系统至关重要，能够实现矿用自卸车的故障检测、分析与管理，并通过智能运维系统提升运维效率。

1) 故障诊断流程架构

(1) 故障检测 Web 前端应用：用于故障信息显示、进行故障信息检索和告警配置等。用户可以通过该前端应用直观地了解当前系统的故障状态。

(2) 故障检测业务：主要包括故障推送管理和故障配置管理模块，这两个模块共同协作，实现故障信息的实时检测、推送和管理。

(3) 故障分析检测服务：提供故障分析功能，包括故障配置与结果数据的接收、故障分析算法应用等。通过故障分析，可以定位故障原因，为后续的维修和处理提供依据。

2) 智能运维系统架构

(1) 用户及终端应用层：该层包括用户使用的各种终端，如中央显示屏、远程操作台等，用于接收和显示可视化的运维信息，以及进行相关的操作指令输入。

(2) 业务服务层：这一层通过 AM 网关服务与用户及终端应用层进行信息交互，主要提供运维支持功能，包含机车管理服务、地图管理服务、矿车监控服务等多类型的核心运维业务，并可支持第三方系统接入，实现与外部系统信息流转。

(3) 矿车服务层：专门针对矿车实时运维进行服务，包含矿车状态服务、矿车控制服务、远程操控服务等，是智能运维系统的关键部分。

(4) 运维支撑层：运维支撑层用于和矿车服务层进行信息交互，对整个系统的日志进行分析，并进行监控与告警服务。

(5) 数据底层：包括数据交互层和数据存储层。数据底层通过消息总线与上层矿车服务层进行信息交互，并可接入其他第三方数据源。数据交互层与矿用机械装备直接进行信息交互实现运维数据收发，数据存储层将运维数据进行文件存储并划分整理为数据库。

2. 矿山无人运输系统

矿山无人运输系统负责监控整个矿区的运行，调度矿用自卸车执行不同任务，存储矿区车辆运行数据，主要包括监控功能、调度功能以及存储功能。

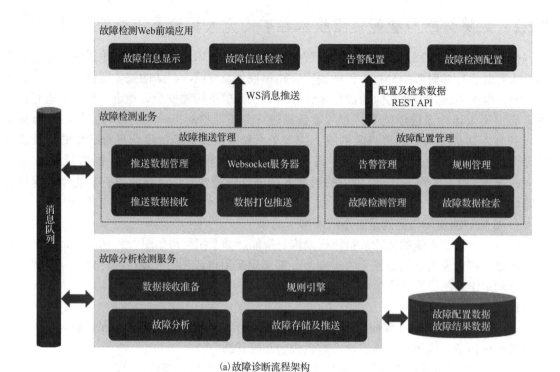

(a) 故障诊断流程架构

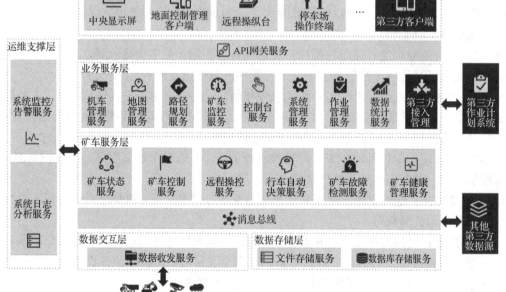

(b) 智能运维系统架构

图 7.8 故障诊断流程与智能运维系统架构

1）监控功能

（1）矿区运行数据监控。矿山无人运输系统应采集矿区内所有已安装定位与通信装置的矿用工程车的运行数据，随时监控矿区运行过程。

（2）矿区视频监控。矿山无人运输系统应能通过架设于矿区的多个工业相机视频监控整个矿区的运行。

（3）矿用自卸车监控。矿山无人运输系统应能随时调取单个矿用自卸车的运行数据、传感器检测数据、关键决策控制信息以及行车环境视频数据。

（4）车辆自动驾驶装备（vehicle autonomous kit, VAK）故障监控。矿山无人运输系统应能采集矿区内所有无人驾驶矿用自卸车的自身装备故障信息，并在操作员人机界面上进行显示。

（5）COMMS 故障监控。矿山无人运输系统应能识别 COMMS 的故障信息，并在操作员人机界面上进行显示。

（6）人机交互。矿山无人运输系统应能提供工作人员与无人驾驶系统交互操作平台。人机交互功能应具备显示功能和交互操作功能。显示功能包括显示矿区信息、显示包括地图的存储信息。交互操作功能包括进行地图修正、选择显示信息等。

2）调度功能

（1）自卸车任务调度。矿山无人运输系统应可在操作员的操作下对无人驾驶矿用自卸车进行任务调度，指定车辆执行不同的作业任务。矿山无人运输系统可对装载、卸载、路口通过、单车道通过等多车协同任务进行任务调度，并可对电铲以及工程车辆的状态进行管理。此外，矿山无人运输系统可以对矿用自卸车进行任务变更和任务取消操作。矿山无人运输系统应可对装载过程进行调度，调度车载系统驶入装载候车区、与电铲配合装载、驶离装载区、多车协同排队装载；矿山无人运输系统应可对卸载过程进行调度，调度车载系统进行驶入卸载区、驶离卸载区，实现悬崖式排土场排土、定点式卸矿区卸矿、多车协同排队卸载；矿山无人运输系统应可对矿用自卸车通过路口场景时进行调度，调度车辆在路口接近区域进行停车等候，实现多车协同排队过路口；矿山无人运输系统应可对矿用自卸车通过单车道场景时进行调度，调度车辆在单行道接近区域进行停车等候，实现多车协同排队通过单行道；矿山无人运输系统应可对矿用自卸车进入停车场的过程进行调度，调度车载系统驶入停车场、驶离停车场、定点泊车，实现多车协同排队进入停车场停车。

（2）自卸车任务式路径规划。任务式路径规划的目的为根据给定的任务，基于地图生成一条可行路径。任务包括两类信息，即任务类型和对应的任务地点。任务类型包括装载、卸载、停车，对应的任务地点为装载区、卸煤区/排土场、停车场。

（3）自卸车交互式路径规划。交互式路径规划的目的为根据给定的坐标点序列，基于地图生成一条可行路径。

（4）自卸车运动控制。矿山无人运输系统应可在操作员的操作下对自卸车运动进行控制，包括但不限于系统重启、车辆启动、车辆低速直线行驶、车辆低速转向行驶等。

（5）紧急停车。当操作员监控到矿区运行异常且必须采取紧急停车措施时，可使整个矿区所有无人驾驶矿用自卸车或指定的无人驾驶矿用自卸车终止任务并紧急停车。

（6）信息分发功能。矿山无人运输系统应能根据无人驾驶矿用自卸车的当前位置，向该车分发规划的调度任务和行驶路径。

3) 存储功能

(1) 矿区地图存储与更新。矿山无人运输系统应能储存无人驾驶矿用自卸车运行区域的地图，并根据建图作业车辆采集的新区域地图更新存储的地图。

(2) 矿区运行数据存储。矿山无人运输系统应能接收整个矿区所有工程车辆的运行数据，并进行实时存储。除矿区的工程车辆的数据，矿山无人运输系统同时应对路侧数据如视频信息进行存储。

(3) 矿用自卸车运行数据存储。矿山无人运输系统应能接收整个矿区所有无人驾驶矿用自卸车的运行数据、传感器原始数据、传感器检测数据、关键决策控制信息，并进行存储。无人驾驶矿用自卸车每天定期上传的数据包含运行数据、传感器检测数据、关键决策控制数据和前摄像头原始数据。

(4) 故障数据存储。矿山无人运输系统应能接收整个矿区所有 VAK 故障数据、COMMS 故障数据，并进行实时存储。

(5) 数据备份。矿山无人运输系统所存储的所有数据须具备备份功能，以便在数据损坏时进行恢复。

(6) 数据分类提取。矿山无人运输系统应能按照数据分类进行提取，以便后期进行数据分析。数据分类提取应能按照多种不同的提取方式进行提取，包括：分时间提取，提取不同时刻、不同时间段的数据；分路段提取，提取矿区不同位置、不同路段的数据；分任务提取，提取矿用自卸车执行不用任务时相应任务的全部数据；交叉提取，同时提取上述不同提取方式的数据。

3. 故障诊断的内容及处理策略

1) 故障诊断的内容

故障诊断主要包含 4 个方面：传感器故障诊断、执行器故障诊断、无人驾驶软件故障诊断、矿用自卸车故障诊断。

车辆自动驾驶功能包(vehicle autonomous stack, VAS)是运行在 VAK 中的软件，VAS 使用分布式结构，不同子场景由不同分布式节点负责完成。每个节点有自己的故障诊断场景，完成各自部分诊断任务。上述故障诊断内容分布于 VAS 的不同节点中：传感器故障诊断由 VAS 中的环境感知节点完成，执行器故障诊断由车辆控制节点完成，无人驾驶软件故障诊断由故障诊断节点根据系统心跳包完成，矿用自卸车故障诊断由车辆状态估计节点完成。

VAS 中的故障诊断节点汇总所有故障诊断信息后发送给 VAS 的决策域和信息路由节点。决策域根据当前任务、车辆状态和故障信息进行判断，采取导向安全的措施；信息路由节点向矿山无人运输系统报告故障信息，等待矿山无人运输系统的指示。

(1) 车辆状态检测。VAK 系统应能根据输入的车辆状态数据，分析出矿用自卸车的工作状态。当监测到车辆工作状态异常时，将异常信息发送给矿山无人运输系统。

(2) 传感器工作状态检测。VAK 系统应能根据环境感知传感器(包括但不限于激光雷达、毫米波雷达、GNSS 等)的数据，分析得出环境感知传感器的工作状态。当检测到传感器工作状态异常时，将异常信息发送给矿山无人运输系统。

（3）VAK 系统功能节点异常状态检测。VAK 系统应能根据运行数据，分析与检测 VAK 系统功能节点的工作状态，实时对感知节点、决策节点、控制节点等进行故障检测，将异常信息发送给矿山无人运输系统。

2）VAK 对故障的处理策略

VAK 系统需对诊断出的故障信息采用不同的处理策略。

（1）车辆异常状态下决策。当检测到车辆状态异常时，VAK 系统应能分析车辆状态异常的类型并做出报警、停车或者紧急停车等指令，并上报矿山无人运输系统等待处理，保证车辆的运行安全性。

（2）传感器异常状态下决策。当检测到环境感知传感器状态异常时，采取停车或紧急停车策略，并上报矿山无人运输系统等待处理。

（3）VAK 系统功能节点异常状态下决策。若 VAK 系统出现感知节点和决策节点失效、决策异常，则采取停车或紧急停车策略并报告给矿山无人运输系统。

7.3　离心风机系统中的应用

7.3.1　离心风机系统概述

离心风机作为一种用来输送气体的典型旋转机械，已经逐渐应用到人们生产生活的各个领域。大到国防航空的风洞试验，再到交通高铁的冷却系统，小到家用电器空调等的各类散热器都离不开风机产品。如图 7.9 所示为高速列车冷却用离心风机三维模型，其结构主要由蜗壳、前盘、叶片、螺栓、轮毂、后盘组成。叶轮是风机的核心部件，它对系统的好坏以及安全性能都起着决定性作用。而叶片又是叶轮的核心部件，承受着多个力的相互作用，如离心力、流体动力、介质作用等。根据统计数据可知，叶片的故障占整个叶轮故障的 65%以上。因此研究离心风机特别是叶片的故障诊断技术，能够较早地发现设备故障并及时准确地诊断，对于整个机械系统至关重要。

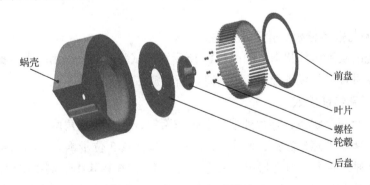

图 7.9　离心风机三维模型

本节所述高速列车冷却系统离心风机运行工况复杂，特别是振动会引起风机的疲劳并缩短系统的使用寿命。离心风机的叶片出现裂纹等故障大部分也是由振动等复杂环境引起的。

故障产生原因有以下几种情况：①转子不对中；②转子不平衡；③叶片受力，主要来自高速旋转产生的离心力，同时受到流场气动力的作用；④蜗壳振动，由风机内部流动分离、二次流、湍流现象引起内部压力场发生突变。在非定常高速流体冲击下，蜗壳壁面容易受到脉动压力作用，引发蜗壳壁面振动，甚至发生共振。离心风机系统是一种典型的非线性复杂的回转机械系统。通常情况下，风机系统所处的环境比较恶劣，离心风机的故障表现又是多种多样，同时该系统具有较复杂的多重力耦合关系，所以给离心风机的故障诊断技术带来难题。

7.3.2　故障诊断与智能运维技术在离心风机系统中的应用

本节以某高速列车冷却系统的离心风机为研究对象，针对目前离心风机叶片的疲劳分析和不同故障类型的诊断以及相关试验研究不足，从实践角度出发，进行叶片疲劳分析和故障诊断方法与试验研究。本节首先建立离心风机叶片的有限元模型，进行静强度数值仿真，并与应变测试试验结果进行对比分析。运用自主搭建的离心风机振动、应变测试试验台以及数据采集系统，在叶片故障模拟和超载模拟（风机启停状态）试验的基础上进行叶片疲劳寿命分析。根据以上试验获取叶片故障的振动数据。然后依据振动数据进行 EMD 经验模态分解，并通过相关系数和 K-L 散度进行 IMF 分量的选择。采用所选 IMF 分量的峭度、瞬时能量占比、复杂度熵、精细广义多尺度熵组成叶片故障的特征向量，并基于最小冗余原则进行测点选点优化，组成最优测点的故障特征向量。最后选择相应的训练集和测试集，分别采用支持向量机、粒子群算法优化的支持向量机、BP 神经网络进行故障模式识别，并进行分类精确度的对比分析。主要技术方案如图 7.10 所示。

1. 有限元模型建立和静力学分析

根据图 7.11 所示的有限元建模流程，施加额定转速 1440r/min 下的离心力载荷和重力载荷，得到如图 7.12 所示的应力云图和位移云图。由上述分析结果可知，在额定转速下，最大应力出现在叶片的外端角的根部，最大应力为 71.5MPa，并且应力变化梯度比较大。因叶片的材料为结构钢 Q235，其屈服极限为 235MPa，本风机的强度没有问题。最大位移量为 0.137mm，变形量比较小。通过静强度和位移分析，为后续试验和疲劳分析与寿命预测打下良好的基础。

2. 故障诊断与疲劳分析试验系统搭建

为模拟系统的实际运行状态，如图 7.13 所示搭建试验台架，采用动态数据采集和分析系统对振动和应变进行采集以进行相应的故障诊断和疲劳分析。

3. 信号分析和特征提取

分别获得叶片正常状态、叶片外端角上扣齿断裂、叶片外端角两个扣齿都破坏、两叶片贴合一起 4 种故障下的振动数据。测点 1、测点 2 和测点 3 位于蜗壳，测点 4 和测点 5 为靠近叶轮端和远离轴承端且布置在底座台架上。采样率为 16.384kHz、测试组数为 100，间隔时间为 10min，每次采集 20s。得到特征数据集后，进行相应时域和频域分析举例。此处只展示了叶片外端角上扣齿断裂的分析结果，如图 7.14(a)、(b) 所示。相应进行 EMD 得到图 7.14(c)、(d) 所示前 10 阶 IMF 分量，并通过最小冗余原则进行振动信号测点优选，最后选定测点 1 的信号为最佳故障信息的表征。

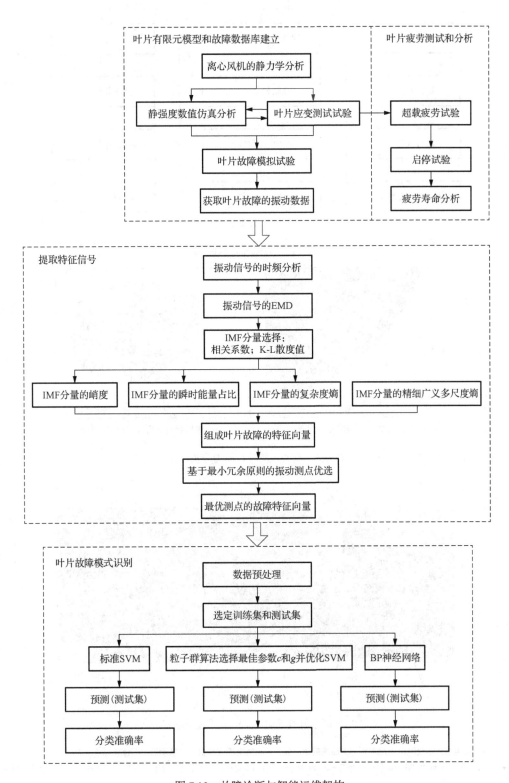

图 7.10　故障诊断与智能运维架构

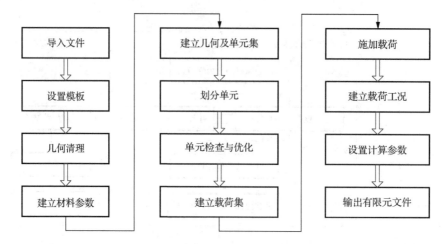

图 7.11　有限元建模流程

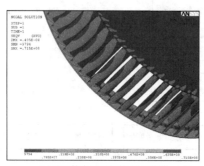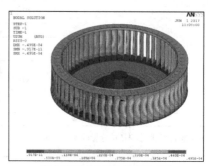

(a) 风机静力分析整体应力云图　　　　　　(b) 风机静力分析叶片位移云图

图 7.12　离心风机叶片静力分析结果

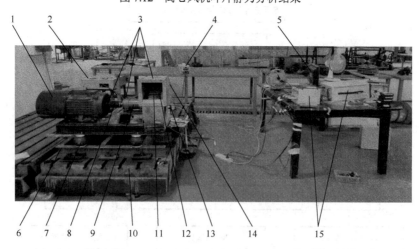

图 7.13　离心风机振动应变测试试验系统试验台

1-变频电机；2-变频电机控制柜；3-加速度传感器；4-激振电机控制器；5-显示器；6-台架底座；7-空气弹簧；
8-轴套（联轴器）；9-轴承座；10-激振变频电机；11-风机叶轮；12-电阻应变片；13-导电滑环；14-蜗壳；15-NI 数据采集系统

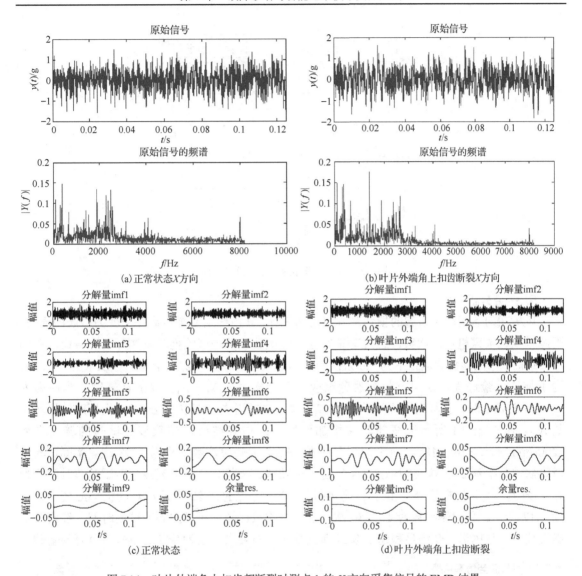

图 7.14　叶片外端角上扣齿都断裂时测点 1 的 X 方向采集信号的 EMD 结果

4. 故障诊断

将测点 1Y 的故障特征包含 12 个基本特征的特征向量，即 IMF 分量的前 5 阶峭度、前 5 阶瞬时能量占比、复杂度熵和精细广义多尺度熵作为支持向量机的输入向量，并基于粒子群算法优化支持向量机对离心风机叶片故障模式识别。具体流程如图 7.15 所示。识别结果如图 7.16 所示，粒子群算法优化后的支持向量机方法对测点 1Y 位置的识别准确率达到 97.5%。

图 7.15　粒子群算法优化支持向量机预测模型的整体流程

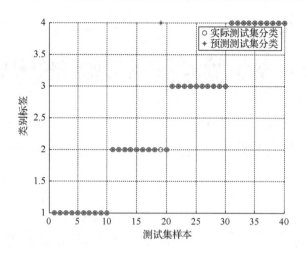

图 7.16　测点 1Y 位置的预测分类结果

5. 疲劳分析

风机在匀速运转时引起的损伤基本可忽略不计，其损伤主要来自启停交变力引起的损伤。因此只要记录风机启停次数，通过动车实际启停次数，可经试验推算出实际工况寿命。在额定转速时，风机满负荷运行下为 3.6 万次启停/年，设计寿命为 8.27 年，总启停次数为 297619。为了加快试验进程，采用超载荷疲劳试验，其转换公式 $N_2 = N_1(\sigma_1 / \sigma_2)^K$ 表明：当应力为 $\sigma_1 = 71.5\,\text{MPa}$ 时，损坏时的循环次数为 N_1；则可推算出增大应力为 σ_2 时，损坏时的循环次数 N_2。根据表 7.1 所示应变随转速增加而增加的仿真结果，超载疲劳试验的转速设为 2200r/min，$\sigma_2 = 165\,\text{MPa}$，对于钢制零件 $K = 6.5$，总启停次数下降为 1298 次。实际试验模拟时启停频率是 25s/次、7s 加速、7s 匀速、7s 减速、4s 停止，所以超载疲劳试验总时间约为 9h。按照以上要求进行 55 天试验，测量得到 10 个叶片的共 20 个外端角的根部应变结果如图 7.17 所示。总启停次数为 190080 次，启停的次数已经远超过预测的试验时间，经检查未出现裂纹，故风机完全满足和超出 8.27 年的使用寿命要求。这为智能运维打下良好的基础。

表 7.1　风机疲劳仿真结果

转速 /(r/min)	最大应变 /MPa	最大位移 /mm
1440	71.5	0.0495
1800	110	0.0774
2200	165	0.121

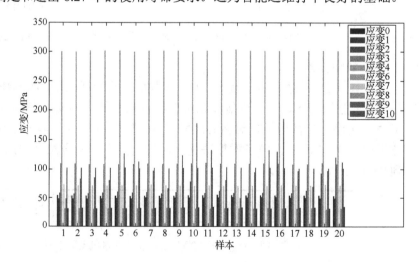

图 7.17　第 55 天 2200r/min 启停应变汇总

7.4　本 章 小 结

本章介绍了故障诊断与智能运维技术在城市智慧出行系统和矿山无人运输系统两类典型智能运载系统以及离心风机系统一类典型工业制造系统中的实际应用。故障诊断与智能运维技术将人工智能、移动互联、大数据、云计算等先进技术进行集成，从而应用于各类运载工具及其设施与环境，能够提供数据分析、路径规划及导航、车队的整体运行决策、实时故障检测、健康指标分析及其他的数据统计服务，最终实现运载系统的安全、可靠、节能、环保、舒适与智能。在以上三种典型场景中，故障诊断与智能运维技术对于保障系统运行安全、提升运行效率均发挥了重要作用。

故障诊断与智能运维技术还可被应用于其他多种系统，包括但不限于以下几个领域。①电力系统：在电力传输与配电系统中，故障诊断与智能运维技术可被用于监测电力设备的运行状态、识别异常情况和故障，并提供相应的解决方案，以提高电网的可靠性和稳定性。②智能建筑系统：在建筑物的设备管理和维护中，故障诊断与智能运维技术可被用于检测空调、照明、安防系统等设备的运行状态，及时发现故障并提供解决方案，以提高建筑的能源利用效率和运行安全性。③信息技术系统：故障诊断与智能运维技术可以在计算机网络、服务器、数据库等信息技术系统中应用，用于监测系统的性能和健康状况，发现并解决潜在的故障和问题，提高系统的可用性和稳定性。

习　　题

7-1　根据已介绍的故障诊断与智能运维案例，思考传感器的选型、安装位置和安装方式。

7-2　了解船舶、高铁和航空航天等装备的故障诊断与智能运维系统平台，查阅相关资料调研它们的相同点以及各自的侧重点。

7-3　畅想新近的智能算法还能赋能现有故障诊断与智能运维系统哪些功能。

附录　时域与频域参数

编号	特征参数表达式	编号	特征参数表达式
1	$P_1 = \sum\limits_{n=1}^{N} x(n)/N$	11	$P_{11} = \frac{1}{M} \sum\limits_{k=1}^{M} s(k)$
2	$P_2 = \sqrt{\frac{1}{N} \sum\limits_{n=1}^{N} x^2(n)}$	12	$P_{12} = \frac{1}{M} \sum\limits_{k=1}^{M} \left(s(k) - P_{11}/f_3(k) \right)^4$
3	$P_3 = \left(\frac{1}{N} \sum\limits_{n=1}^{N} \sqrt{|x(n)|} \right)^2$	13	$P_{13} = \frac{1}{M} \sum\limits_{k=1}^{M} f(k)$
4	$P_4 = \frac{1}{N} \sum\limits_{n=1}^{N} |x(n)|$	14	$P_{14} = \sqrt{\sum\limits_{k=1}^{M} f^2(k)s(k) \Big/ \sum\limits_{k=1}^{M} s(k)}$
5	$P_5 = \frac{1}{N} \sum\limits_{n=1}^{N} x^3(n)$	15	$P_{15} = \dfrac{f_1(k)}{f_2(k)}$
6	$P_6 = \frac{1}{N} \sum\limits_{n=1}^{N} x^4(n)$	16	$P_{16} = \dfrac{\sum\limits_{k=1}^{K} \left(f_k - f_1(k) \right)^3 s(k)}{K f_2(k)^3}$
7	$P_7 = \frac{1}{N} \sum\limits_{n=1}^{N} x^2(n)$		$P_{17} = \dfrac{\sum\limits_{k=1}^{K} \left(f_k - f_1(k) \right)^{\frac{1}{2}} s(k)}{K \sqrt{f_2(k)}}$
8	$P_8 = \max(x)$	17	
9	$P_9 = \min(x)$		$f_1(k) = \sum\limits_{k=1}^{M} f(k)s(k) \Big/ \sum\limits_{k=1}^{M} s(k)$
10	$P_{10} = \max(x) - \min(x)$		$f_2(k) = \sqrt{\sum\limits_{k=1}^{M} \left(f(k) - P_{16} \right)^2 s(k) \Big/ k}$
			$f_3(k) = P_{11} \Big/ \sqrt{\frac{1}{M-1} \sum\limits_{k=1}^{M} \left(s(k) - P_{11} \right)^2}$

参 考 文 献

巢峰, 1997. 学生辞海[M]. 上海: 上海辞书出版社.

陈丙安, 2019. 基于 EMD 和 SVM 的离心风机叶片故障诊断方法与实验研究[D]. 长沙: 湖南大学.

陈雪峰, 訾艳阳, 2018. 智能运维与健康管理[M]. 北京: 机械工业出版社.

陈一明, 2022. 基于深度强化学习的复杂系统维护决策[D]. 成都: 电子科技大学.

陈永振, 2023. 基于 HHT 相干分析的非稳态声振信号故障定位与诊断研究[D]. 长沙: 湖南大学.

程佩青, 2013. 数字信号处理教程[M]. 4 版. 北京: 清华大学出版社.

程子健, 2009. 系统故障诊断的设计与实现[D]. 哈尔滨: 哈尔滨工程大学.

邓乃扬, 田英杰, 2004. 数据挖掘中的新方法: 支持向量机[M]. 北京: 科学出版社.

房立清, 杜伟, 齐子元, 2021. 机械振动信号处理与故障诊断[M]. 北京: 机械工业出版社.

哈贵庭, 2010. 神经网络在控制系统故障诊断中的应用研究[J]. 计算机仿真, 27(12): 70-73.

韩力群, 2006. 人工神经网络教程[M]. 北京: 北京邮电大学出版社.

韩道豫, 2021. 基于 CNN 的滚动轴承故障诊断与寿命预测方法研究[D]. 哈尔滨: 哈尔滨工程大学.

何正嘉, 陈进, 王太勇, 等, 2010. 机械故障诊断理论及应用[M]. 北京: 高等教育出版社.

胡广书, 2012. 数字信号处理一理论、算法与实现[M]. 3 版. 北京: 清华大学出版社.

贾民平, 张洪亭, 2016. 测试技术[M]. 3 版. 北京: 高等教育出版社.

景斯桐, 吴东升, 2024. 基于 LSTM-CNN 的双路径滚动轴承故障诊断[J]. 沈阳理工大学学报, 43(1): 44-49.

康兴无, 陈中华, 王汉功, 2002. BP 神经网络在 TBM 系统故障诊断中的应用研究[C]. 郑州: 全国振动工程及应用学术会议, 中国振动工程学会.

雷亚国, 杨彬, 2022. 大数据驱动的机械装备智能运维理论及应用[M]. 北京: 电子工业出版社.

李航, 2012. 统计学习方法[M]. 北京: 清华大学出版社.

李佳慧, 2023. 基于循环神经网络的滚动轴承寿命预测[D]. 昆明: 昆明理工大学.

李佳佳, 2016. 基于云计算的设备维护决策支持系统关键技术研究[D]. 西安: 西安科技大学.

刘爱军, 2007. 智能 E 维护决策支持系统及其关键技术研究[D]. 重庆: 重庆大学.

刘闯, 何沁鸿, 卢银均, 等, 2020. 输电线路 PSOEM-LSSVM 覆冰预测模型[J]. 电力科学与技术学报, 35(6): 131-137.

刘会芸, 2021. 基于 BP 神经网络的滚动轴承故障数据降维及诊断方法研究[D]. 天津: 河北工业大学.

刘凯, 张立民, 范晓磊, 2016. 改进卷积玻尔兹曼机的图像特征深度提取[J]. 哈尔滨工业大学学报, 48(5): 155-159.

刘艳, 王海斌, 2007. 故障信息诊断中特征提取方法综述[J]. 海军大连舰艇学院学报, 30(2): 71-74.

钱兵, 2022. 智能运维之道: 基于 AI 技术的应用实践[M]. 北京: 机械工业出版社.

乔俊飞, 潘广源, 韩红桂, 2015. 一种连续型深度信念网的设计与应用[J]. 自动化学报, 41(12): 2138-2146.

曲建岭, 余路, 袁涛, 等, 2018. 基于一维卷积神经网络的滚动轴承自适应故障诊断算法[J]. 仪器仪表学报, 39(7): 134-143.

任超, 2021. 铁路智能运维系统中多源异构数据融合技术研究[D]. 兰州: 兰州交通大学.

任国全, 康海英, 吴定海, 等, 2018. 旋转机械非平稳故障诊断[M]. 北京: 科学出版社.

唐笑林, 2021. 基于深度学习的机械设备故障诊断方法的研究与应用[D]. 长沙: 湖南大学.

万笃钱, 2023. 基于深度学习的滚动轴承剩余寿命预测方法研究[D]. 西安: 西安工业大学.

王东清, 张炳会, 彭继阳, 等, 2024. 基于 AE-LSTM 的多目标硬盘故障预测方法[J]. 计算机测量与控制, 32(5): 66-71, 79.

王华忠, 张雪申, 俞金寿, 2004. 基于支持向量机的故障诊断方法[J]. 华东理工大学学报(自然科学版), 30(2): 179-182.

王衍学, 2009. 机械故障监测诊断的若干新方法及其应用研究[D]. 西安: 西安交通大学.

吴大正, 2005. 信号与线性系统分析[M]. 4 版. 北京: 高等教育出版社.

吴昭同, 杨世锡, 2012. 旋转机械故障特征提取与模式分类新方法[M]. 北京: 科学出版社.

谢良才, 2021. 基于 BP 神经网络的数据挖掘技术探究及其在煤热转化数据规律分析中的应用[D]. 西安: 西北大学.

杨洪权, 2018. 铁路信号设备智能运维综合管理平台研究[D]. 兰州: 兰州交通大学.

杨善林，倪志伟，2004．机器学习与智能决策支持系统[M]．北京：科学出版社．

姚文博，2020．基于小波相干分析的重卡低频降噪研究[D]．长沙：湖南大学．

于婷婷，2008．基于 BP 神经网络的滚动轴承故障诊断方法[D]．大连：大连理工大学．

曾凡东，2018．综合改进复解析小波方法的汽车关门声声品质预测研究[D]．长沙：湖南大学．

曾茁，2023．智能运维中的故障预测与根因分析问题研究[D]．济南：山东大学．

张春霞，姬楠楠，王冠伟，2015．受限波尔兹曼机[J]．工程数学学报，32(2)：159-173．

张海舟，2018．基于流形学习和随机森林的旋转机械故障诊断[D]．西安：西北工业大学．

张贤达，保铮，1998．非平稳信号分析与处理[M]．北京：国防工业出版社．

张雅，2023．中小企业自动化运维平台的设计与实现[D]．上海：华东师范大学．

赵诚雅，吴倩，叶立武，等，2020．一种基于粗糙集分类器的智能 KPI 异常检测方法[J]．保险职业学院学报，34(1)：62-64．

钟诗胜，张永健，付旭云，2022．智能运维技术及应用[M]．北京：清华大学出版社．

周东华，胡艳艳，2009．动态系统的故障诊断技术[J]．自动化学报，35(6)：748-758．

周志华，2016．机器学习[M]．北京：清华大学出版社．

LI T F, ZHOU Z, LI S N, et al., 2022. The emerging graph neural networks for intelligent fault diagnostics and prognostics: a guideline and a benchmark study[J]. Mechanical systems and signal processing, 168: 108653.

VAN DER MAATEN L, HINTON G, 2008. Visualizing data using t-SNE[J]. Journal of machine learning research, 9: 2579-2605.

VINCENT P,LAROCHELLE H,BENGIO Y, et al., 2008. Extracting and composing robust features with denoising autoencoders[C]. Proceedings of the 25th International Conference on Machine Learning, Helsinki, 2008: 1096-1103.